永远的爱犬

让你的犬类伙伴
更年轻、更健康、更长寿的神奇科学

The
Forever Dog

Rodney Habib &
Dr. Karen Shaw Becker

[美] 罗德尼·哈比卜
[美] 卡伦·肖·贝克尔　著
李镭　译

中信出版集团 | 北京

图书在版编目（CIP）数据

永远的爱犬：让你的犬类伙伴更年轻、更健康、更
长寿的神奇科学/（美）罗德尼·哈比卜，（美）卡伦·
肖·贝克尔著；李镭译. -- 北京：中信出版社，
2023.1（2025.1 重印）
　　ISBN 978-7-5217-4753-9

　　I.①永… II.①罗… ②卡… ③李… III.①犬病－
防治 IV.① S858.292

中国版本图书馆 CIP 数据核字（2022）第 167432 号

永远的爱犬——让你的犬类伙伴更年轻、更健康、更长寿的神奇科学
著者：　　〔美〕罗德尼·哈比卜
　　　　　〔美〕卡伦·肖·贝克尔
译者：　　李镭
出版发行：中信出版集团股份有限公司
　　　　　（北京市朝阳区东三环北路 27 号嘉铭中心　邮编　100020）
承印者：　嘉业印刷（天津）有限公司

开本：787mm×1092mm 1/16　　印张：24.25　　字数：329 千字
版次：2023 年 1 月第 1 版　　印次：2025 年 1 月第 13 次印刷
京权图字：01-2022-5472　　书号：ISBN 978-7-5217-4753-9
定价：79.00 元

版权所有·侵权必究
如有印刷、装订问题，本公司负责调换。
服务热线：400-600-8099
投稿邮箱：author@citicpub.com

送给我们的启蒙老师——萨米、雷吉、双子星

目 录

作者说明

本书引用了大量一手材料和加工信息，关联了许多其他资源，但是你在书中不会找到关于这些信息源的提示。为什么？说实话，那样的话，这本书要写的东西就太多了。那会导致一场信息雪崩。因此，我们决定把相关链接都放在网站 www.foreverdog.com 上。这样可以缩减本书的篇幅，购书成本相应地也会大大降低。亲爱的读者，这对我们是一个双赢的局面：我们可以因此少砍伐一些树木，让书的定价更低，更易于阅读，而且还可以实时更新我们的参考文献——我们会不断增加新的科学研究成果和方法。无论这些数据看上去有多么惊世骇俗，对现有观念带来了怎样的挑战，我们都会不遗余力地寻找一切可靠的科学和历史数据来支持我们的观点和结论。这本书中的一切，包括那些看似非常离经叛道的说法，都有无可辩驳的证据支持。这份参考清单将成为你辨识宠物护理界虚假信息的神奇工具。我们要学习真正的科学，这才是对狗狗真正的爱。

引言：人类最好的朋友

我们一路相伴，送对方回家……

————拉姆·达斯[1]

……我们希望这条路能长些，再长些。

————贝克尔医生和罗德尼

柯蒂斯·韦尔奇医生（Dr. Curtis Welch）内心充满隐忧。1924年年底，冬日的严寒渐渐笼罩了阿拉斯加的诺姆小镇，他注意到一种令人不安的迹象：扁桃体炎和咽喉炎病例在逐日增加。1918—1919年暴发的流感在他所在的州夺去了一千多人的生命。那时的情景他仍然记忆犹新，而这次情况又有所不同——一些病人出现了白喉症状。在18年的行医生涯中，他从未见过如此严重的传染性感染。这种感染应该是由某种产生毒素的细菌引起的，有可能导致死亡，对儿童尤其危险。白喉通常被称为"导致儿童窒息的杀手"，会让病人的喉咙被一层厚厚的灰白色伪膜堵塞，引发重度呼吸困难。如果不及时治疗，病人很可能会死于窒息。

到了第二年1月，情况已经非常明显，他需要应对的是一场可怕的暴发性瘟疫，但当时并没有有效的治疗手段。不断有孩子发病后死亡。在他的要求下，所有学校、教堂、电影院和旅店都被关闭，所有公共集会都被禁止。除了送邮件以及处理紧急和必要业务的人员，这里不再接待外来人士。如果一个家庭中有人出现此种疾病的疑似症状，整个家庭都会被隔离。这些措施产生了一定效果，但要拯救本地区的大约一万名居民，韦尔奇医生真正需要的是抗毒素血清。然而，

---

1 拉姆·达斯（Ram Dass），哈佛大学心理学教授，后为追求人生真义，赴印度灵修达数十年之久，被称为20世纪最受推崇的心灵导师。————编者注

这种药剂在1 000多英里（约1 600多公里）以外的安克雷奇——那几乎是一段无法跨越的距离，因为当时港口已经被冰封，气温降至零度以下，开放式驾驶舱的飞机无法使用。

幸好他们还有雪橇犬队和它们的领头犬。于是一场被称为"仁爱长跑"的"血清接力"[1]开始了。那是一次历史性的接力运动。参与的人和狗昼夜不停地穿越了674英里（约1 084公里）的崎岖荒野、冰封水面、冻土苔原，用五天半的时间把特效血清送到了诺姆。两只名为巴尔托（Balto）和多哥（Togo）的西伯利亚哈士奇在这次抢救行动中脱颖而出，成为超级明星。它们一路依靠嗅觉而不是视觉，穿越数英里会导致雪盲的积雪旷野。这是一段极其危险的旅程。现在这段路已经成为标志性的艾迪塔罗德步道（Iditarod Trail）的一部分。这个故事和其他数不清的故事一起，生动地展现了狗是多么不可思议的动物，以及人类和狗自几万年前开始相依相伴，在这漫长的岁月中是如何互相帮助的。

血清拯救诺姆镇事件到现在已经过去将近一个世纪。也许这个世界总会有一些令人措手不及、无力应对的事情——当我们写这本书的时候，另一场疫情正在全球蔓延，而社会也正在寻找这个时代的救星犬，好将我们从无形的敌人手中拯救出来。这个敌人已经被证明会夺去许多人的生命，让我们面临诸多失去。如今，雪橇犬也许不用再负责运送救命的血清（但我们完全不排除这种可能——也许还是会有雪橇犬为偏远地区运送对抗新冠肺炎病毒的药物和疫苗），但我们的狗狗仍然是帮助我们抗击新冠肺炎病毒的核心角色，在这场战斗中，它们成为我们的另一种解毒剂。

据估计，由于新冠肺炎疫情影响，有18岁以下孩子的家庭领养宠

---

1 "血清接力"的过程远比文中讲述的要艰辛和危险。狗狗们可以说是完成了一个不可能的任务。当时气温最低已经降至零下51摄氏度，所有现代交通工具均无法使用。许多狗狗牺牲在路上。纽约的中央公园专门为它们塑造了雕像。电影《多哥》讲述的就是这个故事。 　　　　　　　　　　　　　　　　　　——译者注

物的比例增加了12%，在全部家庭中，这一比例为8%。现在总共有超过一半的美国家庭养宠物，其中养狗的家庭最多，超过了养猫的家庭。养宠物的人数正在呈现上升趋势，我们认为这种趋势将会持续下去。

对于许多养狗的人[1]来说，每天和狗狗一起出门散步，带狗狗在草地上奔跑，回到家中狗狗摇头摆尾地向自己扑来，与狗狗拥抱，相伴入眠，这些温馨而美妙的时刻，会带来恒久的安慰与温暖。那是狗狗给予人类的无条件的爱，让人不至于沉陷在一个个坏消息中痛苦得无法自拔，让人对明天充满希望。在一些小型社区，"送酒犬"担负起了为居民运送佳酿的任务[2]。科学家们正在训练一些品种的狗嗅出生病的人的气味，让它们在机场安检处站岗。

这次新冠肺炎疫情更是凸显了狗在我们生活中的重要性，以及它们帮助人类——尤其是支持人类**度过逆境**的能力。正如它们在生活必需品上要依赖我们，我们在数不清的时刻也在依赖它们。它们帮助我们在身体、精神、情感上成为更好的人。而且，我们可以很有把握地说，在职业发展上，狗同样对我们有着非常重要的作用。（现在许多公司都把办公室的狗列为员工。）养狗被证明确实能延长人类寿命。越来越多的证据表明，狗能够提升我们的健康水平，包括降低我们的总体压力水平，帮助我们摆脱孤独感。除了这些明显的作用，研究还表明，狗可以降低我们的血压，让我们保持活力，降低心脏病和中风的风险，提升我们的自信，激励我们多参与社交活动，让我们必须到户外和大自然中去，并激发我们的内在机能，释放强大的化学物质，使我们感到安全、满足，拥有稳定的情感连接。一项研究甚至显示，

---

1 我们发现，人们喜欢使用不同的术语来描述他们与宠物的关系——"毛孩子家长""主人""监护人"等等。有些人可能会对"宠物"或"狗主人"这样的用词提出异议。但关于这个问题从来都没有普遍共识，所以你可以选择任何你喜欢的称谓。而我们在本书中将使用多种说法来表达这个意思。

2 为了避免人与人的接触传染，一些酒吧在新冠肺炎疫情防控期间会让自己养的狗狗为买酒的居民送酒。
————译者注

养狗可以让**出于各种原因**的死亡风险（科学文献喜欢称之为"全因死亡率"，指一定时期内各种原因导致的总死亡人数与该人群人口数之比）普遍降低24%。对于有潜在心血管疾病的人来说，死亡风险因为养狗而得以降低的效果更为显著。这样的人在美国就有几百万。2014年，苏格兰科学家通过统计得出结论，养狗，尤其是在晚年养狗，可以延缓衰老的速度，让你的行动能力和身体状态都年轻10岁。我们还了解到，养狗可以帮助孩子发育出更强大的免疫系统，并且缓解青春期压力——大多数孩子在这个时期都会被自我怀疑、同伴的孤立、成年人的期望和情感波动困扰。

狗在很多方面都能为我们提供有力支持，比如帮助我们保持更有规律的作息习惯（毕竟，它们必须按时吃饭和遛弯），保护家人的安全，提前感知危险。它们能探测到将在数分钟内发生的地震，能闻到空气的变化——这种变化往往预示着大风暴或海啸即将到来。它们敏锐的感官使它们成为我们的绝佳助手，帮助我们追捕罪犯，发现毒品和爆炸物，搜寻被困者或是刑事案件、事故、灾难中的死者。它们有极其灵敏的嗅觉，有时可以嗅出人的身体异常。癌细胞因为生长和代谢与正常细胞不同，会产生特殊的气味，狗能在人癌症早期就捕捉到这种气味。（病人在血糖过低时，呼吸或唾液里会产生一种名为异戊二烯的物质，散发出特殊的气味，能被狗狗嗅到——狗狗经过训练就可以提醒处于危险情况的主人。）此外，狗能闻到女性体内激素的变化，嗅出怀孕迹象。研究显示，狗凭借嗅觉能准确辨别出飞机乘客中的新冠肺炎病毒携带者，这一能力对于监测患者以控制疫情蔓延尤其有用。

与此同时，狗是我们思想和灵感的源泉——这一点你可能意想不到。有学者认为，实际上正是狗引导了达尔文对自然科学进行系统性研究，并帮助他在性格形成期塑造了自己的科学观。[波莉是一只聪明的小猎犬，经常蜷缩在达尔文书房中靠近书桌和壁炉的一只篮子里。达尔文就是在那里写下了影响人类的杰作——《物种起源》。他很喜欢观察自己这个四条腿的朋友。波莉在他眼中是非常聪明的小生灵，也是他进行科学研究的好助手。在达尔文1872年出版的最后一本书《人和动物的情感表达》（*The Expression of the Emotions in Man and Animals*）中，波莉成了插图模特。]

但并非所有关于狗的消息都是那样充满希望和喜悦。根据某些衡量标准，我们正在见证犬类寿命的缩短，尤其是纯种狗——这是我们这个时代所特有的情况。我们知道这是一个大胆而有争议的说法，但请容许我们提出这个观点。的确现在有许多狗活得更久，就像人类一样。但同样也像人类一样，许多狗比以往任何时代都更容易过早患上慢性疾病，并因此而死亡。癌症成为老年犬死亡的主要原因，肥胖、器官退化、自身免疫性疾病和糖尿病紧随其后。（年轻的狗更有可能死于创伤、先天性疾病和传染病。）我们遇到过无数毛孩子的家长，他们都迫切地希望他们的狗尽可能长久地陪伴在他们的生命中。（也许不是"永远"，但至少它们能够健康地度过自己的生命周期，也就是拥有"健康寿命"。"寿命"和"健康寿命"是两个重要的术语，它们的意义并不相同，我们很快就会对它们进行区分。）

我们应该从一开始就明确一点：我们的目的不是教你如何拥有一只长生不老的狗。在这本书中，我们也不是要解决每一只狗的健康问题——在所有品种的狗身上，有太多变量和不同健康状况中可能产生的潜在变化，我们无法发现和治疗每一种可能存在的健康隐患（不过你可以在我们的网站 www.foreverdog.com 上找到针对不同犬类问题的指引）。这本书的目的是提供一个以科学为基础的框架，帮助你根据自己的独特环境，为你的狗定制最好的养育和照料方式。将这本书命名为《永远的爱犬》，既是一种美好的希望，也是我们不变的追求。我们希望狗狗能活得充满活力，直到生命的最后一刻——无论那会是在什么时候。即使它们死去，也会和我们在一起。即使它们已经去了汪星，也永远都活在我们的心中和记忆里。你的狗是你一辈子的家人，你一定想和它共度此生最美好的时光。

永生狗（Forever Dog）：一种被驯化的食肉类哺乳动物，是灰狼的后裔，它们活得长久而健壮，没有退行性疾病，其中一部分要归功于养育它们的人类做出了深思熟虑的选择和明智的决定，让它们健康又长寿。

有趣的是，直到"二战"后，我们才普遍把宠物视为家庭成员。2020年，历史地理学家对人类和动物之间不断变化的关系进行了分析，他们的答案来自观察英国海德公园墓碑的结果。这些墓碑可以追溯到1881年。值得注意的是，这里有一片秘密的宠物墓地。在收集了1881—1991年的1 169座墓碑的数据后，他们发现，在1910年之前，只有3座墓碑的碑文中将宠物称作家庭成员——不到被调查对象的1%。但在"二战"以后，近20%的墓碑碑文将宠物描述为家中的一员，11%使用了家族姓氏。这些被称为动物考古学家的研究人员还发现，随着时间逐渐接近现在，猫的墓地也开始变多了。2016年，纽约首次认定宠物与主人一起安葬在人类墓地是合法的。如果我们的宠物值得和我们一起在天堂拥有一席之地，那么它们也值得和我们一起在地球上拥有同样的家庭地位和美好生活。

我们的使命是向数以千万计的养狗人，以及任何希望成为其中一员的人提供建议，帮助他们改进照顾宠物的方式，以改善这些宠物的精神和身体状况，让它们拥有充满活力的健康生活。我们的最终目标是延长世界上所有犬类的寿命。它们应该摆脱慢性疾病、退行性疾病和残疾的折磨。这些并不是年龄增加的必然结果。（对人类来说也是如此！）要达到这一目标，我们就需要改变现有的思维定式。为此，我们将带你踏上一段以科学为依据的生动旅程，了解所有可以帮助狗狗延长寿命的关键因素。虽然许多细节性的科学知识艰深复杂，但我们保证会讲述得简单易懂。我们在这本书中介绍的研究成果旨在教导和激励你，并为你提供数据和背景知识，让你能够轻松地对现有生活方式做出重要改变，最大限度地提升你的狗狗的健康水平和寿命。也许你对书中的一些健康概念早有了解，但也可能从未听说过，甚至会因为我们的建议而不知所措，所以我们提供了许多可供选择的细分步骤，你可以根据自己的精力、认同度，在时间以及预算允许的情况下，自行选择把它们纳入你的狗狗的日常生活。我们每天会回答许多人提出的各种各样的问题，他们都在努力寻求建议和解决方案，希望最大限度地提高宠物的生活质量。我们的读者居住在世界各地，有着各种各样的生活方式，我们能看到他们对宠物的爱是多么深沉和投入。我们的社会背景和人生经历各不相同，但在关系到我们的狗狗的事情上，我们有相同的目标。

有一些读者在一定程度上需要手把手地教导；而另一些读者则渴望深入了解复杂的科学原理。我们必须在需求不同的读者之间取得平衡。如果你有不明白的地方，请继续读下去，不必担心。在看完这本书以后，你一定能清楚地理解那些常识性的策略。我们相信你会获得很多有用的知识，哪怕你完全略过了那些烦琐的科学理论，我们也会在你阅读的过程中向你提供实用的建议。不管怎样，我们的狗（以及我们人类自己）的存在本身就是一个迷人事实，如果我们不好好说一说这个奇迹背后的生物学原理，那就太失职了。同样，我们不会不负责任地避开有争议的和敏感的话题。比如体重是健康方面的一个主要问题，而身体超重是一个禁忌话题，许多医生——包括兽医在内——都不喜欢在他们的办公室里谈论这个话题。它极具争议性，让人既不愉快又感觉尴尬，难免会产生羞耻感。但这方面的讨论仍然是必要的。再次强调，我们不是在指责谁做得不对，我们只是在提供解决方案。超重会对健康产生负面影响，就像在跑步时笨拙地举着一把危险的利器。没有人会让自己的狗叼着刀跑步，对吧？如果有一件事是你需要反复学习的，那就是：**吃得少一些，吃得更新鲜，多运动**。这对你和你的狗来说都是至理名言，也是你能从这本书中得到的最大收获。虽然我们刚刚用三句话就把这本书的全部要点都说出来了，但你还不能合上这本书，因为你需要知道你和你的狗狗**为什么**要吃得更少、更新鲜，运动得更多，以及应该**如何**做到这些。当你知道**怎么做**和**为什么这么做**的时候，就会自然而然地开始行动。

我们生活在一个激动人心的时代，这要感谢过去一个世纪以来科技的发展和对哺乳动物身体的研究。我们对细胞内部活动的理解一直在呈指数级增长，我们很高兴能够介绍这些新知识，只为了实现一个美好的目标：帮助我们亲爱的狗狗茁壮成长。

许多经验教训证明，现在很流行的一些说法和理论是错误的，尤其是在饮食和营养方面。和人一样，很多狗都吃得过多，同时却又存在营养不良的问题。每餐都吃超加工食品是不健康的，这一点差不多已经是尽人皆知了。但对于另外一件事，知道的人可能没那么多，那就是大多数商业宠物食品都属于超加工食品[1]。请不要感到太震惊或认为受骗了，你不是唯一不知道这件事的人。不过这方面的消息也不是都很糟糕。就像你平时也会偶尔享用超加工食品一样（理想情况是"适量"），你不必完全停止给你的狗喂食商业宠物食品。你可以根据我们提供的指导让这类食品适当发挥作用，并且还可以选择在何种程度上用更新鲜的食物来代替商业宠物食品。

更新鲜的才是更好的： 熟自制食品、直接购买的生骨肉和半熟食物、真空冷冻干燥食品以及仅做脱水处理的食物都可以看作"更加新鲜"的食物，是真正的狗粮，应该用它们替代那些被过度处理的宠物食品，也就是那些超加工颗粒狗粮和罐头食品，从而减少狗狗对后一类食品的摄入。我们会在书中将所有加工程度较轻的食物称为"新鲜食物"，并向你展示如何调整宠物的饮食，使其在日常生活中更多食用这些食物。

正如人们常说的，健康始于食物，但并不止于食物。许多狗被剥夺了足够的锻炼机会，同时还在承受环境中毒素的影响和我们的冷酷

---

1 超加工食品，别称垃圾食品，指在已经加工过的食品基础上再加工的食品，这类食品通常含有五种以上工业制剂，并且是高糖、高脂、高热量的食品，长期食用会增加患癌风险。——编者注

无情所造成的压力。我们还将讨论如何开始了解遗传问题对你的狗狗过去和现在的影响，并利用这些信息，采取积极预防的照料手段来减轻相关的不良影响，例如，如何照料基因不够健康的狗。

在过去一个世纪里，人工培育犬种从根本上改变了许多狗——有些狗因此变得更好，但不幸的是，很多狗的身体状况都因此而恶化了。当然，驯化带来了松软的耳朵和更多的温驯基因，但肆无忌惮和毫无章法的育种也带来了隐性基因显性化、基因缺失和基因库缩小等种种问题。这样的育种环境造成各种"繁殖缺陷"，导致动物在基因层面上的脆弱。三分之一的哈巴狗由于"虚荣育种"而不能正常行走，这种育种行为导致了跛足、脊髓疾病以及其他一些疾病的高发风险。十分之七的杜宾犬携带一种或两种扩张型心肌病基因，这是几十年前发生的"流行父系综合征"（popular sire syndrome）造成的。（扩张型心肌病，简称DCM，是心脏失去泵血能力的一种情况，其原因是心脏的主要泵血腔肥大和虚弱化。它也是人类常见的一种心脏病。）

好消息是，我们可以采取很多行动来改变这种状况。狗是我们的"煤矿金丝雀"（或"煤矿犬"）[1]。它们在过去50年遭遇的健康问题与我们很相似，它们的衰老过程也与我们相似，但要快得多，这就是为什么进行相关研究的科学家正越来越多地把狗视为人类衰老的样板。但与我们不同的是，我们的宠物不能决定自己该如何保持健康。它们要依靠家长（或者主人、监护人，以及任何你希望自己在狗狗的生活中所拥有的称呼）为它们持久的活力和健康做出明智选择。我们将向你展示如何尽可能地让这些选择变得实用和可行。

在本书第一部分，我们将以全面的视角来审视健康犬类近乎灭绝的现状。我们一直在和犬类共同进化——这一点是如此令人惊叹，所以我们的这次对话将会在这一背景下进行。狗可能利用了它们在早期人类社会中发现的一个细分市场，说服我们把它们领进家门，给它们

---

1 早期煤矿作业中，为了预警瓦斯毒气浓度过高，会放置活金丝雀。因为金丝雀对瓦斯的敏感性远超过人类。　　　　　　　　　　　　　　——译者注

提供驱暑避寒的地方和稳定的食物来源。

换句话说，可能事实和我们所以为的恰恰相反，是狗对我们产生了好感，把自己托付给我们照顾。我们接受了这份挑战，并且全心全意接纳了它们。但在下面的章节中，我们会敲响警钟，逐一陈述今天的犬类在健康方面遭遇的各种各样的挑战，这在很大程度上是它们对我们——它们的人类照顾者——完全信任所导致的。为此，我们也将有针对性地提出解决方案。

在本书第二部分，我们将深入探讨科学研究为我们提供的宝贵信息，以及我们所知道的通过饮食和生活方式来对抗衰老的方法。你将了解食物如何与基因对话，为什么狗的肠道细菌（微生物组）对于它们的健康就像我们体内的微生物对于我们自己一样重要，以及为什么要迎合你的狗的选择（至少偶尔应当如此），为什么尊重它的偏好是极为重要的。

最后，在本书第三部分，我们将公布**永生狗公式**——DOGS，并告诉你该如何在现实生活中实施这些策略，好拥有你的永生狗。我们将为你提供所有需要的工具。你根据我们的建议来定制方案，照料你的伴侣狗狗，可以让你的狗拥有健康和充满活力的一生。我们相信你也会因此而发生改变。你会开始思考自己在吃些什么、运动量多少、是否生活在一个有利于健康的环境中。

永生狗公式（DOGS）

➤ 饮食和营养（**D**iet and nutrition）

➤ 适量运动（**O**ptimal movement）

➤ 遗传基因倾向（**G**enetic predispositions）

➤ 压力和环境（**S**tress and environment）

为了让这些策略变得更加简单和实用，我们将在每一章的结尾给出一份长寿小提示，建议你可以考虑在今天做些什么。我们还会在文

中把需要记住的关键短语**加粗**，并用方框突出某些事实。你不需要直到读到本书第三部分的详细讲解，才开始具体行动。我们会从一开始就为你提供具有可操作性的信息，这样你可以马上开始做出微小但有意义的改变。再次强调，我们组织本书内容的方式是为了让你能够便利地从书中得到所需的信息：根据科学研究来回答**为什么**，以及**如何**在日常生活中把科学理论付诸实践。

我们的读者是多样化的。如果你刚刚接触这种积极的生活方式，我们希望你由此开始一段长期而健康的亲密关系，尽我们所能，最大限度地让我们的狗在有生之年一直保持健康。我们的核心社区由成千上万的"2.0毛孩子家长"组成。他们是经过科学赋能、掌握关键知识的宠物守护者，使用明智的、理性的方法为他们的宠物创造和保持着充满活力的健康生活。这些热忱而负责任的毛孩子家长过去十年里一直在使用创新的健康策略（其中许多人甚至坚持了更长时间）。他们恳求我们把关于长寿和健康的智慧编写成一本参考书，这样他们的兽医、朋友和家人就可以方便地读到相关的科学知识。我们也遇到很多养狗的新手，他们在学习中改变了生活方式（包括照顾其他家庭成员的方式）。我们写这本书的目标是介绍足够丰富的背景信息，以便让养宠物的新手能够充分理解我们的建议。我们还想为长寿实践者们提供最前沿的研究成果——"生物黑客"们总是希望调整自己的日常方案，以优化他们的狗狗的健康情况。但我们不希望这些信息让人不知所措，毕竟很多人对"积极健康"的养育概念还一无所知。我们的目标是激励大家采取行动，所以我们每次只会提出一个建议，并让你能够以行之有效的方式将它应用到狗狗的生活中去。

> **长寿实践者：**积极寻找各种维持健康的秘诀，以此作为基本生活策略，让生命远离疾病、失调和功能障碍。

我们两个人在几年前开始合作，后面的章节对我们各自与共同的人生之旅都有所介绍。作为两个爱狗人士，我们一直致力于帮助宠物主人们，引领他们在混乱的动物健康认知的世界中寻找正确的方向。由于研究方向相同，我们总会在各种会议和讲座上遇到对方。那时我们还不知道彼此有着完全一致的目标。不过我们很快就建立了专业的合作伙伴关系，并且意识到我们有机会合力实现一个共同的梦想：重新建立关于犬类和犬类健康状况的普遍认知。我们知道这个任务是多么艰巨的挑战。为了完成这一使命，在过去数年中，我们走访了世界许多地方，收集关于狗的健康、疾病和长寿的最新信息。我们采访了顶尖的遗传学家、微生物学家、肿瘤学家、传染病医生、免疫学家、营养师和营养学家、犬类历史学家以及临床医生，收集最前沿的数据。我们还采访了世界上养过最长寿的狗的人，看看他们做了什么，或者没有做什么，才能让他们的狗活到20多岁，甚至在某些情况下活到了30岁（相当于活到110岁或更老，被称为"超级寿星"的人类）。我们的发现有可能给宠物世界带来彻底的改变。对于我们收集到的信息，我们希望其中很大一部分能让你感到震惊，并激励你采取行动，以此延长全世界可爱宠物的寿命。而且这些知识也许同样能帮助到你。正如我们常说的："健康会沿着狗狗的牵绳传递。"

兽医学比人类医学落后了20年之久。不管怎样，抗衰老研究的前沿成果终将惠及我们的宠物，只是我们不想再等了。犬类健康的一些关键问题现在还不是主流话题，但情况正在改变，这要归功于"同一健康"理念[1]——这种认知方法揭示了动物健康和我们共同的生活环境都密切关系到人类本身的健康。"同一健康倡议"并不是什么新鲜事，但在最近几年正变得越来越重要，因为内科医生、整骨医生、兽医、牙医、护士以及科学家都认识到，通过平等、包容的合作，我

---

1 同一健康（One Health，又译为"全健康""大健康"），该理念是指通过跨学科、跨部门、跨地区协作来预防新发传染病，保障人类健康、动物健康和环境健康，这是国际上最新的公共卫生的理念。这一理念得到了世界卫生组织（WHO）、联合国粮农组织（FAO）、世界动物卫生组织（OIE）的高度关注和支持，它们都为传播这一理念开展了相应行动。　　　　　　　　　　　——编者注

们可以从彼此身上学到更多东西。"在不同的地方、国家和全球开展多学科合作，以实现人、动物和环境的最佳健康"，这就是"同一健康倡议"的定义。尽管将人类医学和兽医学结合在一起的研究可能还没有成为主流，但这种愿景正在成为现实。本书有多处内容涉及大量人类健康科学的内容，因为它们是对于伴侣动物进行诸多研究的基础，反之亦然。

我们在这本书中讨论的"同一健康"概念和相关话题，并没有在宠物网络研讨会或杂志上广泛传播。大多数兽医和宠物主人还不会将它们当作重要话题。它们也**还**没有出现在社交媒体上。所以我们希望开始一场对话，让更多的人对此有所认知并采取行动——导致人类身心健康（或不健康）的基本原理也适用于狗，人们需要对此有所了解，这是我们从现在开始就应当讨论的问题。

> **作者说明：**我们两个是以"我们"的身份合写这本书，但偶尔我们也会发出自己的声音（罗德尼或贝克尔医生），如果出现这种情况，我们会写明是谁在发言。

我们为狗狗做出的选择决定了狗狗的身体和心理健康，而狗狗的健康反过来又会影响我们。所以说那条牵绳是双向的。许多个世纪以来，人类和狗的共生关系是我们宝贵的资源。我们彼此影响并丰富了对方的生活。随着医学研究变得越来越全球化，不同学科之间的隔阂不断被打破，犬类健康的选择也变得和人类健康的选择一样丰富广泛。为了养好永生狗，我们都必须做出明智的选择。

PART

[第一部分]

今天的狗狗为什么失去了健康

一则短故事

❶ 令人心碎的短期陪伴

为什么我们和我们的爱犬越来越短命

> 有些动物寿命长，有些动物寿命短，其中都有原因可循，总之，生命长短的原因还有待研究。
>
> ——亚里士多德，《论生命长短》，约公元前350年

雷吉（Reggie）注定是一只永生狗，至少在我们心中如此。直到10岁时，这只公金毛寻回犬一直都非常健康，从未有过耳朵感染，没有牙结石，也没有过敏和热斑，以及其他**任何**困扰中老年狗狗的症状。它的身体非常健康，每六个月才去看一次兽医，做一次完整的"健康检查"。雷吉一年两次的血液检查，包括针对心脏问题的心肌损伤标志物检查结果也都很完美。雷吉这辈子没有出现过任何健康问题，有罗德尼做它的爸爸真是太幸福了。但2018年12月31日那天，雷吉拒绝吃早餐，这是它身体出现问题的明显迹象。两小时之内，它的身体就垮了。原因是心脏血管肉瘤，一种源于血管的恶性软组织肿瘤。从健康到临终的状态转变是如此突然，令人崩溃震惊，措手不及。不到一个月，它就走了。

雷吉的猝然离世已经是一场令人心碎的悲剧，而罗德尼的白色母牧羊犬萨米（Sammie）更是令人揪心，大家都知道它将死于遗传疾病——这一天迟早会到来。四年前，萨米被诊断出患有退行性脊髓病，这种可怕的遗传性疾病会使病犬从后肢开始瘫痪。萨米战胜了所有的困难，顽强地与疾病做斗争，维持了自己的身体功能，这要归功于日常的物理强化治疗和诊断后立即制订的创新性的神经保护方案。但从雷吉去世的那一天开始，一切都改变了。萨米和雷吉是最好的朋友。在雷吉去世的那天，萨米也明显失去了对生活的热情。随后它的病情开始迅速恶化，让罗德尼经历了第二次心碎。

失去雷吉和萨米让罗德尼的生活陷入了停滞，这就是死亡的力

量——不可替代的失去会让你陷入绝望，瘫倒在地，无力继续走下去。如果这种失去出乎意料或者提前到来，随之而来的悲痛就会更加剧烈。但这样的失去终究无法避免。心理咨询师和治疗师都承认，失去一只心爱的伴侣动物和失去一位至亲的感觉没有任何不同。悲伤进入第三阶段就是"讨价还价"，我们会想努力挽救，于是开始和自己，和医生，或者自己的信仰进行"讨价还价"，以为只要改变当时的做法，就能改变已经发生的事实。而事实上，我们没有任何办法可以和命运讨价还价。在这种时刻，我们大多数人会得出以下两种结论，第一种是：**我再也不会这么做了，这太痛苦了**；或者是另一种选择：**如果再遇到类似情况，我会更加明智，会掌握更多知识，我不会让这种事情再发生，至少不会以同样的方式发生**。如果你属于后者，这本书就是为你准备的。

写这本书对罗德尼来说是一种心理疗愈方式，对我们两人来说也是一种个人的进化，其中会涉及我们对遗传学的看法。当你看着一只刚刚两个月大的毛茸茸的可爱小狗时，你不会想到有一天会因为它的基因问题而失去它。当你为你的毛孩子在兽医门诊填写调查问卷时，你不会看到人类病历本上的那些问题，（例如，你的祖父母的死因？外祖父母的死因？你的家族是否有癌症史？你的兄弟姐妹中有谁被诊断出患有某些疾病？）但是在兽医领域，这些问题的答案同样非常具有启发性——可惜我们对此一无所知。这些答案将揭示这样一个事实：在相对较短的时间内（应该说是相当短的时间内），我们的狗狗的基因组已经发生了深刻而有害的变化。

相较于其他犬种，雷吉所患的癌症在金毛犬中更常见，这主要是由于它们的繁殖方式。大多数现代金毛寻回犬都带有某些基因，使它们更容易患上特定的癌症；相类似地，巧克力色拉布拉多犬的寿命比其他拉布拉多犬短10%，这是由于对皮毛颜色的选择性育种引入了有害基因。基因和基因多样性被破坏，基因缺失和基因突变影响了狗狗的整体健康状况，在它们身上诱发疾病，这些都具有相当深度的科学原理，值得独立写书来进行讨论。我们只是想告诉你一些规则，让你对这些基因问题有所了解，尽可能避免我们所遭遇的心碎经历。对于那些花钱购买幼犬的人（这意味着那些幼犬不是被领养或被救助的），哦，我的天哪，记住，在你花每一分钱之前，都要对那些育种的人提出一长串问题，直到他们给出**无可挑剔的满意**答案。如果你要花钱买一只来自育种商家的狗，那就一定要把钱花在优秀的基因上。

如果你是完全不了解狗狗基因组的主人（可能出于各种原因，也许我们永远都不会知道它们基因的真实状况），或者是从幼犬繁殖工厂买了基因受损的幼犬的人，不要沮丧。我们采访了世界上一些顶尖的犬类遗传学家，他们都对我们说了同样的话：尽管狗狗出生时的基因可能很糟糕，但从**表观遗传学**的角度来看，我们依然有希望帮助这些狗狗最大化地延长它们的健康寿命。虽然我们不能改变狗狗的DNA，**但有大量的研究表明，我们有能力积极地影响和控制它们的基因表达**[1]，这就是本书要说明的内容。我们很快就会讲到表观遗传学的神奇之处。

作为毛孩子的家长，我们的工作就是尽可能让我们的狗狗保持健康，通过清除所有障碍来延长它们的寿命。我们的目标是帮助它们拥有高质量的生活，快乐地过好每一天。

既然我们比以前了解更多的兽医学知识，为什么狗狗们反而在21世纪开始遭受众多疾病和功能障碍的折磨？当然，一般来说，人类的寿命总会比狗长，但我们无法接受一只狗的过早死亡，无法承受这种心碎的痛苦。在我们的一生中，有时甚至会一次又一次地看到这种悲剧发生在不同的狗身上。这种情况能改变吗？对于基因受损的狗，如果我们不能延长它们和我们在一起的时间，我们能显著提高它们的生存质量吗？我们能扭转它们的一些天生劣势吗？答案是肯定的。即使是那些赢得了基因彩票、没有潜在致病基因或功能障碍的狗，今天也很容易过早死亡。这同样可以通过查明其中**原因**来进行弥补。首先，我们需要看看狗最喜欢的伙伴——人类做了什么。

---

1 所谓基因表达，就是身体通过基因构架合成出蛋白质分子的过程，所以直接参与并主导构建身体和实现生理功能的几乎全是蛋白质分子，而不是DNA分子。

——译者注

健康犬类的灭绝

———

古希腊哲学家和科学家亚里士多德走在了他的时代之先。大多数人认为他是伦理学、逻辑学以及教育和政治方面崇高而深奥的智慧源泉，却不知他同时也是自然科学和物理学方面的博学家，不过，他最有价值的科学贡献是在动物学和解剖学方面，他被称为"动物学之父"。他写过很多关于狗和它们不同个性的文章。在阅读经典的《荷马史诗》时，他对奥德修斯的忠犬——阿尔戈斯的长寿表示过惊叹。阿尔戈斯是奥德修斯国王忠实的猎犬朋友。奥德修斯在历经20年冒险后扮成乞丐回到故乡，人们都已经认不出他，唯独阿尔戈斯认出了主人，竖起耳朵，抬起头来，从它曾经一直守候主人的地方站起身，竭力摇着尾巴向他问好。然而，当时奥德修斯是乔装打扮的，无法靠近自己的老朋友，只能默默离去。活了20多年的阿尔戈斯在见到主人后，悲伤地死去了。

衰老的奥秘已经被争论了超过两千年。亚里士多德认为衰老与水分有关，这个观点当然并不完全正确（根据他的推论，大象比老鼠活得更久，是因为它们含有更多液体，所以身体完全干涸所需的时间也会更久），但他在其他很多方面是正确的，并为现代的诸多思想流派奠定了基础。

如果我们问你应该做些什么来保持青春，在健康的人生中一直保持活力充沛，远离疾病，避免衰老带来的各种副作用，你会怎么回答？也许你会给出以下部分或全部答案：

➤ 优先保证全面的营养和有规律的运动，以保持理想的体重、代谢健康和充沛体力

➤ 每晚保证良好的睡眠

➤ 控制压力和焦虑（在狗狗的帮助下）

➤ 避免意外事故，避免接触致癌物质和其他毒素，避免致命的感染

➤ 保持社交活跃度，积极参与各种活动，持续进行认知刺激（例如，终身学习）

➤ 有长寿基因的父母

很明显，最后这一条是你无法控制的。如果你不是那种天生拥有完美基因的人（完美基因并不存在），那么你应该知道，你的基因在决定你的寿命的相关因素中所占的比例比你想象的要小很多，这么说你可能会松一口气。科学已经证实了这一点。这要感谢最近才实现的人类大型祖先基因数据库分析得到的结果。新的统计表明，基因作用在人类各种寿命相关因素中所占的比例远低于7%，而不是之前大多数研究估计的20%—30%。这意味着你的长寿掌握在你自己手中，取决于你对生活方式的选择——你吃什么、喝什么，你多久出一次汗，你的睡眠质量如何，你承受什么样的压力（以及你如何应对），以及其他因素，如你的人际关系和社交网络的质量，你的结婚对象，你的医疗保健资源和受教育程度。

在2018年一项关于配偶寿命的研究中，美国遗传学学会（Genetics Society of America）的科学家们就利用了这些新的计算和统计手段。这项研究涉及出生于19—20世纪中期的4亿多人的家谱。他们发现，已婚夫妇的寿命非常相似——比兄弟姐妹之间更相似。这样的结果表明了非遗传力量的强大影响，因为配偶通常不会携带相同的基因变异，但他们很可能有其他共同的因素，包括饮食和锻炼习惯，远离疾病源的生活环境，获得洁净水的条件，以及持续学习、不吸烟酗酒等生活方式。这种推断是有道理的：人们倾向于选择生活方式相似的伴侣。你很少会看到一个吸烟的电视迷和一个喜好竞技运动又不吸烟的健身爱好者在一起。无论是在意识形态、价值观、爱好还是习惯上，我们都喜欢与我们志趣相投的人，愿意和他们一起生活（并生育子女）。在进化生物学中，这种现象被称为"选型交配"（assortative mating）。我们倾向于选择和自己相似的伴侣。

我们都想健康长寿。大多数研究抗衰老的人不会寻求长生不老。

我们猜你也不会。我们渴望**延长的是健康寿命**，想要让充满活力的快乐日子增加一二十年，缩短我们在"老年"中度过的时间，最终在梦境中跳完最后一支美妙的舞曲，"安然地"在睡梦中溘然长逝，没有疼痛，没有持续几年甚至几十年的慢性病，不用依赖强效药物来度过漫长的时光。我们也想让我们的宠物拥有同样的生命历程。好消息是，**关于衰老的生物机理已经有了足够多的科学研究**，如果将本书中的信息付诸行动，**我们的狗狗的健康寿命就有可能延长三到四年**。这对犬类来说是相当长的一段时间。我们不能向你保证，但我们可以自信地说，只要你能够将一些经过验证的策略付诸实际应用，你就是在帮助你的狗狗提高拥有健康寿命的概率。

"长方曲线"（"让生命曲线趋近于长方形"）是我们期待的寿命延长方式。这种曲线意味着随着年龄的增长，你的发病率（死亡概率）仍然很低；你不会在漫长的岁月中变得越来越虚弱，你的健康状态会一直持续到你临近死亡的时候。"健康幸福——健康幸福——健康幸福——死去"是我们想要的生活方式（和死亡方式）。这与我们习惯性地认为年老以后会发生的退化（向下倾斜的虚线）形成了鲜明的对比。这条下斜曲线代表到中年或退休时，我们会出现各种影响行动能力和/或大脑功能的症状；医生会给我们开出越来越多的药物来修补我们日渐退化的身体；然后我们会患上癌症或阿尔茨海默病、心

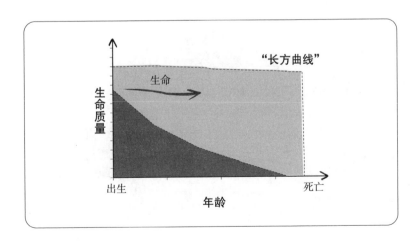

脏病、中风、器官衰竭等，在痛苦中挣扎一段时间，最后死亡。这样的人生真是太糟糕了。

我们会以哪一种方式结束人生？科学研究表明，我们自身的行为对于我们最终的结局有重大影响，一切都取决于我们对生活方式的选择。但是我们的狗呢？它们无法为自己做出最优选择，因为它们的一切都在我们的掌控之中。目前还没有人为你的狗狗创造一幅长久而美好的生活蓝图，这就是为什么我们对自己的工作如此充满热情。

我们对世界上最长寿的一些狗进行过细致研究，由此收集到许多智慧和灵感，再结合最新的长寿研究和新兴的转化科学，我们希望能让你拥有一切所需的知识，可以为你的狗狗伙伴做出明智的决策。你将通过一系列可持续的以正确信息为基础的决策，为你的狗狗选择最合适的生活方式，让它们远离高风险变量和过早退化。从统计数据上看，这会使狗狗的健康寿命得以延长。

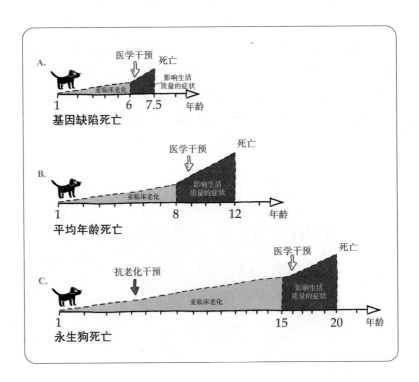

很明显，人类长寿的一些因素并不适用于犬类——狗狗不必为得到学位而苦读，它们也不抽烟，不会结婚。更重要的是，对于一些狗狗来说，基因对它们的寿命有更大的影响，这一点我们稍后会详细介绍。让我们暂时把遗传因素放在一边。毕竟环境因素的力量还是要比纯粹的遗传因素更强。而且正如我们将在后面章节中谈到的那样，基因的表达与**它们所处的环境有关**。这里有一个值得探究的思想实验。狗狗一直在与我们分享很多东西。它们住在我们的房子里，呼吸我们的空气（和二手烟），喝我们的水，听从我们的指示，感知我们的情绪，吃我们的食物，有时甚至睡在我们的床上。很难想象还有哪种动物能像狗狗这样与人类共享环境。想象一下，如果你是别人心爱的宠物，受别人摆布（是让你高兴的那种摆布），那会是怎样的情景，这可能会对你理解狗狗的生活有所帮助：

你每隔一段时间就会被喂食，然后被带出去散步；你会经常被洗浴、梳毛、亲吻、拥抱；你有一个最喜欢的午睡位置；你有喜爱的玩具，有便便的地方；在同一个小区里有你的好朋友，你喜欢和你的主人还有其他狗狗一起玩；你特别喜欢在泥里打滚，沾上一身的泥巴；你喜欢探索新环境，嗅闻其他狗狗的屁股，和别人有新奇的互动。

这样的画面可能会让你想起自己的童年，那时你完全依赖成年人的照料。大人们总是勤勤恳恳地在你身后清理各种烂摊子，并且全方位确保你的安全。虽然你可以用某种方式抗议，但你对自己吃什么、什么时候洗澡、什么时候被带到公园和游乐场没有真正的发言权。不过你能接受所有这些安排，因为你知道的只有这些。你有一种本能，可以说，你天生信任父母或其他监护人。这在你的成长过程中塑造了你的各种习惯。今天，作为一个成年人，你可能把你的健康（或健康欠佳）在很大程度上归因于你的日常习惯，它们也许帮助你实现了健康长寿，也许让你患上了慢性疾病。

对于大多数人来说，随着年龄的增长，我们会变得成熟、独立，能够改变原有的习惯，以适应我们自身的需求和偏好。但对于我们的狗来说，它们的生活完全依赖于我们。在它们的整个生命历程中，我们很少让它们有机会自己做出选择。当疾病来袭时，我们不得不反思：**哪里出了问题？**

众所周知，我们人类正越来越多地遭受着所谓的现代文明病的折磨，如糖尿病、心脑血管疾病和癌症等，它们在很大程度上是一些特定生活方式（不良饮食、缺乏锻炼等）所导致的恶性后果长期积累造成的。它们如同缓慢移动的海啸，经过数年甚至数十年才会到达我们的生理海岸线。由于营养、卫生条件的改进和新药物的研发，我们的寿命可能比一个世纪前更长，但我们的生存质量变得**更好**了吗？

根据世界卫生组织的数据，1900年全球平均预期寿命只有31岁。即使在最富裕的国家，这个数字也不到50岁（在美国，这个数字大约是47岁）。不过我们不应该过于看重这些数字，以为它们证明了我们的健康状况在不断进步。因为20世纪初有许多人过早死于传染病，尤其是儿童。这使得当时的"平均"预期寿命被大幅度缩短了。等到抗生素被广泛使用，我们掌握了许多疾病的治疗手段，平均寿命才显著提高。到21世纪，死亡和残疾的主要原因已从传染病和婴幼儿早夭变为成年后的非传染性疾病和慢性疾病。

到2019年，在新冠肺炎疫情造成数据异常之前，美国人的平均寿命已经接近79岁，日本更是高达84岁半。但你要知道：如今生活在美国的人活不到80岁的超过50%，其中三分之二都会死于癌症或心脏病，而许多活过80岁的"幸运半数"会死于肌肉减少症（肌肉组织损失）、阿尔茨海默病和帕金森病。此外，即使不考虑新冠肺炎疫情的因素，我们的预期寿命最近也失去了增长势头。数据显示我们延长有质量的生命的能力在不断减弱（根据某些衡量标准，我们有质量的生命已经完全停止了延长）。20世纪，我们在提高预期寿命方面取得了巨大进步，但现在，一个更高的门槛阻碍了我们的努力，要越过这个门槛，需要我们的自主行动。岁月不可避免地会给我们的身体带来磨损，但我们正越来越多地因为一些本可以避免的疾病而垮掉，让自己的身体被难以根治的慢性疾病拖垮。

情况本不必如此。癌症、心脏病、代谢障碍（比如胰岛素抵抗和糖尿病）以及神经退行性疾病（比如帕金森病和阿尔茨海默病）在世界上的许多地方，包括一些小型现代化国家里，仍然非常少见。

这样的地方往往是一些被称为**"蓝色地带"**[1]的长寿地区。在这些地区中，百岁以上老人的数量是其他地区的三倍，他们保持良好记忆力和身体健康的时间比我们长得多。2019年，最负盛名的医学杂志之一《柳叶刀》发表了一项令人担忧的研究结果，表明现在全球五分之一的人类死亡都是不健康饮食造成的。人们吃了太多的糖、精制食品和加工肉类，这些都会加剧我们的现代文明病。而食材还只是问题的一部分。现在的食物的商品设计经常会导致人们过度摄食。就像我们在前面说过的，我们吃得过多，却又营养不足。许多狗狗也在面临同样的问题。一项针对英国3 884只狗的研究发现，75.8%的狗在第一次去看兽医、接受"健康检查"时就被诊断出一种或多种健康失调问题。

我们都知道，"肥胖症"已经成为一个遍及全世界的严重问题，在发达国家和高收入国家尤甚。我们刻意使用这个词，就是希望能够引起大家的警觉和行动。人类已经在相关研究和药物开发上花费了数万亿美元，但罹患癌症、心血管疾病和神经退行性疾病的风险还在持续增加。这都与危险的体重超标有关。那么我们的狗呢？它们的体重也在增加。超过一半的美国宠物处于超重或肥胖状态。宠

---

1 "蓝色地带"（Blue Zones）一词首次出现在2005年11月的《国家地理》封面故事《长寿的秘密》中，作者是丹·比特纳（Dan Buettner）。这一概念源于詹尼·佩斯（Gianni Pes）和米歇尔·普兰（Michel Poulain）的人口学研究，相关论文发表在2004年的《实验老年医学》（*Experimental Gerontology*）杂志上。佩斯和普兰已经确认，撒丁岛的诺奥罗省是男性百岁老人最集中的地区。两位人口统计学家将注意力集中在长寿程度最高的村庄群上，以它们为中心，在地图上画了一系列蓝色同心圆，并开始将圈内的区域称为"蓝色地带"。后来，比特纳将这个由佩斯和普兰创造的词语使用在了他们找到的其他长寿热点地区，包括希腊的伊卡里亚岛、日本冲绳、加州洛马林达以及哥斯达黎加的尼科亚半岛。

物肥胖的原因有很多，如果你了解了宠物食品行业如何在不到60年的时间里成为一个价值600亿美元的快餐商业引擎，就可以搞清楚这个问题。

犬类超重（包括肥胖）已经被研究了很多年。导致狗狗体重困境的两个最大因素似乎是（1）我们喂食的方式和食物种类，以及（2）它们的运动量。有趣的是，2020年荷兰一项针对2 300多名养狗人的研究显示，"放任型家长"会导致狗超重和肥胖，就像人类世界中父母的溺爱会导致儿童超重（和行为不端）一样。在他们的研究中，超重狗狗的主人更有可能把狗狗视为"婴儿"，让它们睡在床上，又不重视它们的饮食健康和身体锻炼。这些超重的狗也更可能出现一些"不受欢迎的行为"，包括吠叫、咆哮、咬陌生人、害怕户外活动以及无视命令。

与传统观点相反，**狗狗对碳水化合物的需求并不高，但一袋以谷物为基础的狗粮通常包含超过50%的碳水化合物，而且主要是容易刺激胰岛素分泌的玉米或土豆制品。**这就像是把糖尿病的致病因素添加到狗粮里，另外还要加一些"消杀剂"（比如杀虫剂、除草剂和杀菌剂）。玉米不仅富含碳水化合物，还能迅速提高狗狗的血糖水平。而且玉米在生长过程中会被大量喷洒农药——美国使用的所有农药中，30%都被喷在了玉米田里。不含谷物的狗粮也好不到哪里去，它们平均含有大约40%的糖和淀粉。不要被"不含谷物"的标签所迷惑，虽然这些标签看上去像是在大声宣称着"健康"。在所有宠物食品中，一些无谷物的狗粮反而含有最多的淀粉。你很快就会知道，宠物食品领域的标签与我们在食品商店看到的欺骗行为性质完全一样。高淀粉饮食为许多退行性疾病奠定了基础。这些疾病完全可以通过选择代谢压力较小的食物来避免。

我们提倡最低限度加工的、新鲜的、营养全面的饮食（我们会对此给出确切的定义），根据你的喜好选择多样化的食物。**只要将10%的超加工宠物食品（狗粮）用新鲜食物代替，就会给狗狗的身体带来积极的变化。**所以在改善狗狗的健康方面，我们并不需要非此即彼，不是说如果做不到100%那就干脆什么都不做。你尽可以只为你的毛孩子改变10%的食谱：把让你感到惴惴不安的商业狗粮换成你自己也很愿意吃的东西，比如一把蓝莓或一小段胡萝卜。你做出的每一点微小改变都能对整体健康带来显著的益处。我们要让这些改变经济实惠、在时间上可行。一旦你掌握了食物的力量，就有了改变生活方式的动力，我们在后面会提供很多细致到每一步的方案指引。

要打造或破坏我们的伙伴（和我们自己）的健康身体，食物是最有效的方式之一。它既可以治愈疾病，也可能造成伤害。你不能用补充优质食物的方式来弥补低质量食物造成的伤害——这就像每天吃垃圾快餐，即使同时吃复合维生素也不会有什么益处；想要用果汁排毒来拯救你对含糖汽水的上瘾也是不可行的。

和大多数医学生一样，兽医专业的学生接受的教育并不包括广泛的营养学知识。不过许多兽医的认知已经有所发展，不再只是认为"你给患癌症的狗喂什么并不重要，只要它吃就行"，而是能够认识到食物在免疫反应和疾病恢复中发挥着重要作用。营养基因组学，即对于营养和基因之间相互作用的研究，对所有狗狗的健康都会产生关键性的影响，在疾病预防和治疗方面尤其如此。这种研究为我们的狗提供了逆转命运的可能性。我们两个人就是在探究宠物营养问题的过程中认识的。罗德尼的牧羊犬萨米差一点就没能活过它的第一个生日。那时它吃了一些遭到污染的肉干，导致肾脏受损。这些肉干的商业宣传语中承诺"可以护理关节，促进免疫系统健康，并有益于皮肤"。在萨米即将被实施安乐死的时候，另一个处方救了它。然后萨米开始接受专门的自制饮食来挽救它的肾脏。这个经验证明了食物作为治疗手段的力量。几年后，我们两个因为萨米的癌症治疗走到了一起。我们都希望通过宠物饮食、营养与寿命之间的联系来寻找让宠物获得健康的线索。从那时起，我们全力以赴开始了这项工作，努力挖掘医学和兽医学杂志上的所有科学知识，并与全世界的毛孩子家长们分享。

最初的故事

　　我（罗德尼）在我人生非常动荡的一个时期得到了萨米。是它抚慰了梦想破灭的我。我在一个传统的黎巴嫩家庭长大，家里人口很多，家具都用塑料布包裹着，以免被弄脏弄坏。我家从来没养过宠物。虽然我学习成绩很差，但我在橄榄球场上取得了成功，成为加拿大队的一员。我一直梦想着有一天能为加拿大橄榄球联盟效力，直到我的膝盖受伤。然后发生了两件改变我一生的事情：我放弃了橄榄球梦，在休养期间看了电影《我是传奇》（*I Am Legend*）。影片主要讲述的是 2012 年，人类最终被病毒击垮，威尔·史密斯饰演的病毒学家因为体内有自然抗体未受到感染，成为纽约市唯一的幸存者。他永恒的伴侣、保护者和唯一的朋友是一只名叫萨姆（Sam）的德国牧羊犬。一人一犬相濡以沫，建立了一种深刻的、对他们两个都至关重要的共生关系。看着这部电影，我突然灵光一闪。在那之前，"人与动物的情感纽带"对我来说只是一个空洞的概念，看过电影后我突然发现，我错过了一个完整的世界：人与动物之间可能存在某种关系，可以让我们的生活变得更加丰富。后来我的膝盖康复了，但我的橄榄球梦想也破灭了，我做了这一生唯一有必要的事情：拥有了一只自己的德国牧羊犬。我给它起名叫萨姆（昵称是萨米）。2008 年，它的到来改变了我的人生。

　　对于我（贝克尔医生）来说，我对动物的喜爱可以追溯到我刚记事的时候。1973 年，在俄亥俄州哥伦布的一个雨天，我的父母第一次意识到我是真的很想帮助动物。那年我才 3 岁，我发现一些蠕虫被"困"在我家附近的人行道上，就疯狂地恳求母亲帮我拯救它们。（母亲实现了我的愿望。）从那天起，我父母开始培养我对所有动物的热情，不过他们也给我明确了一个规则：我带进家里的任何动物都必须能从前门走进来。没过多久，我就找到了自己在这个世界上的使命。13 岁的时候，我在当地动物保护协会做志愿者；16岁时，我成为一名有联邦执照的野生动物康复员。短短几年后，我又成为一名兽医专科学生，将这份热情转化为我的职业。依照我的信仰、兴趣和个性，我在照料动物时会以预防疾病为主，对我来说，采取毒性最小、侵入性最低的医疗手段是基本常识。从一开始就防止对动物的身体造成破坏，这才是更合理的做法。在接下来的几年里，我获得了康复治疗（物理疗法）和动物针灸的资格认证，出版了一本宠物食谱，并最终建立了中西部第一家有前瞻性的兽医院。

我从自家宠物身上学到的经验教训一直是我职业生涯最重要的参考知识。例如，我们家的公狗苏提（Sooty）活到了19岁。它向我证明了生活方式真的很重要。根据我的财力，给苏提提供的基本饮食是颗粒狗粮，但它这一生培养了很多良好的生活习惯，这显然对它产生了重大影响。双子星（Gemini）是一只被救助的母罗威纳犬，我在医学院读大一时领养了它。它让我知道，食物也是至关重要的——实际上，是我自制的食物把它从死亡边缘救了回来。双子星是我的第一只永生狗。它的生存时间远远超过了它的预期寿命，其中部分原因是我从领养它的那一刻起就为它实施的预防策略。直到今天，即使我已经养过多达28只宠物（包括很多两栖动物、爬行动物和鸟类），让我学到最多宝贵经验的仍然是双子星在疾病和健康的交替状态中走过的漫长旅程。

决定宠物健康与否的远远不只是我们给它们吃的东西。除了食物以外，还有其他许多优秀的治疗手段。值得一再强调的是，狗和人类一样，都暴露在同样的环境污染物和致癌物中。重要的是，让我们活得更久的健康选择对我们的狗来说也同样适用。

有两个值得一问的问题：今天的犬类活得比它们的祖先更久吗？它们活得**更好**吗？

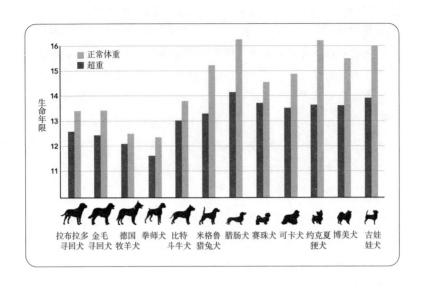

　　因为体重正常而多活一两年似乎不足为奇，但和犬类的平均寿命相比，一两年其实是很长一段时间。毫无疑问，狗的寿命和我们一样在延长。就像现在我们的寿命超过了人类祖先，狗从它们的祖先狼进化而来，生命长度也超过了狼。但这种寿命延长的趋势可能会逆转，而且犬类的**健康**生存时间肯定已经缩短了，生活也不再像以前那样快乐了。虽然我们还没有纵向科学证据能证明，在我们的这个时代，狗的总体预期寿命近年来在下降，但大量案例证据和越来越多的研究都在毋庸置疑地指出一个令人担忧的新趋势。例如在英国，2014年的一项关于纯种狗的研究显示，在过去的10年里，狗的寿命在显著缩短，斯塔福斗牛㹴犬的寿命平均减少了整整3年。英国纯种狗的寿命中位数在短短10年内减少了11%。加州大学戴维斯分校一项为期5年的兽医案例研究表明，在避免遗传疾病方面，杂交品种并不一定具有优势。在经过审查的9万份记录中，27 254只狗至少患有24种遗传疾病中的一种，包括各种类型的癌症、心脏病、内分泌系统功能障碍、骨科疾病、过敏、肿胀、白内障、晶状体问题、癫痫和肝病。根据这项研究，24种遗传疾病中有13种的患病率在纯种犬和混血犬中是大致相同的（简单地说：与普遍的看法相反，混血犬并不一定能活得更长久）。

狗和人类的寿命似乎都陷入了增长瓶颈。尽管一些专家狭隘地将狗的寿命变化仅仅归咎于封闭的基因库、共同的雄性祖先或育种过程中对美学（外观）的偏好超过健康，但科学告诉我们：环境的影响，包括一生只吃快餐食品，以及各种各样的身体、情绪和化学物质的压力源，这些因素都对寿命发挥着关键的作用，这是人们早已明了的现实。我们很清楚这样的因素会增加人类过早死亡的风险，而与犬类相比，人类还是相对单一、同质的生物——我们在本质上非常相似。相比之下，狗却有众多不同的品种和巨大的体型差异。因此，要整理和了解它们的健康风险概况，肯定会复杂得多。同时我们还不能忽视美好、长久、健康的生活与痛苦、长久、疾病缠身的生活之间的差别。

树莓（Bramble）是一只来自英国的大理石斑纹牧羊犬，它曾经是吉尼斯世界纪录中最长寿的狗，活到了25岁，这就相当于一个人活过了100岁！树莓一直吃的是健康的高质量家庭自制饮食，过着积极而且低压力的生活。它的主人在一本讲述树莓长寿秘诀的书中记录了这只狗的一生。在那本书中，她写道："狗应该接受教育，而不是训练……学会与狗进行交流是重要的第一步。"对此我们举双手表示赞同。相互信任的良好的**双向**交流和彼此理解是建立牢固关系的基础。（任何关系都是如此！）这就引出了一个问题：我们在多大程度上倾听了我们的狗狗的声音？树莓的主人还敏锐地指出："即使我们是世界上最善良的主人，以最好的意愿养育它们，这些生活在我们家中的动物仍然只能听从我们的命令，在这一点上它们别无选择。"

与平均寿命不同，现在还没有统计数据表明平均健康寿命的长短。为了弥补这一空白，世界卫生组织为人类制定了一项指标，即HALE（健康预期寿命，healthy life expectancy，发音为/haley/）。它加入了致残疾病和身体损伤等因素，计算出新生儿预期能够"完全健康"地生活的实际寿命。换句话说，这个计算的目的是告诉你，在这些疾病和残疾夺走一个人有质量的生活之前，每个人平均能健康地活多久。

我们不需要深入了解这个复杂的计算公式的细节（这个留给统计学家和人口统计学家去处理吧），只需要知道，最近一次HALE的计算是在2015年，得出的结果（包括全球男性和女性的平均值）是63.1岁，比预期的人类平均总寿命少8.3岁。换句话说，现在人类的健康问题会导致将近8年的**健康**寿命减少。也可以说，从全世界的平均水平来看，我们最多会有20%的时间处于不健康的状态。那是很长的一段时间。但反过来看，就是我们还能够多获得20%的健康寿命。就犬类而言，我们可以这样看：如果狗通常在8岁左右发病，而狗的平均寿命是11岁，那么一只狗27%的生命历程都是在不健康的状态下度过的。我们可以大胆猜测：对于那些寿命超过11年的犬类品种，这个比例很可能会接近30%。

　　"现代"兽医学所遵循的被动应对性医疗方法与医学院学生学到的治疗人类的方法是相同的。这种医学理念认为：伴侣动物的退行性疾病是不可避免的，应该预料到在它们中年时就会出现各种身体问题，并且会随着它们年龄的增长而越发严重，直到最终被确诊。兽医们学习的是在疾病出现**后**开处方。但在我（贝克尔医生）的兽医学培训期间，除了体重管理之外，我没有被教授过任何预防策略。我在兽医学校的健康医学课轮转时，要为健康的小狗和小猫设计疫苗方案，却没有任何课程讲解如何**预防**中年时期的关节炎和肌肉萎缩，如何帮助高龄宠物保持器官系统的健康，如何降低潜在的认知衰退和癌症风险，让这些问题不至于发生。当时甚至没有人会讨论这些事。

　　哈佛大学的大卫·辛克莱博士（Dr. David Sinclair）一直在研究遗传学和衰老生物学，写过大量文章阐述关于健康长寿的秘密。他告诉我们，他认为衰老本身就是一种疾病。以这种方式看待衰老，我们就可以寻找办法来"治愈"衰老，或至少控制衰老的进程。在他看来，治疗衰老甚至可能比治疗癌症或心脏病更容易。辛克莱博士令人钦佩的远见卓识和雄心壮志促进了抗衰老研究的开展。随岁月老去是生命中不可避免的、美丽而又自然的一部分，但疾病性质的突然加速退化则完全是另一回事——40岁从不吸烟的人突然被诊断出肺癌；或者

5岁的拳师犬意外死于先天性心脏缺陷。无论你是哪个物种，衰老都是生命历程的一部分。但非正常情况的快速衰老和英年早逝不应该也不需要成为21世纪生活中的一部分。

幸福测试

我们对养狗的人进行过不少有趣的调查。比如，如果狗狗会说话，他们首先会问狗狗什么问题。最多的答案是："你幸福吗？"随后他们常常还会问："我怎样做才能让你更幸福？"这些好问题又引出了第三个问题："宠物的健康能反映主人的健康状况吗？"

我们经常看到宠物和它们的人类伙伴有相同的健康问题，也可以说，宠物成了人类健康问题的哨兵。

如果你的狗感到焦虑，那么你呢？如果你的狗超重、身材走样，那么你呢？如果你的狗过敏，你是否也会过敏？我们的宠物的健康状况常常能反映我们自己的健康状况：焦虑、肥胖、过敏、肠胃感染甚至失眠都可能意味着宠物和主人共有的机能失调。

关于宠物和人类相伴情况的研究是一个相对较新的领域。不过现在我们已经获得了一些很有趣的初步发现。在荷兰，研究人员发现超重的狗更可能拥有超重的主人。（这并不奇怪。我们在孩子和他们的父母身上看到了同样的情况。）研究者认为，如果要预测某个人和他的宠物是否会超重，那么他们在一起散步的时间就是最重要的指标。另一项来自德国的研究表明，我们倾向于将自己吃零食的习惯、对待加工食品的态度和每日摄食量强加给我们的宠物，这影响了它们每天的卡路里摄入量。

芬兰在2018年进行的一项研究值得我们关注。这项研究特别针对一种病症——过敏。研究人员试图在狗和人之间找到一种诱发过敏的相关模式。值得注意的是，他们发现生活在城市环境中、与自然和其他动物相隔绝的人与他们的狗具有更高的过敏风险；而那些生活在农场或者有许多动物和孩子的家庭，或是经常在森林中散步的人和狗，过敏风险就比较低。狗的过敏通常被诊断为犬类特应性皮炎，类似于人类的湿疹，这是狗去看兽医最常见的原因之一。前一项研究中的一些研究人员还主导了另一项研究，其内容包括记录犬类过敏的另一个重要风险因素：以超加工碳水化合物为主的饮食。依照他们2020年发表在《公共科学图书馆》（*PLOS One*）杂志上的一篇论文中得出的结论，在生命早期喂食未经加工的、新鲜的、以肉类为基础的饮食可以预防犬类特应性皮炎，而过度加工的、富含碳水化合物的饮食则是诱发此类疾病的风险因素。他们还确定了能够显著降低犬类特应性皮炎的其他重要条件："怀孕期间为母体进行驱虫；出生早期晒太阳；出生早期拥有正常的身体状况评分；幼犬在同一个家庭出生并长大；在2—6个月的这段时间里在泥土或草地上度过。"**总结：减少加工碳水化合物饮食和接触更多的泥土是关键。**

通过接触农业生活和这种生活中不可缺少的泥土来避免过敏，这被称为"农场效应"。的确，有时脏一些反而是好的。可以肯定的是，泥土绝不只是我们进入大自然时在鞋底上看到的那么简单。那里面的明星是在田园和自然环境中才会有的微生物群落。它们在对抗病原体、支持新陈代谢和刺激免疫系统方面起着重要作用。尤其是免疫系统通过它们的刺激和驯化，就不会那样容易对过敏原产生过敏反应。泥土教会了身体如何区分朋友和潜在的敌人。幸运的是，现在有包括**犬类健康土壤研究**（Canine Healthy Soil Project）在内的多个研究项目。它们都专注于测试生物多样性假说，即幼犬早期暴露在健康的土壤微生物环境中，可以帮助它们重建犬类祖先体内和体表的微生物群落环境，从而优化它们的整体健康状况，延长它们的健康寿命。

在后面的章节中，我们将进一步深入探讨这一现象。随着我们对身边的友好微生物（以及它们自身代谢形成的物质）有越来越多的了解，开始搞清楚它们如何影响我们的生理和健康，也包括我们的狗狗的生理和健康，科学界必然会发生一场革命。世界各地的免疫学家都在竞相破译微生物群落的秘密——包括以共生关系生活在我们身上和体内的所有微生物群落（其中细菌占据了主导地位），以及它们作为一个整体所产生的作用。数百万年以来，这些共生生物不断为我们的生存做出贡献，并与我们一同进化。

所有人和狗的身体组织和体液中都有独特的微生物群落。它们栖息于我们的肠道、口腔、性器官和体液、肺、眼睛、耳朵、皮肤等等几乎所有地方，简直无处不在。一具身体的生态系统——无论是人类还是犬类——存在的微生物的数量要比其他任何地方的都多。研究人员已经观察到，患有过敏症的狗和人类的身体微生物群落与健康的狗和人相比存在巨大差异，这一点当然并不意外。研究人员还观察到，健康的狗如果患有慢性和急性肠道炎症，它们的肠道菌群也会出现显著差异。**狗的身体微生物群落的健康状况和肠胃疾病的风险之间有很强的关联性。**一些研究甚至已经开始指明，与我们生活在一起的狗和我们自身的微生物群落之间也存在着密切的关系。例如，在2020年，另一组芬兰科学家（包括之前所提到的研究中的一些科学家）发现，在城市环境中，当狗和它们的主人接触到的有益微生物不足时，他们更有可能同时罹患各种各样的疾病。有趣的是，研究者还发现，对皮肤健康起重要作用的皮肤微生物群落往往受到**人和狗**所处生活环境的绝对影响。我们稍后还会看到，这些微生物群落的发展和繁荣来自一系列生活方式——从环境暴露到饮食选择。你和你的狗吃什么将在很大程度上影响你们微生物群落的力量、功能和进化。相应地，微生物群落也会对你们从内到外的疾病和机能失调风险产生强烈的影响。

世界上最负盛名的科学杂志之一《自然》曾经发表文章，阐述我们的宠物的情绪状态如何受到微生物群落的影响。并且我们的狗还会明确反映我们自己的情绪状态。所有养狗人都知道，狗和人类能够很好地理解彼此，这种能力似乎与这两种社会性哺乳动物之间的长期合作与驯化有关。这些共同的情感起到了"社交凝聚力"的作用，有助于发展和维持牢固持久的社会关系。首席研究员莉娜·罗斯博士（Dr. Lina Roth）在2019年的《自然》杂志上发表了她的发现。我们就此对她进行了采访。当时她向我们提到了狗和人类的毛发皮质醇水平（一种慢性压力的指标），并指出两者之间存在很强的"物种间同步"。一般来说，这种"情绪传染"似乎只是从人到狗，反向情况并未被观察到。这一发现让我们相信，我们的压力会对我们的狗产生有害影响，我们却往往意识不到这一点。如果狗能理解我们的情绪和精神状态，同时我们又处于严重的心理创伤或极度焦虑所产生的长期压力下，这将意味着什么？我们的狗陪伴着我们，因为我们而承受巨大而持续的痛苦。一个全球性研究团队进行的一项研究特别令人担忧。他们发现有逃避自身情感倾向（所谓的"回避型依恋人格"）的人，他们的狗在面对社交压力时更有可能试图逃跑，并且同时在情感上远离主人。

在意大利的那不勒斯费德里克二世大学，我们看到狗在**一秒钟**内就能辨别出人类在快乐和恐惧的情绪状态下采集的不同汗液样本。而且这两种汗液的气味会导致狗产生明显不同的反应。比亚吉奥·丹尼埃约博士（Dr. Biagio D'Aniello）告诉我们，他的研究中最让人大开眼界的不是狗可以通过鼻子里的化学感受器（嗅觉器官）来区分人类的情绪，而是狗自己的生化指标也会相应地受到影响。狗和人的情绪是交织在一起的，这两个物种的情绪状态会影响彼此的生理机能。办公室里的激烈争吵使你的血压升高，同时也改变了你的激素化学反应。残余的压力激素就会从你的毛孔中渗出。当你回到家时，你的狗狗就能够识别出这些压力激素，并对其做出反应。你有没有注意到，你从外面回到家里，你的狗会拼命嗅你？其实它是在闻你今天过得怎么样，想知道你还好吗。

当我们询问丹尼埃约博士，该如何帮助狗狗应对我们混乱的生活，他的回答让我们愣了一下："下班回家后，马上洗个澡。一秒钟也不要耽搁。"他说这话时带着一种微妙的笑容。不过他也提出了更实际的建议——培养减少压力的习惯，找到可以在日常生活中轻松实行的减压方法。**事实证明，照顾好自己，包括锻炼、瑜伽、冥想，或采取其他任何能帮助你真正减压并回到平衡状态的行动，是给你的身体、思想、灵魂的礼物，也是给狗狗的珍贵礼物。**

狗和人类一样，都是社会动物。你很快就会发现，很久以前，狗狗们就在一种精妙的安排中，以优美的姿态依偎在我们身边，和我们一起行走在这颗星球上，尽它们所能享受这份生活。我们和狗狗的关系自然会受到生活诸多方面的影响，从我们的生活习惯、压力水平到我们的微生物群落。人类与狗共同进化的故事让我们抑制不住地露出微笑，因为它是如此温暖心灵。我们可以想象，雷吉、萨米、双子星，还有汪星中的其他狗狗一定也在和我们一起微笑。

🐾 长寿小提示 🐾

➤ 不管你的狗是什么品种，有怎样的基因，实现健康寿命的目标都是一样的：在高质量的生活中尽可能生存更长时间。这就是"永生狗"的定义。

➤ 大量研究表明，我们有能力通过改变狗所处的环境来积极影响和控制它们的基因表达。这被称为表观遗传学。

➤ 最有效的一种长寿药就是食物。将狗狗日常饮食中10%的加工宠物食品（颗粒狗粮和零食）换成更新鲜的食物，就可以给狗狗的身体带来积极的改变。让狗狗食用更多未加工的、更新鲜的食物，这会是一个很好的开始。

➤ 损害我们寿命的因素同样也导致我们的狗狗寿命缩短。其中包括只摄入营养单一的精制食物、暴饮暴食、久坐（缺乏锻炼）以及环境中有害的化学毒素和慢性压力。

➤ 我们的狗能感知我们的压力。我们应该更多地投入健康的活动和锻炼、缓解压力、保持良好的情绪，这些都会对我们的狗产生积极影响。

❷ 我们与狗的共同进化

从狂野的狼到忠诚的宠物

> 在他的狗面前，每个人都是拿破仑——这也是狗一直很受欢迎的原因。
>
> ——奥尔德斯·赫胥黎

在上面的照片中，我们可以看到一个女人的骸骨，她以胎儿的样子侧卧，手中抱着一只小狗的头，姿态充满爱意。这一人一狗的骸骨于20世纪70年代末被发现，埋葬地点位于中东地区加利利海以北约16英里（约26公里）的胡拉湖岸边一个有1.2万年历史的墓穴里，那里曾经存在过一个小型的狩猎采集部落。在这张照片所表现的时期，人类能够制造简单的石器，住在临时搭建的、有石墙和茅草顶的房子里。这张照片证明了人类和犬类在史前时代就有着密切的联系。

2016年，考古学家挖掘出一串距今2.6万年的人类儿童脚印。可以判断出，这个孩子8—10岁，大约4.5英尺（约137厘米）高。就在这串脚印旁边，还有一串狗爪印。这一发现位于肖维岩洞——法国南部的一处旧石器时代遗址中。据推测，这个赤脚的孩子是在走路，而不是在跑步，尽管他或她似乎在柔软的黏土中滑倒过一次。我们还知道这个孩子拿着火把，因为有证据表明他或她曾经停下脚步清理火把，于是留下了一片炭灰污渍。一个旧石器时代的孩子，只有一只宠物狗做伴，却在一座拥有全世界最古老的绘画作品的古代洞穴中探险，想想都令人吃惊。大约在3.2万年前（我们的穴居时代），古人们在那座洞里创作了400多幅动物的图形。

这一发现打破了狗在1.25—1.5万年前才被驯化的既定观念。更重要的是，驯化时间的向前推进从根本上改变了人们的认知，让我们重新认识了狗如何成为人类最好的朋友。一些研究人员认为，狗可能早在13万年前就融入了人类社会，远远早于我们的祖先开始农业定居的时间。不过这仍然是一个处于激烈争论中的话题，我们只能期待未来的研究能找出答案。（就在我们写下这段话的时候，我们又看到了一篇新的头条文章：《冰河时代的冬天，太多的肉导致了狗的出现》。看起来，关于狗狗起源的争论仍在继续。）甚至"驯化"这个词本身就很难定义。而且我们也无法确定这种现象是只发生过一次、两次，还是多次发生在亚洲和欧洲。但无论什么样的理论（或多种理论的结合）是正确的，无可辩驳的事实是："对狗的驯养使得人和狗两个物种都变得更加成功。狗现在是地球上数量最多的食肉动物。"这个结论来自芬兰研究人员2021年发表在《自然》杂志上的文章。

同样值得注意的是，人类进化的故事中也仍然存在着一些未解之谜。新出现的证据表明，我们的进化时间轴和分布到世界各地的迁徙路线到目前为止可能还没有被完全准确地标记出来。有趣的是，人类的DNA反而不像狗的基因组那样，总是能向我们揭示我们在史前时期的状态。伦敦弗朗西斯·克里克研究所的人口遗传学家本图斯·斯科格伦德（Pontus Skoglund）在2020年和他人共同主导了一项关于犬类进化的研究。他认为，"狗是研究人类历史的一种与众不同的示踪染料[1]。"实际上，我们可能需要对狗的基因组进行更多挖掘，以揭示

---

1 示踪染料是指加在混合样品中的不影响样品成分迁移的，但在电泳或层析等分离时指示样品移动进程的一种染料。

我们人类自己过去的样子和在世界各地迁徙的细节。

不管我们说的是哪种狗——拉布拉多犬、大丹犬还是吉娃娃，它们都有一个共同点：灰狼（Canis lupus）。

虽然很难在这些长相迥异的狗狗中发现相似之处（除了它们都全身是毛、有四条腿和会吠叫），但地球上的每一只狗——一共超过400个已知品种——都可以追溯到同一个已经灭绝的狼种，这个狼种同时也是灰狼的祖先。我们可以通过基因研究来证明这一点，尽管我们同样可以清楚地确定，狗不是狼。我们和狗的合作历史也很古老了。狗是第一个与人类建立深厚感情的非人物种。（早在1万年前，我们还没有驯养绵羊、山羊和牛等牲畜的时候，人类就已经有了伴侣动物。相比之下，大约6 000年前，马才在欧亚大陆被驯服。虽然马不是家养宠物，但它们往往也能够和主人产生深厚的感情。）

我们所知的第一只宠物狗的名字是阿布蒂尤（Abutiu，也被记录成Abuwtiyuw），它属于公元前3 000年早期的一位埃及法老。人们认为它是一只视力型嗅猎犬——一种体型轻巧的猎犬，类似于灵缇，有直立的耳朵和卷曲的尾巴。在阿布蒂尤死后，伤心欲绝的主人为它举行了盛大的葬礼。它的墓志铭是："陛下这样做，是为了让它在伟大的阿努比斯神面前受到尊敬。"

同样地，选择性育种的起源在科学上也仍然有待探讨——特别是涉及某些特定类型的狗起源于何时何地的问题。例如，在研究不同品种的牧羊犬时，美国国立卫生研究院的研究人员发现了一些令人惊讶的事实。他们比较了几个著名品种牧羊犬的基因，一组起源于英国，另一组来自北欧，还有来自南欧的第三组。研究小组本以为它们之间存在着密切的联系，但他们在2017年发表的研究结果显示，情况并非如此。研究人员在仔细观察之后发现，每个品种的牧羊犬都使用了不同策略来放牧羊群，这种差异同样表现在遗传数据中。这支持了一个理论，即多个古人类群体都在有目的地从狼开始培养犬类品种，这些繁育活动都是各自独立的。现在越来越多的人开始支持这个理论。

我们今天认识的大多数品种的狗都是在最近这150年中发展出来的，其中大量品类都出现在英国维多利亚时期，那是一个犬类育种急速发展的时代。在这一时期的英国，养狗作为一项科学的爱好和运动不断得到强化和发展。最终的结果是，在那个时代出现了400多个今天被认定为独特品种的狗（注：并非所有现代品种的犬类都来自英国，因为犬类育种的趋势已经席卷了全世界）。这种对犬类审美偏好的转变却给犬类健康带来了毁灭性的后果。同样是在这一时期，达尔文的研究和著作让人类对生物的理解发生了急剧改变。达尔文自己就痴迷于狗的品种繁育，并且和不少顶级犬类爱好者都是朋友。如果你翻阅19世纪的犬类品种图片，并将它们与现在的同类狗进行比较，就会发现一些巨大的变化。整个20世纪，针对特定身体特征的严格的选择性育种给我们带来了短腿的腊肠犬，体格更粗壮、背部倾斜的德国牧羊犬，面部皱纹更明显、身体更厚实粗壮的斗牛犬（实际上，像英国斗牛犬这样严重受到人工育种影响的例子非常少见）。这种变化在健康方面往往造成了负面效果和特异性损害。它给犬类带来两种严重的直接影响：基因多样性的巨大损失和恶性遗传疾病的增加。

许多人认为"杂种狗"比纯种狗更健康，但正如我们之前提到的，事实并非总是如此。兽医流行病学家布伦达·博纳特博士（Dr. Brenda Bonnett）是国际犬类合作组织（International Partnership for Dogs）的现任首席执行官，她表示："许多遗传疾病源自古老的基因突变，在全部犬类中都有广泛分布。一些遗传病在近缘育种中出现的频率增加了，但不同的遗传病在不同犬类品种身上所表现的程度可能都不一样。"她提供了一个很好的例子：如果用绝对健康、无疾病、基因强健的贵宾犬和同样最完美的拉布拉多犬进行杂交，那么后代很有可能是健康的，但这一点并不能百分之百保证。不管怎样，任何两只狗交配都不能被认为一定会诞生更健康的混血品种的幼犬（因此，幼犬繁殖工厂和后院饲养者在没有健康许可的情况下配种制造"设计犬"就会出现问题），也无法防止古老突变性疾病的发生或降低其概率。我们问她对狗进行DNA测试的潜在价值是什么，宠物主人是否能用这种手段识别出可能潜伏在自己宠物身上的基因性疾病，是否能借此采取预防措施，她回答说，**基因测试可能是有益的，但狗身上许多最常见和最重要的疾病现在还没有办法通过基因测试检测出来。**

基因检测正迅速进入犬类的世界。在北美，Embark和Wisdom的DNA测试是目前最受欢迎的犬类品种鉴定试剂盒，养狗人购买这些试剂盒是为了更好地了解他们的狗的品种、祖先和疾病标记。这些测试的好处是，你**能够**筛查超过190种遗传性疾病，这些疾病可以通过特定的遗传疾病标记在狗的基因中被识别出来。优秀的育种家必须使用这种测试，以确保狗的健康和育种妥善无误。这些测试有助于区分批量生产的纯种狗（来自工厂化农场和幼犬繁殖工厂）和基因完善的狗——后者往往来自致力于改善犬类健康的保育型或者功能型繁育者。并非所有纯种狗都是育种良好的狗。所以，如果你打算花钱买一只幼犬，你就必须做好功课，你要保证繁育者经过认真思考，精心设计基因配对，致力于提高幼犬的健康寿命。这关键的一步没能发生在雷吉和萨米身上：它们的繁育者没有确定它们的基因健康和相容性，不负责任地让它们诞生在这个世界上，于是这两只可爱的毛孩子都没能完全得到它们本应该拥有的健康岁月。

如果一位毛孩子的家长打算对一只需要领养的混血犬或者宠物商店（幼犬繁殖工厂）的狗做基因测试，请一定记住，即使一只狗可能被测出携带致病性基因变异，也不代表它的身体会自动表达这些致病基因，从而让它患病。我们认识的每一位兽医都给我们讲过一些可怕的故事：客户仅仅因为一张纸上写着他们的狗携带一些"坏DNA"，就做出了疯狂的决定。兽医经常对宠物主人要求进行的致病基因检测犹豫不决，因为这种检测结果并不能告诉我们，狗是否真的会得这种疾病。

有些人说，他们不想知道这种事，所以他们不会去做测试。另一些人做了测试，发现他们的狗是遗传病基因的携带者，但他们不知道这些基因可能永远都不会表达。于是他们终其一生都在为可能永远不会发生的事情感到焦虑。如果你做了基因测试，结果显示你的狗有不良基因变异，或者存在健康风险，不要惊慌。在理想情况下，如果你发现你的狗有一些容易导致疾病的DNA变异，你可以把这一发现视为一个及时出现的提醒。它让你可以抢占先机，主动开始制订有针对性的营养和生活计划，积极调节你的狗狗的表观遗传状态。

DNA几乎控制着我们的一切，所以识别我们体内的遗传疾病标记使我们能够采取积极措施，为自己创造更好的生活方式。但单纯的识别只是一个开始。了解我们自己的DNA，以此来改善我们的健康和寿命，这需要我们做很多事情。实际上，我们都携带着一些不那么可爱的DNA，但这正是表观遗传学（稍后会详细介绍）和营养基因组学发挥作用的地方。**就像你一样，你的狗吃的食物、接触的致癌物以及你为它创造的生活方式都会增加或减少遗传性疾病发作的可能性。**我们写这本书是为了帮助你认识和减轻生活方式所造成的健康障碍，最大限度地延长你的狗的健康寿命，让它成为狗中的老寿星，无论它有什么样的基因。

我们将深入讨论，为什么我们的毛孩子会患上一些不应该出现在它们身上的疾病。实际上，这些疾病同样在困扰着我们人类，比如癌症、心脏病和肥胖。我们只需要看看自己在进化过程中发生了什么。从穴居人时代开始，我们就很擅长让生活变得更便捷，但也要为此付出一定代价。我们首先会详细介绍这些代价。但不要担心，我们将在本书第二部分和第三部分告诉你如何对抗它们。

大 规 模 移 民 与 农 业

如果你曾经尝试过一些特定模式的饮食——低脂饮食、原始饮食、生酮饮食、纯素、肉食、鱼素[1]，还有你能叫出名字的任何饮食方

---

1 指戒食红肉、禽类肉食，但仍进食海鲜（以鱼为主）的饮食方式。　——编者注

案，你想要靠它们来减肥，控制或治疗某种疾病，或者只是想要成为一个更健康的人，请举手。我们对各种各样的饮食方案都很感兴趣。现在，我们正采取一种几乎不吃肉并且间歇性禁食的生活方式。**饮食是疾病的基石，反之，也是健康的基石。**那句老话是真的：我们吃什么就是什么。但是，我们的狗呢？什么食物对它们才是最好的？每天给它们吃同样的颗粒狗粮，这样理想吗？（想象一下：你希望自己每次饥饿的时候只能吃到同样的东西吗？也许有人会说，这是对狗的过度人格化，狗狗们不会在乎。但你可以试试——给你的狗三只碗，里面装上三种不同的食物，然后看看它的反应：它不会一遍又一遍地只吃同一只碗里的食物。就算是巴甫洛夫的狗也需要变变花样。）我们会在本书第二部分详细讨论这些问题。不过，在这里我们要先为这个话题做个铺垫，大概讲述一下我们的食物在漫长的岁月中如何改变和塑造了我们，特别是在农业发展方面。

大约 1.2 万年前，我们所说的"颠覆性技术"生根发芽。我们开始进行集体动员和组织，形成定居聚落，转向以农业为基础的生活方式，放弃了狩猎采集的生活方式。这种转变导致了人口的增长，但人类的食物质量却因此下降了。当我们学了种植、耕耘和储存粮食，特别是像玉米和小麦这样的谷物时，我们开始摄入超过日常需要的卡路里。人类饮食的多样性也受到影响，我们开始只专注于更加单一的食物种类。研究农业对人类社会影响的学者们注意到，尽管农业给我们带来了好处，但也带来了一些后果，随着我们的畜牧业越来越发达，这些后果又被进一步加剧。后来，种植的小麦和玉米变成了超加工食物——白面包、热狗和其他遍及全世界的垃圾食品——并使我们暴露在现代农牧业使用的化学物质中，这些化学物质中有一部分已被证明是致癌物。

贾雷德·戴蒙德是世界著名的历史学家、人类学家和地理学家，加州大学洛杉矶分校的教授，普利策奖得主（得奖作品：《枪炮、病菌与钢铁》）。他撰写了大量关于农业对人类健康影响的文章。多年来，他发表过一些相当大胆的言论，甚至称农业为"人类历史上最严重的错误"。他指出，狩猎采集者的饮食结构具有高度的多样性，与早期农民的饮食结构截然不同——早期农民的大部分食物来源都只是以碳水化合物为主的几种农作物。戴蒙德还指出，农业革命所促进的贸易可能导致了寄生虫和传染病的传播。所以他认为，发展农业"在很多方面都是一场灾难，而我们再也没能从灾难中恢复过来"。同为历史学家的尤瓦尔·赫拉利在他的畅销书《人类简史》中表达了同样的观点："农业革命当然扩大了人类可获得的食物总量，但额外的食物并没有转化为更优质的食品和更悠闲的生活……农业革命是历史上最大的骗局。"你可能不同意这些历史学家的观点，但有一个事实非常明确：农业革命极大地影响了人类最好的朋友。

　　当我们选择吃什么时，我们就是在选择给我们的身体提供什么信息。这一点千真万确：**食物就是我们的细胞和组织所接受到的信息，这些信息会一直影响到每个细胞的分子结构。**无论是人类、大黄蜂、桦树还是小猎犬，都是如此。大卫·辛克莱博士对此非常赞同，他告诉我们，衰老的原因之一就是"体内信息的丢失"。

　　如果你以前没有从这个角度看待过食物，那么以下一些与之相关的事实请不要忽视：食物为我们提供的远不只是能量。我们吃下的营养物质携带着我们周围环境的信号。这些信号随着我们的进食被传达给我们的生命编码——我们的DNA，进而影响**我们的基因活动**，决定我们的DNA表达，而DNA表达所产生的信息最终会影响到我们的身体功能。这意味着你有能力改变自身DNA的活动，只是改变的结果可能更好，也可能更糟。这种由外在影响引起的DNA活动改变涉及一个被称为"表观遗传学"的研究领域。好消息是，对于DNA活动，也就是基因开关的开启或关闭，我们能够发挥积极作用。在这方面有一个简单的例子，对人和狗都适用：富含精制碳水化合物的促炎症饮食会降低一个重要基因的活性，这个基因被称为"脑源性神经营养因子"（Brain-Derived Neurotrophic Factor，简称BDNF），与大脑健康有密切关系。该基因的表达能够编码出一种蛋白质，也被称为BDNF，它可以为脑细胞提供营养，促进脑细胞的生长。所以我们喜欢将BDNF称为"大脑的肥料"。BDNF无法以营养补充剂的形式存在，你也无法从食物中获得它，但我们可以做一些事情，让狗狗的身体一直具有高效产生BDNF的能力，确保这种能力不会随年龄增长而衰退——正确的食物可以增强身体产生BDNF的能力。当我们食用健康的脂肪和蛋白质时（这种饮食方式在我们的前农业祖先以及他们的犬类伙伴的生活中很常见），基因通道的活动就会增加BDNF产量。从根本上说，你就是在以健康的食物维持你的大脑健康。另外，身体锻炼也能增加BDNF的生成。而压力水平和睡眠同样在影响BDNF的产生。BDNF水平的降低现在被认为与失眠有关。研究表明这可能是一个恶性循环，过高的压力水平会抑制BDNF产生，而BDNF水平降低又会破坏良好的睡眠。研究进一步表明，患有认知能力下降和神经退行性疾病的人BDNF水平都比较低，而那些保持较高BDNF水平的人，学习和记忆能力都会持续改善，同时也不容易罹患大脑疾病。

　　某些生活习惯同样能够提高BDNF水平和认知能力，而狗狗是展示这种现象的绝佳范例。2012年，加拿大安塔里奥的麦克马斯特大学进行了一项研究，证明"丰容"[1]方案和强抗氧化饮食的结合，可以从生理上逆转老年犬类的大脑老化。丰容方案包括安排狗定期进行社交活动，锻炼它们的大脑，并针对它们的认知能力向它们提出行动要求，让它们必须进行思考和执行任务。研究人员观察到，这些老年犬在实践这种方案之后，大脑内的BDNF水平出现了显著提升，甚至接近年轻犬大脑内的BDNF水平。换句话说，过于简单的生活方式会加速狗狗的衰老。

---

[1] 丰容是在圈养条件下，丰富野生动物的生活情趣，满足动物的生理心理需求，促进动物展示更多自然行为而采取的一系列措施的总称。　　　　——编者注

碳水化合物主要可以分为三类

糖：葡萄糖、果糖、半乳糖和蔗糖（狗可以从蛋白质中合成葡萄糖，这个过程叫作"糖异生"，所以在它们的饮食中加糖是不必要的）

淀粉：葡萄糖聚合成的大分子链，在消化系统中转化为糖

纤维素：我们的狗不能吸收粗饲料中的纤维素，但它们的肠道细菌需要纤维素来创造健康的微生物群落

碳水化合物来自植物（如谷物、水果、草本植物和蔬菜）。植物性食物都含有不同数量的糖（相关生化数值被称为"升糖指数"）和不同类型的纤维素（对肠道微生物群落的构建和发展至关重要），以及其他有利于健康的植物化学物质。这些都可以被传递进狗的食物链中。要实现最长寿命和最长健康寿命，狗狗需要纤维素和植物化学物质。但狗狗不需要大量糖和淀粉。**我们的目标是给狗狗提供升糖指数低，同时又富含纤维素的"好碳水化合物"，用它们来滋养狗狗的肠道和免疫系统；避免喂食高升糖指数、高度精加工的"坏碳水化合物"，否则会向狗狗提供过多的糖，让狗狗承受不必要的代谢压力。**在第9章，我们将向你展示如何计算狗粮中"坏碳水"，也就是糖的含量，这是我们评估狗粮产生长期代谢压力的一种方法。

对于我们的DNA，最适宜的是我们祖先的古老饮食。正是基于这一理念，才会有越来越多的人开始减少饮食中的碳水化合物，尤其是加工过的碳水化合物，尽量选择有益健康的食物，以最大比例摄取健康的脂肪和蛋白质。我们和我们的狗已经共同在这个星球上生活了很长时间，而这段时间中超过99%的部分，我们每天吃进的精制碳水化合物都要比现在少得多，而健康脂肪和纤维素则要多得多。同样重要的是，我们祖先饮食的多样化程度要远超现在。而且我们身体进

化出的能力让我们完全没有必要像现在这样频繁进食。现在我们大多数人——包括我们的狗——随时都能得到食物。我们喜欢零食、点心，还有24小时营业的快餐厅和外卖软件，只需手指一划，食物一个小时内就会送到我们家门口。但是，发源于现代西方的方便饮食正在破坏我们的DNA保持健康和长寿的能力。21世纪，我们开始享受着惊人的技术进步，同时也在承受新技术导致的身体和食物错配的后果。我们的动物伙伴也是如此。农业革命发生以后，我们开始和我们的狗分享谷物，这实际上改变了它们的基因组。我们从科学研究中知道，狗产生的胰腺淀粉酶（一种分解碳水化合物的酶）比狼产生的更多。

如果你认为农业改变了我们生存的轨道，那么农业的下一个阶段——大农业——又给我们带来了什么？大农业所代表的工业化种植和养殖通常会生产出大量超加工食品。需要明确的是，超加工食品不是转基因食品。根据巴西圣保罗大学营养学家和流行病学家的一组研究，对于超加工食品最恰当的定义是："原料主要是廉价的工业制剂，辅以添加剂，在已经加工的食品基础上进行再加工的食品。总之，它们富含不健康的脂肪、精制淀粉、游离糖和盐，缺乏蛋白质、膳食纤维和微量营养素。超加工食品通过高脂、高糖和高热量来实现诱人的口味，有很长的保质期，并且可以随时随地食用。它们的配方、销售渠道和市场营销手段往往会促使消费者过度消费。"我们将在本书第三部分深入探讨如何确定狗粮的加工程度。

随着我们饮食中的加工食品日渐增多，狗狗也在越来越多地用高度加工的食物填饱肚子。从20世纪开始，加工食品逐渐占据了现代社会犬类的全部食谱。如今，很少有狗能吃到未经加工的、完整的天然食物或最低限度加工的食物。学兽医的学生们接受的教导中，伴侣动物和为了提供肉蛋奶而被饲养的动物是一样的，它们最理想的食物就是配方化的、颗粒状的、经过营养强化的饲料，也就是工厂化饲养动物普遍使用的饲料（它们的饲养方式被称为"集中化动物饲喂场"，即concentrated animal feeding operations，简称CAFOs）。宠物终其一生也只能吃到这样的饲料，而且这种现象已经成为常态。许多动物（包括动物幼崽）都无法再吃到由可识别的、完整的、真正的天然食物制成的口粮。现在的狗粮大多经过精制、混合，重新塑形成一口就能吃掉的球状颗粒。我们都希望这些东西含有足够的营养，可以帮助狗狗预防疾病。

> 加工食品往往加入了糖（淀粉）和脂肪，并使用盐来确保它们在更长的时间内都可以食用。超加工食品通常在工厂里生产，将原始食物完整新鲜的外形彻底破坏，然后加入增稠剂、色素、上光剂、调味剂（让人对食品更容易上瘾的成分），并使用添加剂来延长保质期。
>
> 为人类制作的超加工食品可能需要在装进罐头或包装之前经过油炸。为宠物制作的则要进行挤压。这都意味着这些食物会在高温高压下进行烹饪，以产生酥脆适口的感觉。它们还可能含有解离蛋白或酯化油（反式脂肪的工程替代品，因为目前反式脂肪已被广泛禁止）。在许多品牌的狗粮中都喷洒了餐馆回收油。你会惊讶地发现世佳（Snausages）和奇多（Cheetos）[1]的营养价值是多么相似！

一项又一项研究表明，垃圾食品不仅对我们的健康有害，还会导致人们吃得更多，体重增加，同时又不会为我们提供更多的维生素和矿物质。它们还与较高的癌症发病率和寿命缩短有关。我们很多人都得到过这样的警告，但至今都没有多少人将这些警告和我们的狗联系在一起。

鼓励人们给狗喂食"宠物食品"的兽医认为，宠物食品是为了满足营养需求而设计的，而垃圾食品显然**不能**满足营养需求。有一些超加工的人类食品被标记为"全能"——拥有完备营养的食品：Total 品

---

1 世佳是一个宠物食品品牌，而奇多是一个膨化食品品牌。　　　　——译者注

牌的麦片声称可以百分之百满足人们的每日维生素和矿物质推荐摄取量，还有一些液体饮料，如 Ensure 和 Soylent 也有类似的声明。这些食品基本上和那些标示着科学配方的"应有尽有"的宠物饲料没什么差别，那些饲料就是我们一直被告知要喂给宠物吃的东西。诚然，许多人一辈子都在喝那些全能饮料；而有些人会在一些特殊的时候——比如运动时或住院时喝。但营养学家从不会建议将这些"营养完备"的产品作为终身营养的唯一来源。即使世界各地数百万的婴儿都在喝有着"科学配方"的婴儿奶粉，但他们在几个月大之后就都开始吃加工更少、更多样化的真正食物。唯一**终生**都在吃超加工食品的家庭成员就是我们的宠物。

有些人认为商业狗粮不会像人类加工食品那样"被过度加工"。但根据多种不同的加工食品定义来看，**狗粮其实比任何人类食物的加工程度都更深**，这一点将在第9章详细探讨。我们首先要知道颗粒狗粮是如何制成的，才能对它们有真正的了解。每周都有新的超加工食品冲击人类和宠物食品行业。制作人类方便食品的原料列表往往都是长长的一串，在被做成小点心之前，这些原料都经历过漫长的加工过程。这让它们的成分在很大程度上发生了变化。也许它们曾经是某种农产品或者食品原料，但现在它们和过去的自己已经没有多少相似之处了。同样，在一切超加工宠物食品中，都没有任何接近"新鲜"的成分。用于商业宠物食品的大量原料（如肉骨粉、动物油脂、玉米蛋白粉、米糠等），在进入干燥宠物食品的最后状态之前，都经过了大量加工，更不用说最终制成的宠物食品还要在一般环境条件（比如室温）的货架上保持一年以上的稳定性（各家公司都没有公布过，在宠物食品的包装袋打开以后，它们还可以在多长时间内保证安全）。无论是对人类还是宠物，经过大量加工的食品在任何方面都是不新鲜的。

宠物食品加工过程中，维生素的质量也受到了影响。许多维生素都在生产过程中流失了。雪上加霜的是，包括草甘膦在内的许多残留农业化学品都出现在了商业宠物食品中。草甘膦是除草剂的主要成分，很可能是一种致癌物。不幸的是，它在主流农业领域的广泛应用使得它相对容易地渗透进了商业狗粮中。在2018年的一项令人忧心的研究里，康奈尔大学的研究人员在他们测试的**所有**18种商业猫狗食品（包括一种不含转基因成分的产品[1]）中都发现了浓度达到可检测程度的草甘膦，并得出结论："宠物通过商业食品接触草甘膦的可能性比人类的更高。"他们计算出，以每千克体重为基准，我们的宠物接触到的这种可能致癌的物质量比我们高出了4—12倍。

在许多商业狗粮中，还有一种污染物的毒性丝毫不亚于农业化学品，那就是真菌毒素。真菌毒素是真菌自然产生的有毒化学物质，会感染许多谷物，当然也包括宠物食品中的谷物。宠物食品被召回经常就是因为其中检测到了真菌毒素。2020年12月，美国召回了一种含有黄曲霉毒素（一种真菌毒素）的狗粮。它导致70多只狗死亡，数百只狗重病。真菌毒素会对狗的身体造成严重破坏，从器官疾病、免疫抑制到癌症，关于它们的毒性作用有明确的文献证明。而宠物食品公司从来没有被要求检测成品宠物食品的真菌毒素水平。在美国的一项研究中，12种狗粮里面有9种至少含有一种真菌毒素，这一结果与奥地利、意大利和巴西的研究结果一致。如果你给你的狗吃谷物制成的狗粮，你无疑是在给它喂真菌毒素，唯一的问题是毒性有多大，具体造成了怎样的伤害。不过不用着急，我们之后会给你缓解真菌毒素毒性的方法。

虽然没有任何研究能够追踪犬类的一生，将食用超加工食品的狗和以加工较少的食品为主、采取多样化食谱的狗进行比较，确认它们从出生到死亡的整个生命历程有着怎样的差别，但常识告诉我们，大型宠物食品公司为我们描绘的营养蓝图是有些问题的。在美国，据估计**人类每天摄入的热量中有50%来自超加工食品；对许多宠物来说，至少85%的热量来自超加工食品。**

我们还要再次强调：我们的宠物不能为自己选择食物。像小孩子

---

1 非转基因食品的农作物原料因为同样会被草甘膦杀死，所以理论上一般不会被直接喷洒草甘膦。　　　　　　　　　　　　　　　　　　——译者注

一样，它们只会吃我们摆在它们面前的食物，而我们常常会给它们吃得太多，营养却又不够全面。这导致了无数潜在的健康和行为问题。人类营养学家建议人类少吃加工食品，但大多数兽医仍然建议**只**给宠物喂加工食品。为什么会有这种错位？到底是哪里出问题了？

与加工食品相比，新鲜食物和最低程度加工饮食到底会给狗狗带来什么样的变化？有一个很好的例子可以说明这个问题。这是不久之前的一项研究：2019年，瑞士和新加坡的一个研究小组用健康的比格犬对两种饮食进行了测试。他们让16只狗连续3个月吃同样的商业颗粒狗粮，以确保这些狗的身体处于同样的状态。然后他们测量了这些狗的血脂，以这次测量结果作为基线，又将狗随机分成两组。一组狗被喂食与之前相似的商业狗粮3个月；另一组狗被喂食自制的、营养完备的食物，其中还添加了亚麻籽油和三文鱼油。哪一组在实验后显示出更好的血脂状况？添加在新鲜食物中的健康油脂为第二组比格犬提供了ω-3（omega-3）脂肪酸以及其他种类的优质脂肪，这些都是只吃商业加工狗粮的第一组比格犬无法获取的营养。

到目前为止，第二组受试者血液中ω-3脂肪酸的含量远远高于被喂食商业狗粮的第一组受试者，而不饱和脂肪和单不饱和脂肪的含量则要低得多。这样的研究表明，食物的实际成分和来源会对健康产生显著影响。对于因免疫系统失衡而皮肤和耳朵问题反复发作的狗来说，这种血液中脂肪成分的变化尤其重要。这是真正的食物胜过加工食品的又一个力证。

盒中生活

1900年，乡村居民和城市居民的比例大约是7：1。今天，全球一半的人口生活在城市，据估计，到2050年，全人类中将会有近70%过上城市生活。生活在城市中的人，超过90%的时间都在室内度过，不需要为生存而四处奔波，寻找食物。手指的点击和滑动几乎能让我们获得生活所需的全部物资。我们与现代世界的全部互动都发生在这样或那样的围墙内，人工照明和受控的环境会干扰我们的自然昼夜节律，阻止我们进行各种稍有强度的身体运动。而适当的运动正是我们的身体和DNA所期望和需要的。我们与户外的主要互动渠道是窗户，甚至是虚拟在线体验。我们偶尔才会挤出时间去散散步。这意味着我们的狗也越来越多地生活在水泥建筑里，接近大自然的机会非常有限（除了那些人人向往的散步）。如果它们被单独留在家里，而窗帘又被拉上，它们甚至可能会错过一整天的自然光线。我们知道有无数狗狗的主人都承认，他们的狗狗甚至从未接触过泥土地面，没有在一片茂盛的草地上享受过欢快奔跑的乐趣，没有感受过强劲的风，没有在泥土里拉过屎，也没有嗅过秋天的落叶。这听起来可能很荒谬，但如果你住在城市的高层楼房中，没有后院，楼房周围都是水泥人行道，那么出现这种情况的可能性就会很大。

我们也很清楚科学的观点：与乡村狗相比，生活在室内的城市狗更容易有高程度的焦虑表现。在它们的血液中能够检测出更多的生物压力指征（例如，更高的炎症和氧化应激标志物）。它们缺乏适当的运动，甚至有社交障碍（因为它们从来没有机会与自己的同类伙伴和其他人自由玩耍）。狗狗变得越来越孤单——被关在家里、小房间里或笼子里，有些狗被训练一直待在窝里，外出时也总是被牵绳拴着。它们被限制在狭小的空间里，远离大自然的原野，更不可能在广阔的乡村田园或者农家场院里巡逻。我们要补充说明的是，它们可能更容易受到某些环境因素的影响。而这些因素很可能会被作为人类的我们所忽视。例如，狗对电磁场更敏感，我们这个高度网络化的世界对它们来说可能不是一个好兆头，因为Wi-Fi电磁波正变得越来越强大和无处不在。我们不是阴谋论者，但我们知道狗不喜欢待在5G路由器周围，我们自己养的一些狗在这方面就有明显的表现。这让我们知道，我们应该尊重它们的喜好和特殊感官。它们能够通过地球磁场找到回家的路，除了对电磁波的感知，它们的耳朵和鼻子还在其他许多方面比我们更灵敏。多年前，我（贝克尔医生）小时候养的狗苏提·贝克尔趁着搬进新家的混乱，从一扇敞开的车库门跑了出去。第二天早上，我们在它从小生活的那所房子的前门外发现了它——那里距离我们的新家有十多英里。10英里（约16公里）对它而言根本不算什么。

你可能听说过巴基（Bucky），它是一只黑色的公拉布拉多犬，在它的主人从弗吉尼亚搬到南卡罗来纳之后，它走了500多英里（约800多公里）回到原先的住处。显然它更喜欢它的老地盘。狗有"第六感"，这可能与它们肠道中的趋磁细菌有关。这些细菌会沿着地球磁场的磁力线定位。提起这件事，我们就必须说一下所有那些肠道有问题的可怜狗狗，它们体内的"菌群失调"很可能与它们无意中吃入和吸入的那些化学物质有关。菌群失调（Dysbiosis，字面意思是"不良生活模式"）是指体内自然菌群中存在不健康的微生物失衡，特别是在肠道中。考虑到狗狗敏锐的嗅觉（它们甚至能用鼻子远距离探测热量）和像雷达一样的听觉，我们不得不提出一个问题：怎样有害的城市环境正在损伤动物的健康？这就是我们的现实生活，无论我们自己还是我们的狗，都无法逃避。我们必须考虑清楚，该如何更好地应对这些现实存在的生活陷阱。

我们才刚刚开始了解生活在"人造环境"中对我们和我们的毛孩子会造成怎样的影响。（"人造环境"指的是人造的、人为的，供我们生活、工作和娱乐的空间，包括从高楼、住宅到道路和公园的一切人造设施。）2014年，美国梅奥诊所与迪洛斯（Delos）健康公司合作，推出了一个名为"良好生活实验室"（Well Living Lab）的大型项目。项目内容是收集人造建筑（及其内部结构）对我们的健康和生活造成影响的相关事实。迄今为止，科学家们已经记录大量令人吃惊的相关因素。例如，当代儿童出生在细菌更少的环境里，比出生在前几个世纪的儿童更容易罹患哮喘、自身免疫失调和食物过敏等疾病。"卫生学"（hygiene）或"微生物组假说"（microbiome hypothesis）提出，在西方化的国家，这些问题的不断增加可能要部分归因于新生儿缺乏接触大自然以及微生物的机会。这也有助于解释为什么对于犬类过敏（尤其是犬特应性皮炎）的研究同样显示出，极其清洁的家庭环境反而和过敏风险增加呈正相关性。

宠物在我们的家庭和户外环境中接触污染物的程度到底有多严重？环境工作组（Environmental Working Group，简称EWG）是第一批针对这一问题进行调查的组织之一。他们的研究发现令人吃惊：在美国，许多工业合成化学物质对宠物造成污染的程度甚至比对人类（包括新生儿在内）更高。研究结果表明，美国的宠物正在被迫充当化学污染的哨兵。这些化学污染的存在是如此广泛，科学家们正越来越多地将这种污染与各种动物的健康问题联系起来——包括野生动物、家养动物和人类自身。

2008年，环境工作组进行了一项具有开创性意义的研究——在弗吉尼亚州兽医诊所收集的20只狗和37只猫的血液和尿液样本中，他们发现了塑料和食品包装化学成分、重金属、阻燃剂和防污化学品。调查发现，在进行测试的70种工业化学物质中，有48种化学物质对狗和猫造成了污染，其中43种化学物质在猫狗体内的含量高于通常在人体内发现的含量。甚至有许多化学物质在宠物体内的平均含量远远高于人类，其中狗体内的防污渍和防油脂涂层物质（全氟化合物）含量是人类的2.4倍；猫体内的阻燃剂（多溴二苯醚）是人类的23倍，汞含量是人类的5倍以上。这次进行对比的人类平均水平数值来自美国疾病控制和预防中心（CDC）与环境工作组在美国进行的全国性调研。全氟化合物（PFCs）污染的普遍程度比大多数人认为的更高。它们被使用在纸和纸板包装材料的表面涂料和保护剂配方中，以及地毯，皮革制品，防水、防油和防污纺织品上。泡沫灭火剂也会用到全氟化合物。

狗不断接触我们购买的商品，自然会吸收并携带全氟化合物和其他化学物质。在环境工作组的研究中，致癌物、对生殖系统有毒的化学物质和神经毒素在血液和尿液样本中被检出的情况异常明显。其中致癌物含量尤其令人担忧，因为狗患各种癌症的概率都比人高得多，其中皮肤癌是人的35倍，乳腺癌是人的4倍，骨癌是人的8倍，淋巴癌是人的2倍。在本书后面的部分，我们将分享一些最新的研究成果，其中显示出邻苯二甲酸酯类物质（塑料的一种常见成分）和草坪用品对我们的宠物的影响。这些化学物质在我们当前的生活环境中无处不在，不管我们是否意识到它们的存在，它们都在影响我们的健康。

生活在工业化国家的人们和他们的宠物体内积累了数百种合成化学物质。无论食物、水还是空气中，这些化学物质无处不在，被污染的灰尘和经过化学品处理的草坪当然是两个大污染源。这些化学品中的绝大多数从来没有经过必要的健康危害测试。大多数人都没有意识到，从食品包装、家具、狗窝、家庭用品到衣服、化妆品和个人护理产品，许多日常用品都可能含有有害物质。一些可疑物质早已被我们所熟悉，如杀虫剂、除草剂和阻燃剂。但能够对我们造成影响的远不止这些。比如用于软化塑料的邻苯二甲酸酯类物质，作为防腐剂的苯甲酸酯类、多氯联苯（PCBs，由于在许多电气和冷却设备中广泛使用，这种早已被确定的一类致癌物仍然会在环境中被发现），还有双酚类物质，它们广泛存在于各种塑料中，包括塑料饮食容器和许多狗玩具。一些生物危害最严重的化学物质可以模仿或阻碍生物体内的激素分泌，扰乱重要的身体系统——因此，它们被称为"内分泌干扰化学物质"（endocrine disrupting chemicals，简称EDCs）。

幼儿接触到双酚A（bisphenol A，简称BPA）有可能诱发哮喘和多种神经发育问题，如多动症、焦虑、抑郁和强攻击性。双酚A是许多塑料制品的成分之一，被用于从瓶子、玩具到食品罐头内衬等多种商品的生产。对于成年人，双酚A与肥胖、2型糖尿病、心脏病、生育能力下降和前列腺癌有关。尽管双酚A经常被双酚S（BPS）和双酚F（BPF）所取代，但针对后两种物质的研究依然较少，很可能它们也有类似的激素干扰作用。胎儿和婴儿时期接触邻苯二甲酸酯类物质与哮喘、过敏、认知和行为问题有关。它还可能影响男性和雄性犬类的生殖发育。对于人类和犬类，邻苯二甲酸酯类物质的接触都与生育能力下降有关。研究人员在无生殖能力的犬类的生殖腺中还发现了多氯联苯和其他环境化学物质。对这些狗来说，生育显然已经变得不可能。而一想到我们狗狗的器官系统中存在着含量很高的环境化学物质，任何人都不可能感到安心。

讽刺的是，一些关于人类健康的研究正是来自对宠物的观察。宠物成为家中接触有毒化学物质的早期预警系统。举个例子：斯德哥尔摩大学的教授亚克·伯格曼（Åke Bergman）采用了一种新颖的方法，通过与儿童共同生活的宠物来衡量儿童血液中各种化学物质的水平。他不再询问父母是否可以检测他们孩子的血液，而是从他们家的猫身上采集样本，这些猫大部分时间都趴在地板上，所处的环境与婴幼儿非常相似。当孩子们爬行玩耍的时候，宠物们也在同样的空间穿梭，呼吸着同样的空气。伯格曼和他的团队发现，他们在室内灰尘中检测出的持久性有机污染物水平与家猫血液中相同污染物的水平有密切的联系。

2020年，来自北卡罗来纳州立大学和杜克大学的一组研究人员在他们的论文标题中指出了这一事实——"家犬是维护人类健康的哨兵"（Domestic Dogs Are Sentinels to Support Human Health）——他们使用了一项新技术来显示人与狗共同的化学负荷。研究小组使用包含高科技手段，同时又价格低廉的硅胶手环和项圈来测量受试者对于环境化学物质的接触程度，发现狗和主人的化学物质负荷有明显的相似之处。

例如，他们在87%的人类手环和97%的狗项圈中发现了同一种多氯联苯物质。考虑到美国政府早在1979年就禁止了多氯联苯的使用，这一结果相当令人惊讶。但事实很明显，这种化学物质可以持续存在数十年，并产生深远的、潜移默化的影响。这类研究建立在对其他动物（包括马和猫）的研究基础上。2019年，俄勒冈州立大学环境毒理学家金·安德森（Kim Anderson）参与开发了这种手环。他发现阻燃剂与一种名为猫甲状腺功能亢进症的猫类疾病之间存在关联。猫甲状腺功能亢进症是一种内分泌疾病，患病猫的数量在过去40年里急剧增长。这可能是因为猫喜欢（和我们一起）在铺着软垫的家具上休息。这些家具通常都含有阻燃剂。请记住，环境工作组发现宠物血清中数十种环境化学物质的含量高于人类血液中的。我们希望能有一个类似的研究，看看喷洒在狗窝上的化学物质又会对狗产生怎样的影响。

不过，避免环境化学物质的影响比你想象的要容易。我们不会建议你去买一整套全新的、得到认证的环保家具和室内装饰。你可以利用手头的物资，采取一些常识性的策略，就能取得很好的效果，比如在宠物的窝上盖一条棉质旧床单或浅色天然纤维毯子，确保它们用不含化学物质的碗进食和饮水。

虽然良好生活实验室的研究并非专门针对犬类，但我们依然可以得出类似的结论，因为我们的狗生活在相同的环境条件下，暴露在同样的污染中，而且伤害它们的不只是传统工业化学品。深夜，电视和其他屏幕发出的噪声和光线也会造成污染——所有这些都会对生理机能造成损害。遭受污染影响的还有动物体内的微生物。它们的群落组成和生化反应都在因此发生变化。而微生物的变化反过来又会影响我们的一切——我们的新陈代谢，我们的免疫功能，最终是我们的健康和幸福。我们的狗也遭遇了同样的问题。虽然每个人和每只狗都有独特的微生物群落，但当你考虑到生物的同居关系（咳咳，比如人和他们的宠物）时，你一定能想到，我们的微生物模式有许多相似的地方。实际上，我们的确可能与自己的狗有共同的微生物群组特征。这听起来不是一个令人愉快的事实，但对这一点的认知可能会给人类和狗都带来更好的健康前景。

这种令人难以置信的双向通路出现在人与狗共同生活的许多方面，而衰老过程是人与狗共享的一条单向道路。我们接下来就要去那里了。

🐾 长寿小提示 🐾

▶ 狗和人类已经共存了几个世纪。我们在不断融入到彼此的生活之中。虽然对于我们最好的朋友被驯化的确切时间和历程仍有争议，但可以确定的是，所有犬类都从灰狼进化而来，并且拥有一种和人类的特殊关系。我们一直相互依赖，所以在健康问题上，我们也有很多共同点。

▶ 在过去的一个世纪里，我们刻意对狗进行育种，不断强化它们的某些特征，这导致了狗的基因弱化。然而，基因本身并非决定健康和命运的必然因素。与人类健康一样，饮食、运动和生活环境等外在因素在健康寿命的计算公式中占据很大比重。

▶ 许多商业宠物食品的核心成分列表似乎在暗示，糖和淀粉是重要的营养成分，但狗其实并不需要太多糖和淀粉。而且过度加工的精制碳水化合物与富含纤维素、低升糖指数的碳水化合物有很大区别，后者有助于微生物群落的健康，而那些生存在犬类肠道中的微生物则会影响狗狗的新陈代谢、情绪和免疫力。

▶ 狗的生活越来越封闭。它们被限制在可能有毒的室内空间，被剥夺了户外活动、新鲜空气、富含微生物的泥土和大自然的原始野性，而这些才是保证它们身心健康的要素。

❸ 衰老的科学

关于狗的惊人真相以及它们的疾病风险因素

给狗扔一根骨头不是慈善。慈善就是当你和狗一样饿的时候，与狗分享骨头。

——杰克·伦敦

我的狗实际上有多老了？

经常有人这样问我们。我们明白他们想要问什么——根据他们的狗狗的基因脆弱性和迄今为止的整体健康状况来判断，他们的爱宠还有可能活多久？他们的狗狗比实际年龄更老还是更年轻？这就像人类一样：我们都知道有些人看起来（以及他们的行动能力）比他们的实际年龄要年轻或老得多。有些上了年纪的人没有任何衰老的样子；而另一些人则无论内在还是外在都显示出了加速磨损的迹象。

这是母金毛寻回犬奥吉（Augie）16岁时跳进泳池的照片，它每天都会这样做。它的主人史蒂夫说，到这个年纪，它还常常喜欢一次

又一次地从泳池里把球叼回来。甚至和它一起玩的狗都已经累了，它仍然乐此不疲。许多金毛在10岁左右就会死亡，并在10岁以前身体就开始退化，出现肌肉萎缩和肌少症（失去力量和各种身体功能）。奥吉显然没有遵循一般金毛寻回犬的生命轨迹。它活了20年零11个月，在2021年春天去世。它的寿命在现今的犬类长寿纪录中排到了第19位，同时它还是世界上已知最长寿的金毛。

衰老是一个非同寻常的整体概念，许多个世纪以来一直是人类争论的主题，也是人文学科的基本素材和科学辩论的核心灵魂。年龄是一个数字、一个过程、一种心态、一种生物学理论，是条件、现实、必然性、责任和特权。它有这么多属性，但我们无法触摸或感觉到它。关于衰老有很多理论——它意味着什么，它如何运作，它从哪里开始，它如何展开……最终又如何结束？有人在谈论染色体的强度和长度（尤其是那些像鞋带末端的塑料箍一样维系生命稳定的端粒[1]）或细胞更新过程的完整性；而另一些人则在关注染色体的稳定性和修复机制，以确定染色体突变的节奏，从而预防癌症等疾病。蛋白质的稳定性在衰老周期中也受到关注。这种复杂的分子通过自身结构、激素和各种信号直接或间接地控制着生物体内几乎所有东西。蛋白质内稳态（Proteostasis）是指人体蛋白质及其相关细胞通道"能够实现高质量的控制"。如果蛋白质内稳态丧失，麻烦就来了。"蛋白质内稳态"一词由"蛋白质"（protein，一种被细胞当作机器和支架使用的分子）和"静态"（stasis，保持不变的意思）两个词组合而成。

无论是狗还是人的身体，都喜欢稳定的静态——平衡、稳定，日复一日地保持同样的模式。大卫·辛克莱对一种被称为"去乙酰化酶"（Sirtuins）的特殊蛋白质类型进行了极有启发意义的研究。去乙酰化酶有助于控制细胞健康，并在保持细胞平衡（内稳态）和应对压力方面

---

1 端粒就是染色体的末端部分，染色体每次复制，端粒都会损失一部分，如果端粒完全损失掉，染色体就会瓦解，无法再复制，生命就会走向无可挽回的终结。

——译者注

发挥着重要作用。现代研究认为，适当节食和运动能够激活去乙酰化酶，很大程度上，这也是适当节食和运动对心脏代谢产生有益影响的重要原因。当去乙酰化酶被激活时，就可以延缓一些造成衰老的关键因素。但它能否发挥作用，还要取决于其他重要生物分子，如烟酰胺腺嘌呤二核苷酸（NAD），这是维生素B的一种形式。关键是要确保身体做好充分准备，让去乙酰化酶确实能够产生有益作用。如果做不到这一点，对身体有益的生化反应链条将无法成立，长寿反应方程式也将被削弱。

　　另外造成身体衰老的因素还有炎症（"炎症—衰老"）、免疫和线粒体功能障碍、干细胞衰竭、自由基和氧化（生化锈蚀）、细胞之间的沟通障碍、中枢神经系统功能衰退——这个清单还可以一直写下去。不过我们也许应该先对刚刚提出的几个概念做一些解释。线粒体是细胞内产生能量的重要微小结构。干细胞就像婴儿最初始的细胞一样，可以生长成**任何**类型的细胞——因此，它们对细胞更新和组织再生至关重要。自由基（有时被称为"活性氧"）是那些失去一个电子的游离分子。你一定看过健康产业宣传清除自由基的广告。自由基是身体内各种麻烦的制造者。通常情况下，电子是成对出现的，但压力、污染、化学物质、有毒的饮食诱因、阳光中的紫外线和常规的身体活动（如呼吸、运动、饮食等身体活动和代谢过程）等等因素都会使一个电子从分子中被"释放"掉，分子因此会行为失常，开始试图从其他分子中窃取电子。这种紊乱实际上就是氧化过程本身，但一系列产生更多自由基的事件最终会引发炎症反应——被氧化的组织和细胞无法正常工作，这个过程让你容易遭受一系列健康挑战。这有助于解释为什么那些氧化（氧化应激）水平高（通常反映为高水平炎症）的人会面临多种健康问题。

　　你不需要掌握这些抽象概念，只需要对我们为什么变老以及如何变老有一个大致的认识，这样你才能在日常生活中做出正确的决定，维护自身和家庭成员的健康和活力。我们人类如何衰老，我们的狗也会如何衰老。

无论你是哪种生物，生命都是一个不断破坏和建设的循环。它从最简单的分子分离和重新排列、形成新化合物的化学过程开始，这些生命过程包含了细胞的形成、生长、维持和复制。无论是单细胞还是多细胞生物，无论是酵母、狗还是人，都处在这一过程的控制之下。这一过程中的任何一部分——无论是破坏功能还是建设功能，如果受到过多干扰，生命过程都将发生功能失调，如果不加以纠正，最终生命就会结束。

你一定能想到，年龄是最大的疾病风险因素（也是健康寿命最强的预测因素）。我们年龄越大，患病和退行性疾病恶化的风险就越高。我们的狗也是如此，它们的衰老速度是我们的6—7倍（因此我们在计算"狗的年龄"时习惯将它们的实际年龄乘以7，不过我们稍后会看到，这种计算方法是不精确的）。因为狗从生到死的时间比人类短得多，所以它们衰老过程的快慢节律很容易被忽视。

虽然狗的预期寿命比人类短6—12倍，但狗的种群统计结构（例如，生理状况）仍然会随着年龄的增长而发生很大变化，这一点与人类相似。**狗的发育阶段也与人类相似，**包括幼年期（从出生到6—18个月）、青春期（6—18个月）、成年期（从1—3岁开始）、年长期（从6—10岁开始）和老年期（7—11岁）。此外，狗的营养需求会随着年龄的增长而发生变化，并取决于它们的活动水平，这一点和人类营

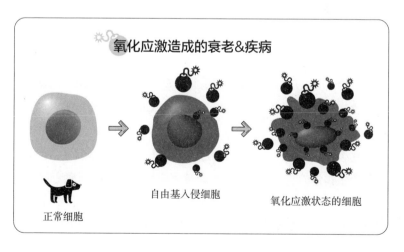

063

养需求的变化也是一样的。所以，当今狗狗肥胖率的上升（自2007年以来上升了约20%）与人类肥胖率的上升完全一致也就不足为奇了。狗也会有认知异常——也许这件事不太容易被注意到，但这一问题在犬类中发生的普遍性比人们以为的要高：几乎三分之一11—12岁的狗和70%的15—16岁的狗都会表现出认知障碍，症状类似于人类的老年痴呆症（阿尔茨海默病），包括空间定位障碍、社会行为障碍（例如对家庭成员的识别出现问题）、重复（呆板）行为、冷漠、易怒、睡眠问题、失禁、完成任务的能力下降。这些症状共同构成了与年龄相关的、渐进性的典型的犬类智力衰退，通常被称为犬类认知功能障碍综合征，也被称为犬类痴呆。

狗会像我们一样，随着年龄增长发生各种变化、罹患疾病。这让它们成为一种很好的样本物种，来帮助我们审视健康寿命。 请注意：狗与人类有很多共同的祖代基因组序列。相较而言，啮齿类动物与我们就没有这么多共同点。从这一角度出发，我们了解到，犬类过早死亡的原因通常和人类是一样的，是遗传和环境压力共同起作用的结果。这也是我们采访的许多科学家都会使用狗作为人类衰老样本的原因之一：它们是人类健康的哨兵，能够帮助我们预测人类寿命，促进人类健康。我们将继续探索那些造成衰老的压力，揭示它们如何决定狗的生命状态，并从这个角度来探讨有多大可能让狗狗度过美好、漫长、充满活力的一生。

在人类家庭中，不同品种的狗的平均寿命有很大差异，从5岁半到14岁半不等。一只狗的衰老速度与它的基因组成有关，并受到环境和生活经历以及曾经遭受的创伤的影响。不同的狗开始老化或发生退行性病变的年龄可能因为品种、体型和体重的差异而有所不同（体型越大、越重，发病年龄越低），同时还要考虑到特定品种的遗传性疾病发病率。"老化"（senescence）这个词既可以指细胞衰老，也可以指整个生物体的衰老（这个词可以追溯到拉丁语senex，意思是"老的"，由此衍生出"老年性的"和"老年的"）。近年来，关于所谓"僵尸细胞"（衰老细胞）的医学研究文献多如牛毛。这些细胞一开始是正常的，但因为遭遇了各种压力——比如DNA损伤或病毒感染，这些细胞可以选择死亡或变成"僵尸"，也就是基本上进入一种假死状态，在这种状态下，它们对身体没有帮助，却会像喜怒无常、不断制造麻烦的流浪者一样在身体内徘徊。

而更大的问题是，僵尸细胞释放的化学物质会损害附近的正常细胞。这才是麻烦的开始。在对老鼠的研究中，能够清除僵尸细胞的药物已被证明能改善一系列我们熟知的疾病，如白内障、糖尿病、骨质疏松症、阿尔茨海默病、心脏增大、肾脏问题、动脉阻塞以及与年龄相关的肌肉萎缩（肌少症）。我们还可以通过喂食特定的营养物质来处置僵尸细胞，第8章会介绍这部分知识。大卫·辛克莱在研究中将老年老鼠转变为健康的、状态更年轻的老鼠，就和僵尸细胞有关。而正是因为清除僵尸细胞所产生的显著效果，他的工作才会对前沿生物技术的研究者们如此有吸引力。

动物研究也表明僵尸细胞和衰老之间有更直接的联系。将针对僵尸细胞的药物注射进老年老鼠体内，这些老鼠在转轮上就表现出了更快的移动速度以及更强大的握力和耐力——所有这些都是身体恢复年轻的迹象。即使将这种疗法应用于非常老的老鼠——相当于75—90岁的人——也能平均延长受试老鼠36%的寿命！研究还表明，将僵尸细胞移植到年轻老鼠体内，整体上会让它们表现得更加衰老：

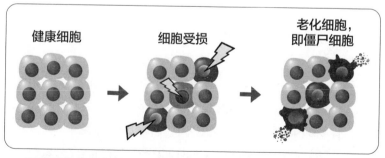

当健康细胞患病或受损时，它们会停止分裂，变成衰老的"僵尸细胞"，释放炎症分子来引发炎症。随着这些僵尸细胞不断积累，附近的细胞也会变成僵尸，加速整个生物体的衰老过程。

它们平均最快的行走速度变慢，肌肉力量和耐力下降——所有这些都是与老化相关的衰退迹象。测试显示，植入的细胞将其他细胞也转化成了僵尸状态。

简单地说，细胞衰老指的是旧细胞不正常死亡的现象。就像民间传说中的僵尸——有能力行动，但缺乏理性的思考，对周围环境无法做出适当反应。在某种程度上，所有细胞在停止分裂以后，最终的变化就应该是死亡。这样它们才不会让系统环境恶化，也不会排挤健康的新细胞。如果它们停止分裂，却又不死亡，就会导致组织、器官和系统出现问题，让平衡有序的生物体系逐渐偏离轨道，形成一系列引发功能障碍和疾病的风险因素。例如，干细胞损失和细胞老化的结合被认为是神经系统功能衰退的原因。免疫系统会因为细胞间的沟通错误而受到很大影响，这也会导致体内炎症的增加，被称为"炎症老化"。炎症水平的升高也可能是老化细胞数量增加的结果。所有这些问题都和僵尸细胞脱不开干系。

研究人员发现，一种名为"漆黄素"（非瑟酮）的天然植物化合物（多酚类物质）可以降低体内这种受损僵尸细胞的水平。对老年老鼠进行漆黄素治疗，它们的健康状况和寿命都有显著改善。漆黄素存在于许多水果和蔬菜中，包括草莓、苹果、柿子和黄瓜。它给果实和蔬菜增加了更多亮丽的颜色。你将在本书第三部分看到，我们提倡将富含漆黄素的新鲜食物和配料加入到狗狗的餐食中，让狗狗摄入这种能够抵抗衰老的生物元素。为狗狗准备零食的时候，试着加上几片富含漆黄素的草莓和苹果，这样你的狗狗就能一边享受美味的零食，一边摄入这种富含强大长寿分子和有利于肠道的纤维素。

可见，衰老的过程是极其复杂的，而促成衰老的因素又有着极其密切的相互关联（这在之后的图片中会有所体现）。衰老不是单一的过程。有多种因素会作用于衰老进程，使其加速或延缓。

你不需要成为一名科学家，也同样能注意到狗狗衰老的迹象——狗狗通常都会在生命的后半程被诊断出这些迹象，不得不为此接受治疗。虽然有人会说，我们从出生那一刻起就开始衰老了，不过依照现

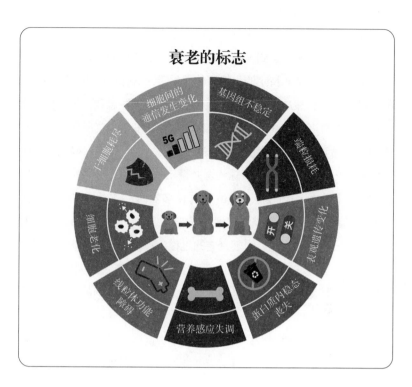

衰老的标志

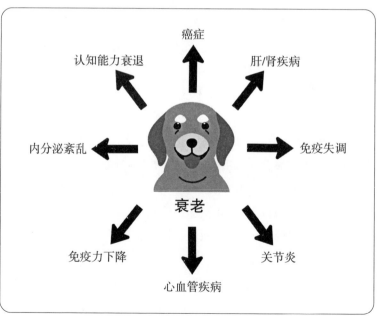

在的主流观点，如果一切正常，人类在25岁左右（对于狗来说就是3岁左右）身体机能会达到顶峰。在身体随年龄变化的过程中，这一现象非常明显。当某些特定的生物事件发生时，身体机能进入不可避免的下降趋势，虽然这些现象一开始可能还不会被注意到，但我们上面概述的那些衰老标志终究会随着时间的推移而变得更加明显。在人类体内，生命进程在细胞层级不断发生变化，在25岁的巅峰之后，生长激素的分泌有所改变，新陈代谢减慢了一个等级，大脑结构成熟，肌肉量和骨密度达到峰值。你可能在40多岁或50多岁（如果幸运的话）之前都不会感觉到或注意到这些变化，但它们在你20多岁的时候就开始发生了。狗也有自然衰老的过程，衰退的速度取决于很多变量。此外，犬类的衰老过程可能更不容易被察觉到，因为它们经常表现出很高的能量水平，看起来超级健康，无论它们体内的实际情况是什么样子。

研究表明，体重与寿命的相关性强于身高、犬种或犬种群。大型犬比小型犬衰老得更快。这其实与哺乳动物王国其他种群的情况正好相反。一般来说，大型动物往往活得更久，因为它们面临的来自捕食者的危险更少（例如，鲸鱼和大象可以慢慢生长，因为没有什么动物能攻击它们。它们已经进化到更长的寿命，甚至可以避免癌症——这一点稍后会谈到）。

但在犬类世界里，越大并不意味着越好。大型犬，比如150磅（约68公斤）重的爱尔兰猎狼犬，能活到7岁就很幸运了；而小型犬，比如近9磅（约4公斤）重的蝶耳犬，能比爱尔兰猎狼犬多活10年。大多数品种的狗都没有几百年的历史，所以影响它们寿命的显然不是进化压力，而是像胰岛素样生长因子-1（IGF-1）这样的激素。是它让狗变得更大。负责产生IGF-1的基因是狗体型大小最重要的决定因素。研究人员已经发现，这种蛋白质激素与许多物种的寿命缩短都有关系，但其机制尚不清晰。

在得克萨斯州犬类行为研究中心，遗传学家金伯利·格里尔博士（Kimberly Greer，PhD）对狗狗情有独钟。她任教于普雷里维尤农工大学。十多年前，她是首批将家养犬血清中的IGF-1、体型和年龄联系在一起的科学家之一。当我们与她交谈时，她向我们强调，对于我们的犬类朋友而言，"体型大小确实很重要"。大型犬往往会早夭。为了赢得长寿竞赛，IGF-1需要得到控制。

有趣的是，当IGF-1通道携带遗传突变时，结果往往却是狗获得了**更长**的寿命（这是基因突变提供优势的罕见情况）。简单地说，低水平的IGF-1等同于更长的寿命。科学家们早就在老鼠、苍蝇、蠕虫甚至人类身上观察到了这种现象。但在哺乳动物中，这种突变往往会以侏儒症作为代价，因为它会影响身体对生长激素的使用。有一个现象格外引人注目——世界各地携带IGF-1突变的某些人群身材非常矮小（不到150厘米），却能免受癌症和糖尿病的伤害。他们的这种情况被称为"莱伦综合征"，以以色列儿科内分泌学家兹维·莱伦（Zvi Laron）的名字命名，他在1966年首次记录了这种疾病。在全世界范围内，有300—500人患有这种特殊的疾病。科学家正在持续对他们进行研究。

这可能就是一些小型观赏犬——吉娃娃、北京哈巴狗、博美和玩具贵宾——比其他品种的狗更不容易死于癌症的原因。许多因IGF-1基因单一突变而体型矮小化的动物品种（如小型犬、茶杯犬、猫和猪）也会比它们正常体型的祖先活得更久。这是基因突变产生有益的下游效应的一个例子。

我们还知道，体重会影响与年龄相关的疾病（如癌症）的发病时间，狗和人类都是如此。体型较大的狗也倾向于长得更快，这可能导致"豆腐渣身体"（jerry-built bodies）——这是"犬类衰老研究"（Dog Aging Project）的科学家们提出的一种说法。这会增加各种并发症以及其他疾病的出现概率。如果狗狗在青春期前绝育，那么还会有另一组激素变量影响它们的健康和寿命。

让我们在这里暂停片刻，先讨论一下绝育的问题：如果你所有产生性激素的器官（卵巢或睾丸）在你进入青春期之前被切除，你自然会担心这对你的健康有长期影响和导致疾病的风险。例如，许多出于健康原因摘除子宫的女性会选择保留卵巢（如果可以的话），这样她们的卵巢就能够继续产生各种重要激素，让她们的身体继续获益。同样的道理也适用于狗。研究人员现在普遍认为，一般的犬类绝育手术（切除卵巢和阉割）会切除对狗的整体健康相当重要的器官。研究还表明，幼犬越早进行切除卵巢或阉割，以后出现健康问题的可能性就越大，其中涉及的问题可能有骨骼生长异常和骨癌，对疫苗产生不良反应的概率增加，以及恐惧和攻击性增强等异常行为。我（贝克尔医生）要向那些还没有给狗做过绝育手术的宠物家长提一个建议：可以考虑做子宫切除术或输精管切除术。这些手术会实现你们想要达到的结果（绝育），同时没有负面的生理副作用。

犬类的健康和疾病除了会受到激素影响，也与体型大小有关。大型犬比小型犬更容易出现健康问题。例如，德国牧羊犬容易患髋关节发育不良，而西伯利亚雪橇犬（哈士奇）则深受自身免疫失调的困扰。但我们稍后会看到，一些问题也有可能来自近亲繁殖和其他影响表观遗传学的因素。

"犬类衰老研究"是众多试图了解基因、生活方式和环境如何影响衰老的研究之一。该研究的重点是通过收集和分析大数据来了解狗的衰老。这项长期生物研究由全世界顶尖研究机构的科学家组成的联合团体主导，核心研究团队是华盛顿大学和得州农工大学，我们有幸从幕后了解到更多相关信息。科学家们打算利用收集到的信息来帮助宠物——以及像你我这样的人——延长健康寿命。这又一次证明了我们系在狗狗项圈上的牵绳是双向的。

此外，该研究还有一小部分内容，是探索利用药物来延长狗的潜在寿命。它由美国国立卫生研究院提供资金，是有史以来关于犬类衰老规模最大的研究工作。它鼓励公众登记他们的狗，参与研究。埃莉诺·卡尔森博士（Dr. Elinor Karlsson）是参与该计划的科学家之一，她在隶属于麻省理工学院和哈佛大学的博德研究所担任脊椎动物基因学组主任，她的研究基地位于马萨诸塞州。她的"达尔文犬"（Darwin's Dogs）研究项目同样在招募民间科学爱好者来分享他们的宠物信息，这样她的实验室就可以找出狗的DNA和实际遗传表达之间的联系。我们访问她在波士顿的办公室时，她曾经详细向我们解释，她的团队希望找出是什么原因造成了疾病和身体机能失调——如癌症、精神疾病和神经退行性疾病——犬类的这些问题都源自它们的基因，而研究中发现的线索可以引导我们在治疗人类同样的疾病方面取得突破（她所需要的只是狗的唾液样本，并且狗的主人要回答一些简单的问题）。

在马里兰州的国家人类基因组研究所，由伊莱恩·奥斯特兰博士（Dr. Elaine Ostrander）发起的"犬类基因组研究"（Dog Genome Project）正在联合各国科学家建立一个数据库，以了解犬类遗传学特征及其对健康的相关影响。到目前为止，该研究在发现色素性视网膜炎、癫痫、肾癌、软组织肉瘤和鳞状细胞癌的相关基因方面发挥了作用，为"同一健康"医学概念以及兽医学和人类医学做出了实质性的巨大贡献。他们的工作为什么如此重要？因为犬类致病基因通常与引起人类疾病的基因相同或者至少有一定关联。在对犬类的联合研究中，科学家们已经确定了影响颅骨形状、体型大小、腿长、毛发长度以及颜色和卷曲度变化的基因。他们收集了与哺乳动物发育相关的大量基因组表达方式。这是一门革命性的科学，目前还在持续拓展。

上述这些研究背后的许多研究人员都在共享他们的数据，并建立了专业的合作伙伴关系。这是一种全员参与的方法。由于基因测序变得快速、高效，而且相对便宜，科学发现的速度也加快了。例如，研究人员已经确定了超过360种人类和犬类共有的遗传疾病，其中大约46%只发生在犬类的一个或几个种系类别中。在这两个物种之间一项著名的关联性记录里，科学家从狗的基因组里找到了导致嗜睡症的基因突变。这一发现促使研究人员对人类基因中相同的基因突变进行了探索——这是犬类基因可以造福人类的明确证据。

众所周知，**犬类死亡的最大风险因素是年龄和品种。**年龄和基因是决定寿命的两个关键要素。但人们普遍不了解各种不同的因素又在如何以微妙却有效的方式合作，从而改变过早死亡的概率。这些因素包括昼夜节律、新陈代谢和微生物群落的状态、免疫系统的状况以及能够对基因产生作用的环境条件。

导致衰老的因素

你的狗狗的食物被加工过多少次？一次？两次？还是你都数不过来了？这个关键问题的答案是评估狗粮健康程度的一种方法，我们将在本书第三部分告诉你，如何进行这种评估。现在我们要告诉你，为什么这很重要。

我们前面刚刚说过的胰岛素样生长因子-1是一种重要的蛋白质。这种蛋白质的活性与我们所有人体内的两种关键激素密切相关：生长激素和胰岛素。你可能已经知道，无论对于狗还是人，胰岛素都是最具影响力的激素之一。它是新陈代谢的主要参与者，负责将来自食物的能量转移到细胞中，供细胞使用。细胞不能自动吸收血液中的葡萄糖，它们需要胰岛素的帮助。胰岛素由胰腺产生，起着转运者的作用。

胰岛素将葡萄糖从血液中转移到肌肉、脂肪和肝细胞内，作为燃料使用。正常情况下，健康的细胞对胰岛素的反应也是正常的，因为它们有丰富的胰岛素受体。但是，如果身体摄入过多精制糖和加工食品中的简单碳水化合物，导致细胞由于葡萄糖的持续存在而一直暴露在高水平的胰岛素中，那么细胞就会通过减少胰岛素受体的数量来适应这一异常情况。这会导致细胞对胰岛素变得不敏感，也就是"胰岛素抵抗"，最终导致我们患上2型糖尿病（非胰岛素依赖型糖尿病），这种疾病也被称为"生活方式糖尿病"（得这种病的人并不是生来就有胰腺缺陷）。

大多数患有糖尿病的狗出生时胰腺功能也很正常（否则它们在幼犬时期就会被诊断为患有糖尿病）。随着时间的推移和损伤的积累，胰腺无法继续产生足够的胰岛素，一旦产生胰岛素的细胞耗尽，这一功能就会终止。最终的结果是细胞外血糖水平过高，却无法进入细胞内部，产生能量。如果过多的糖（葡萄糖）留在血液中，这些糖会造成很大危害，包括产生晚期糖基化终末产物（advanced glycation end products，非常巧妙地被命名为表示衰老的AGEs），在这种终末产物中，"黏性"的葡萄糖分子附着在蛋白质上（比如构成你的血管内壁的那些蛋白质），导致功能障碍。AGEs的主要受体，也就是晚期糖基化终末产物的受体（receptor for advanced glycation end products，同样可以巧妙地被命名为有"承受衰老"之意的RAGE）。

只要有一定的温度，并且葡萄糖和蛋白质同时存在，糖基化（产生AGEs的过程被称为"糖基化"）就会发生。这是一种在我们身体内外都会发生的化学反应。当它发生在我们体内时，会导致人类和狗的过早衰老和炎症。我们稍后会更详细地讨论这个问题，因为AGEs除了会在身体内部产生，它们也存在于经过加热处理的食物中。这是我们建议你在选择狗粮时考虑的因素之一。**糖基化在食品加工过程中发生，被称为美拉德反应，其最终结果是生成美拉德反应产物**（Maillard reaction products，**简称MRPs**）。当我们食用含有MRPs的食物，或者把它们喂给狗时，我们和狗的身体就必须处理这些有毒物质，这对我们的身体无疑是一种额外的负担。我们不仅有可能吃下它们，**而且**我们的身体还会制造它们。更糟糕的是，当膳食脂肪与蛋白质一起加热时，会产生第二种MRPs，这一过程导致脂肪过氧化，产生被称为"高级脂质过氧化终产物"（advanced lipoxidation end products，简称ALEs）的有毒物质，这种物质也会与身体内相同的受体结合，激发出更多的RAGE。

我们开始恐惧脂肪，认为脂肪是不好的。但就像碳水化合物一样，脂肪也有好坏之分。毫无疑问，腐臭、氧化、被过度加热的脂肪会严重损害健康，产生细胞毒性化合物和其他损害细胞的化合物，对身体的下游功能产生广泛的不良影响，造成从胰腺炎、肝功能障碍到免疫失调的种种症状。狗需要清洁纯净的脂肪和脂肪酸来源，这样它们才能健康生存和茁壮成长。要避免疾病和保持健康，它们就必须摄入足够的脂肪和脂肪酸。脂肪除了能够帮助狗狗维持健康的大脑生化反应，保持最佳的皮肤和毛发状态，吸收特定营养物质，产生重要激素，还有许多其他功能。食用过度处理的、氧化的、高温烹调的宠物食品脂肪意味着狗在食用大量有毒的高级脂质过氧化终产物（ALEs）。

2018年荷兰的一项研究发现，**狗在饮食中摄入的晚期糖基化终末产物（AGEs）是人类的122倍。**作为坚持"积极预防"理念的兽医（贝克尔医生），我感到寝食难安。我联系了认证兽医营养师唐娜·拉蒂提克医生（Dr. Donna Raditic），询问我们是否可以开启并资助一项研究，对市场上最流行的宠物食品类别：生食、罐头狗粮和颗粒狗粮的AGEs含量进行评估。拉蒂提克医生和我共同创立了伴侣动物营养和健康研究所（Companion Animal Nutrition and Wellness Institute），这是一个非营利性组织，目的是借助大学的科研力量，进行公正的伴侣动物营养研究，因为基本上还没有人在这方面展开任何研究工作。五大宠物食品公司进行过一些内部研究，但这些研究从未向社会公开过。我们没有政府资助的国家宠物食品健康研究机构，也没有人资助那些非常重要的基础营养学研究，所以兽医们往往无法对食物如何影响健康和疾病有更好的了解，更不清楚没有科学依据的随意喂养会带来怎样的问题或好处（如果有的话）。比如，对于几十年来不断喂给宠物的超加工"快餐"，有谁能够根据科学研究成果宣布它们是最好的健康选择？

我们不知道商业狗粮是否健康，因为没有一项研究将一组终生吃真正食物的狗与另一组终生吃超加工食品的狗进行比较。我们没有任何基础研究能够回答许多毛孩子家长的常识性问题。在某种程度上，我们甚至怀疑这个行业希望保持现在的状态。如果我们认真检测宠物食品中AGEs、真菌毒素、草甘膦和重金属的水平，发现它们远远超过了一般认为对人类安全的范围，又会发生什么？一些倡议团体在小规模地做这件事，对少数非常流行的品牌进行了污染物检测，结果往往令人感到恐慌，有时还会导致宠物食品被召回。

食品斗争

看看下面的图表，其中显示了2012—2019年的宠物食品召回情况（以磅数计）。

颗粒食品和零食占被召回宠物食品总重量的80%左右。召回的前四大原因是细菌污染（沙门氏菌）、合成维生素毒性水平、未经批准的抗生素和戊巴比妥（动物安乐死用药）污染。"其他"被召回的食品类别还包括冻干、熟制食品和冷冻食品以及配料。但召回产品只涉及少数几个公认的问题，最常见的是合成维生素或矿物质含量过高，以及潜在的致病菌。由于美国食品药品监督管理局（FDA）不要求生产公司检测其他类型的食源性毒素，也就是说，哪怕草甘膦和AGEs的含量达到令人震惊的水平，宠物食品也不会因此被召回。

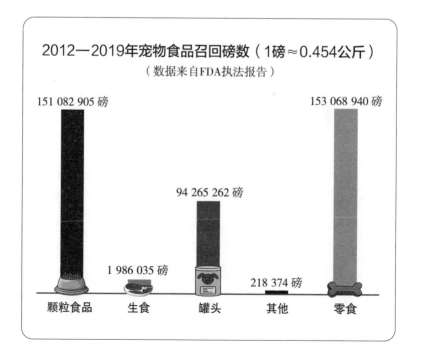

以下警告不需要剧透，你就应该能想到：加工更少的食物对你的狗更健康。

比较不同种类狗粮中的晚期糖基化终末产物（AGEs）水平，罐头食品中的AGEs最高，其次是颗粒食品。在加工程度最低的生食中发现的AGEs含量最低，这也不奇怪。摄入大量美拉德反应产物（MRPs，AGEs为其中一部分）对健康的负面影响是不可否认的，在这方面有切实的研究成果。因此，在为狗狗选择食物时，重要考量之一就是评估宠物食品中各个组成部分被加热处理的次数和程度。

在人类食品领域，全能食品的最好例子就是替代母乳的婴儿配方奶粉。从理论上讲，宠物食品和婴儿配方奶粉都是"营养完备"的饮食。在20世纪70年代，雀巢（也是普瑞纳[1]的所有者）说服了数以百万计的女性用雀巢婴儿母乳替代品来替代母乳。商业公司宣称配方奶粉比母乳更健康，对婴儿更好。许多女性听信了这一建议，放弃母乳喂养，使用全能奶粉喂养孩子。这一营销策略让世界各地的健康倡导者义愤填膺，引发了大规模的公众抗议和抵制活动、数起诉讼以及一场关于母乳健康益处的全球性教育运动。同样的革命正在宠物食品行业发生：动物保护者们要求使用真正的天然食物喂养宠物，而不是将混合了合成维生素和矿物质的食品粉末制成颗粒，作为宠物的营养补充。

其实"全能宠物食品"的概念原先并不那么流行。宠物食品是一个进入商业市场相对较晚的产品。它的出现还要归功于一位野心勃勃的创业者。

---

1 普瑞纳公司于1894年创立，已有120余年的历史，是规模较大的宠物食品公司。
——编者注

狗饼干和牛奶骨头

以前世界上既没有狗饼干，也没有牛奶骨头，是有人发明制造出来的这种食品。1860年，詹姆斯·斯普拉特（James Spratt）第一个制造了一种干粮型的狗饼干。他来自俄亥俄州，是一名电工和避雷针推销员——不过他的这些职业经历从没有得到过证实。不管怎样，他确实拥有高超的销售技巧，能把偶然观察到的现象和随之产生的想法经过精心设计后变成一笔财富。一开始，他吸引的主要对象是精英阶层。在一次去英国的商务旅行中，斯普拉特观察到街头的流浪狗在吃别人剩下的压缩饼干。那是一种烘焙面粉和水混合成的比木头还坚硬的简易食品，是水手们在长途航海时的主粮（里面经常爬满蛆虫和象鼻虫，因此在美国内战期间吃过这种食物的士兵们就给它起了一个"蠕虫城堡"的绰号）。

看着这种压缩饼干，斯普拉特的脑子里冒出了商业化狗粮的想法。他称自己最初设计的饼干为"专利肉纤维狗饼干"（Patented Meat Fibrine Dog Cake）。这是一种类似饼干的混合物，由甜菜根、蔬菜、谷物和来历不明的牛肉混合而成。我们可能永远无法知道那种饼干最初的配方里到底有些什么。它的商品说明宣称其中包含"风干、无盐的草原牛肉胶状物"。有趣的是，斯普拉特一生都对他饼干中的具体肉源守口如瓶。

这些饼干很贵，一袋50磅（约23公斤）饼干的价格相当于当时一名熟练工匠全天的工资，斯普拉特机智地瞄准了那些能负担更高价格的"英国绅士"，营销定位是"贵族宠物的奢侈食品"。他的公司于19世纪70年代在美国开始运营，营销目标人群是关注自己宠物健康的宠物主人和名犬展会的参与者。1889年1月，这家公司第一次购买了美国养犬俱乐部杂志的封面广告。美国公众被吸引住了，很快就将他们喂狗的残羹剩饭换成了斯普拉特的饼干。斯普拉特还开创性地提出了"动物生命阶段"的概念，声称每个阶段都要配以相应的食物。听起来是不是有些熟悉？斯普拉特凭借其营销头脑（该公司是第一家在伦敦竖起广告牌的公司）和人们认知中追随精英的观念（在推销产品时，他拜访了几位有钱的老朋友，让他们为他的狗饼干写推荐信），为他的狗饼干成功赢得了市场。

　　1880年斯普拉特去世后，他的公司上市运营，被命名为斯普拉特专利有限公司和斯普拉特专利（美国）有限公司。他的成就没有随他一同消亡。恰恰相反，斯普拉特在20世纪早期成为最受欢迎的品牌之一。香烟卡片和其他一些地方都成了展示其标识的工具，斯普拉特公司在各种广告中不遗余力地宣扬一种新的生活方式。20世纪

注意： 购买时请一定确认，每一块饼干上都有斯普拉特专利标志：SPRATT'S PATENT，否则即为假冒，可能系某些人为了贪图蝇头小利而伪造的异常危险之伪劣品，并由不正当的经销商销售给顾客。

无此标志

必非真品

斯普拉特 肉纤维

专利 狗饼干

此种肉纤维饼干早已为世人赞誉有加，实为每位养狗人士必备佳品，此诚属不言自明之事。毋庸置疑，其不含盐分，而是以独有配方融合肉类以及其他美味，制成饼干，并以专利授权保证质量。而无此专利授权之饼干绝非犬类之良好食物。

价格：每英担（约50公斤）22便士，包含运费
若订购更多数量，优惠价为每英担20便士，包含运费

致"斯普拉特专利"经理

亲爱的先生们：
我必须告诉你们，过去两年我一直购买你们的饼干，我的狗从来没有像现在这样健康。我认为你们的饼干在为犬类提供营养方面是无可比拟的。这些饼干都经过了完美的烹调，这一点非常重要。

你忠诚的C.H.杰克逊
桑德灵厄姆皇家犬舍，1873年12月20日

尊敬的先生们：
请将4英担狗饼干寄到我上面的私人地址，就像以前一样。我相信这一批饼干一定会像以前的每一批狗饼干那样优质。很高兴能够向其他人推荐，狗饼干给灵缇带来很多好处，对它的健康发挥了良好的作用。受益者就包括我的灵缇——皇家玛丽，她是去年Altcar狩猎赛滑铁卢赛区的胜利者。她在去年的训练过程中，几乎每天都要吃那些狗饼干。

你忠诚的威廉·J.邓巴，文学硕士
都柏林北乔治街36号，1874年6月9日

尊敬的先生们：
我已经在我的狗舍中试用了你们的狗饼干六个月之久，现在我很高兴能够给出一封认真的推荐信。而且我还发现，把它们喂给长途行进的马匹也有很好的效果。它们显然对于提升动物的体力和耐力很有作用，而这对于长途行进的马匹非常重要。我的评审兄弟们和我都认为，在经历过水晶宫展览一个星期的禁闭生活之后，犬只的健康和身体状态却依然喜人。我知道这全都是因为管理者将你们的饼干作为它们的唯一主粮。

R.J.劳埃德·普莱斯
巴拉，瑞瓦拉斯，1873年6月21日

50年代，通用磨坊[1]收购了斯普拉特公司在美国的业务。詹姆斯·斯普拉特的故事就是典型的美国企业家的故事。他可能会被视为某种英雄——为注重宠物健康的主人们提供优质狗粮的供应商。但不要被他愚弄了：实际上，斯普拉特只是一个精明的、以财务盈利为驱动的推销员，在正确的时间、正确的地点，在一个完全没有简单方便的宠物食品解决方案的世界里，他看到并利用了眼前的机会。他的创意最终发展成为价值数百亿美元的宠物食品行业。已经用了一个多世纪的营销宣传手段至今仍然行之有效。实际上，没过多久，竞争对手就利用斯普拉特的策略，为顾客提供了更多种多样的方便宠物食品，把它们包装成我们对宠物的爱和承诺，从而确保他们的产品长销不衰。

1948年，兽医马克·莫里斯（Dr. Mark Morris）与Hill Rendering Works公司合作，开发了第一个"处方"宠物食谱。时至今日，"处方食品"一词仍具有误导性：这些饮食中不包含任何药物或特殊物质。它们被称为"处方"，是因为只能在兽医那里买到。这些现在很流行的处方食品并非一开始就大受欢迎。实际上，Hill Rendering Works的"科学宠物食品"品牌在20世纪70年代一直难以盈利，直到牙膏巨头高露洁—棕榄公司收购了该公司，并使用他们自己的"专家品牌大使营销策略"来吸引客户。高露洁—棕榄的成功之处就在于它让牙医拿着牙膏微笑，宣称"这是大多数牙医推荐的品牌"——在该公司的营销团队决定尝试这种新颖的营销方式后，高露洁牙膏迅速成为畅销产品。现在这家公司知道如何挖到金矿了……如果能够利用"牙医—牙膏"的组合成功宣传产品，那么为什么不能试试"兽医—狗粮"的组合呢？

很快，"科学宠物食品"就在兽医界复制了这种牙膏营销策略。商业公司与兽医学校签订合同，甚至资助营养学教授职位。如今，每一所兽医学校都与五大宠物食品品牌之一建立了合作关系。于是这产

---

1 通用磨坊（General Mills）是一家世界财富500强企业，主要从事食品制作业务，为世界第六大食品公司。主要品牌包括哈根达斯、贝蒂妙厨、果然多、湾仔码头等。

——编者注

生了几个好问题：当医学院和兽医学校与诸如制药公司和食品制造商这样的资本集团建立起排外性质的联盟时，会发生什么？这难道不会产生专营性质的利益冲突吗？这些联盟是否会在学校研究和学生教育中播撒下偏见的种子？

宠物营养学研究在很多方面都不同于人类营养学研究。1974年美国国家科学研究委员会（NRC）出版的《狗和猫的营养需求》（*Nutrient Requirements for Dogs and Cats*）一书首次公布了宠物最低营养需求数据。这本书是所有宠物食品研究的结晶。这些研究使用了生活在实验室的一群小狗和小猫，让它们以上世纪中叶的颗粒狗粮为食。而且相关的研究设计应该无法通过现在任何大学伦理委员会的审核。这本书一直是美国饲料管理协会（AAFCO）用来为宠物食品制造商设定营养参数的权威指南。在2006年，这本常用的NRC参考书更新过一次。

从一百多年前宠物食品行业诞生以来，各式各样的公司合并和拆分事件层出不穷。雀巢于2001年收购了普瑞纳，并开发了Alpo、Beneful、Dog Chow和Castor & polx等20多个消费品牌。现在占据市场首位的是玛氏宠物护理公司（Mars Petcare Inc.，没错，就是这家公司为你生产了很多万圣节糖果），它拥有Royal Canin品牌的治疗性食品和28个大众市场宠物食品品牌，包括Pedigree、Iams和Eukanuba。脱胎自我们前面说过的Hill Rendering Works的希尔宠物营养公司（Hill's Pet Nutrition）目前排名第三，几乎与J.M. Smucker并列，后者为我们带来了Milk-Bone、Snausages和Pup-Peroni。到这本书出版的时候，宠物食品的商业版图应该还会有更多的变化，因为它是一个大生意、一种热门商品类别，是许多跨国公司的利润重点。

有趣的是，多年以来，许多营养倡导者发起过公众抗议和宣传运动，反对全能宠物食品。这和母乳宣传运动很相似。有几位倡导新鲜宠物食品的先驱——朱丽叶·德·巴伊拉克里·列维（Juliette De Baïracli Levy）、伊恩·比林赫斯特（Ian Billinghurst）和史蒂夫·布朗（Steve Brown）等等——坚定地认为，颗粒狗粮永远无法取代犬类在进化过程中所适应的饮食。这就是"新鲜宠物食品运动"兴起背后的理念，它

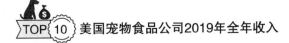

已经成为宠物食品行业增长最快的部分之一。新鲜宠物食品的提倡者对宠物食品行业生产的超加工全能食品提出了无数"质疑"，其中包括以下几点：

► 宠物食品外包装不像人类食品那样详细写明了营养成分，因此不能确定食物中营养成分的具体含量，包括食物中含有多少糖（以及淀粉）。

► 对于宠物食品产品中列出的各项成分的名称，它们所代表的具体内容由美国饲料管理协会（AAFCO）定义。要想知道AAFCO对"鸡"的定义，你必须花250美元购买其官方出版物（剧透：宠物食品中的鸡和食品商店中的鸡是**不一样**的）。

► 没有强制要求进行可消化性的研究。

► 不需要对营养充分性、污染物和毒性进行批量检测。

► AAFCO规定了宠物食品营养完备性的最低限度要求，同时却只对少数营养素规定了最高阈值。这意味着有许多营养素在宠物食品中含量过高都是可以接受的，哪怕这有可能导致器官损伤。

► 多项研究证实，许多宠物食品没有真实准确的标签，标签上写明的成本较高的成分和蛋白质实际却会被更便宜的、没有在标签上写明的成分代替。

超加工食品如此受欢迎的原因已经不是什么秘密了。它们很方便，就像人类的快餐一样方便。但我们不得不问：我们为了方便牺牲了多少健康？就像人们一直在推动更健康、加工程度最低的食物进入人类的生活一样，现在有许多人也在大力推动真正的食物进入狗的生活——特别是考虑到科学研究已经证明，营养在衰老过程中发挥了多么大的作用。更好的营养意味着身体的压力更小，而身体承受的压力更小意味着更长的寿命。

影响衰老与死亡的三种力量
————

这个星球上的每一种生物都承受着持续的身体压力，导致我们最终走向衰老。无论你怎么看，我们每个人的衰老都是三种强大力量共同作用的结果：（1）你从父母那里继承的DNA对你直接产生的遗传影响；（2）正如我们在本章开头大致提到过的那样，你的DNA实际表达过程中所产生的间接遗传影响；（3）环境的直接和间接影响（饮食、运动、接触的化学物质、睡眠等）。这些影响是复杂的，会一直在动态过程中相互产生作用。将这些作用综合起来，才能解释你"为什么"会是这样的个人健康状况，以及你是否能活到100岁。你的DNA，你的DNA表达，你所接触的环境都是独一无二的，只有你是这样的情况。你的狗也是一样。

在本章前面的部分里，我们解释了你的DNA以及它的表达总是会受到环境因素的支配。理解这一点有一个简单的方法：想象你救了一只流浪狗，将它带回家。它体重过轻，身体虚弱，身材走形，还一直在担心自己会再次被遗弃在大街上。你把它养得很健康，几个月后它就恢复了活力，变得顽皮、健康、自信。这只狗体内的

DNA并没有发生变化，但很明显，由于环境的巨大变化，这些基因表达自己的方式变得和以前完全不同了。狗狗找到了一个家。在这里，它吃得很好，得到了关爱。当然，完全相反的情况同样有可能发生：一只动物（无论是狗还是人）本身并没有可能影响健康的危险遗传因素，却仍然有可能因为不良的日常习惯，身体受到的损伤不断积累，从而出现某种健康问题。例如，我们都知道那些被诊断出糖尿病或癌症的人不一定有家族史。同样，狗也会出现没有遗传病史的健康问题。

这就是**表观遗传**的力量在起作用。

表观遗传学是今天最有趣的研究领域之一。它研究你的DNA（或者说是基因组）的特定部分，这些部分本质上会显示出你的基因将在何时表达自己，表达的程度有多强。如果要更好地理解这些非常重要的DNA片段，可以把它们看作你的基因组的交通信号灯。它们向你的DNA提供停止和通行的信号。它们不仅从根本上控制着你的健康和寿命，还控制着你如何将自己的基因传给后代。我们选择的日常生活方式对我们的基因活动有着深远影响。现在我们知道，我们所选择的食物、我们承受或避免的压力、我们进行或忽视的身体锻炼、我们的睡眠质量甚至我们选择的人际关系，实际上都在很大程度上决定了我们的基因是"开启"还是"关闭"。最值得注意的是：**我们可以改变许多与我们的健康和寿命有直接关系的基因表达。**对于我们的犬类伙伴，大致上也是如此，所以还有一点需要注意：**我们要为它们做出明智的决定。**如果你和我们想的一样，那么这件事本身应该就是一个巨大的压力。毕竟人类和动物的医生目前都还没有接受过系统性的培训，无法成为具有主动预防精神的健康教练，为我们和我们的家庭成员设计个性化的健康方案。在医学范式发生转变之前，为我们和我们的宠物做出明智选择的责任就落在了我们自己身上。

细胞危险反应：
细胞损伤如何加速年轻狗狗的衰老

————

我们在生活中总会不时遭遇一些损伤。环境中的化学污染、传染病和身体创伤都很难避免。就像大卫·辛克莱经常说的，"损伤加速衰老"，但损伤具体是怎样加速衰老的？当损伤发生时，受损细胞会经历三个愈合阶段，被称为"细胞危险反应"（Cellular Danger Response，简称CDR）。随着狗狗年龄的增长，这个过程开始变得不那么有效，于是不完全的愈合导致细胞老化，身体加速衰老。现在有科学研究指出，在生命早期阶段，分子水平上的愈合中断可能是加速衰老和慢性疾病的根源。

这三个愈合阶段由细胞线粒体控制。在细胞承受压力或者遭遇化学和物理损伤后，就会经历这三个愈合阶段。整个过程必须成功完成，否则功能失调的细胞最终会导致器官系统功能失调。换句话说，如果细胞在一次损伤后未能完全愈合，又发生再一次损伤，势必会造成更严重的疾病。当细胞陷入不完全恢复和再损伤的重复循环，一直无法完全愈合时，就会导致慢性疾病。我们还没有犬类的相关统计数据，但作为狗的主人，你会在自己宠物的身上发现细胞不完全恢复的症状，以及它们引发的系统性疾病：慢性过敏、器官疾病、肌肉骨骼退化、免疫系统失衡（从慢性感染到癌症）。这是一种微观的、日常性质的、悄然无声的细胞内疾病，在你的狗还年轻时就开始了，而那时它从表面上看起来还很健康。

细胞开关

————

还有一个研究领域，与我们控制衰老和细胞分裂速度的能力相关，那就是"内部信号通道评估"（evaluation of internal signaling pathways）。mTOR是雷帕霉素机械靶蛋白（以前被称为哺乳动物雷帕霉素靶蛋白）的简称，是近年来备受研究界关注的一种遗传营养感应"开关"。你可以把mTOR简单地想象成我们所有细胞（血细胞除外）内部的学校校长。我们为此采访了伊尼科·库宾伊博士（Dr. Enikö Kubinyi）。她是布达佩斯市罗兰大学高级家庭犬类项目的首席研究员。她在接受采访时很快就向我们指出，人类和狗的老化基因通道很相似，都涉及一些相同的生物分子，如mTOR和AMPK（腺苷-磷酸活化蛋白激酶的简称）。

AMPK是一种抗衰老酶。当它被激活时，会促进并参与控制一种被称为"自噬"（吃掉自己）的重要途径，这种途径主要负责细胞内部清理，从而使细胞以一种更年轻的方式实现自身功能。细胞自噬在身体中扮演着多种不同的角色，但从根本上说，它是身体移除或回收危险、受损部分的方式，那些无用的僵尸细胞和病原体也会在这一过程中得到处理。在这个过程中，免疫系统得到增强，罹患癌症、心脏病、自身免疫性疾病和神经系统疾病的风险大大降低。AMPK还是细胞能量平衡的关键。我们知道，AMPK可能会激活我们先天的"抗氧化基因"，这些基因负责让身体自然产生抗氧化剂。我们稍后会看到，激活身体内部的抗氧化系统比服用抗氧化补充剂要好得多。

与人类的情况一样，狗的这种代谢通道会释放信号，促进机体生长和细胞分化（"细胞分化"指细胞成长为各种特定组织器官——可能成为肌肉，也可能变成眼睛的一部分），而且它们可以像调光开关一样，通过饮食、用餐时间和运动等生活方式因素来调高或调低。例如，当你禁食时，mTOR会被抑制，AMPK会做清理，这就是禁食的好处之一。同样，狗也可以限时进食（time-restricted eating，简称TRE，详见第4章）。禁食还与血糖控制有关，因为降低胰岛素和胰岛素样生长因子-1水平与降低mTOR和增强细胞自噬行为有关。如果你久坐不动（或休息）一整天，吃超加工、促炎症的食物，不仅胰岛素和血糖水平会失控，而且垃圾还会堆积在你的细胞中。细胞自噬简单地说大概就是这样，它是衰老过程（以及生命本身）的关键因素之一。我们的身体都有这种内在的建造技术，来更新细胞，并加强它们的性能。了解这一点对于我们将很有帮助。依照本书中的策略，你将帮助你的狗激活身体内在的这个生物"武器"。

雷帕霉素：未来的药？

mTOR 中的"R"代表雷帕霉素，一种由细菌产生的化合物，在20世纪70年代初被首次发现。它的命名就是为了纪念它最初被发现的地方：复活节岛。那里也被称为拉帕努伊岛（"雷帕"即脱胎于这个名字），距离南美洲海岸2 000多英里。（如今它是智利的世界遗产，以其考古遗址而闻名。那里矗立着岛上居民在13—16世纪建造的近900尊名为"摩埃"的纪念碑雕像。）

雷帕霉素的作用类似于抗生素，具有强大的抗菌、抗真菌和免疫抑制作用。20世纪80年代初，实验室开始研究雷帕霉素，在接下来的十年里，一系列相关科学论文陆续发表，报告了它对各种生物细胞生长的影响，包括酵母、果蝇、蛔虫、真菌、植物，以及对我们最重要的哺乳动物细胞。直到1994年，科学家们终于发现了哺乳动物的雷帕霉素靶蛋白，这要感谢巴尔的摩约翰斯·霍普金斯大学医学院和纽约纪念斯隆·凯特琳癌症中心的大卫·萨巴蒂尼医生（Dr. David Sabatini）和他的同事们的工作。我们可以把mTOR看作细胞信号系统的中心枢纽，是细胞的指挥和控制中心。这就是它会在20亿年的进化中一直被保存下来的原因：它是细胞生长和代谢的主要调节器。因为它的作用，细胞内部的代谢过程被编写成一个又一个优美的乐章，所以它的秘密也就是生命秘密的一部分。

如今，美国食品药品监督管理局批准的雷帕霉素被用于器官移植，以防止排斥反应，并且它还成为最热门的抗衰老和抗癌药物的研究对象。雷帕霉素在狗身上的应用研究已经在进行中，许多人对此充满期待。我们将会看到一些令人兴奋的发现，这些发现不仅会影响和改善狗的健康，也会改善人类的健康。需要明确的是：我们并不是在给你或你的狗"开"雷帕霉素的处方，但这项最新的科学研究值得提及，因为毫无疑问，在未来的几年里，你会在主流媒体上看到有关它的报道。好消息是，你可以通过饮食和生活方式来影响体内mTOR的含量。

癌症笔记

——

对癌症的恐惧一直都沉重地压在许多人的心头。狗会罹患各种各样的癌症，如黑色素瘤、淋巴瘤、骨肉瘤、软组织肉瘤以及前列腺癌、乳腺癌、肺癌和结直肠癌。大约三分之一的狗在其一生中会被诊断出癌症。10岁以上的狗有一半会死于癌症。根据我们的了解，犬类癌症在很多方面都与人类癌症非常相似。

癌症对人和狗都是一种复杂的疾病。其中部分原因与基因有关，但并非所有导致癌症的基因突变都来自遗传。关于癌症，有很多解释理论，包括线粒体损伤对癌变过程的影响。我们在这里先关注基因方面的问题。在狗的一生中，身体细胞内的DNA会自发地产生变化。随着时间推移，这些基因突变可能会在重要的基因中积累或发生。如果单个细胞积累了足够的基因突变或在关键基因中发生变异，细胞将可能开始不受控制地分裂和生长，停止执行其指定的功能，最终成为癌细胞。这被称为体细胞突变理论，在过去的十年中，这一假说受到了越来越多肿瘤研究人员的质疑，他们认为癌症是一种线粒体代谢疾病。近期的一些癌症研究表明，如果癌变的细胞核被移植到一个正常的细胞中，这个细胞仍然是正常的。但是，如果将癌变细胞中的线粒体移植到正常细胞中，正常细胞就会癌变。

因此，这种癌症代谢理论就自然包含了一种观点：我们可以做一些事情来促进我们线粒体的健康和良好状态，这可以降低我们患癌症的风险，如果有需要的话，还可以改善癌症治疗。不管你赞同哪种癌症理论，癌症的最终结果都一样——DNA发生突变。一些强大的基因已经在研究中被发现，它们可以自己启动癌变的过程，而且往往只需要一个简单的突变。乳腺癌易感基因BRCA1和BRCA2就属于这一类别。基因缺失也会导致癌症易感性的增加。伯恩山犬和平毛巡回犬常见的健康问题之一就是重要的肿瘤抑制基因缺失（CDKN2A/B，RB1和PTEN），这使得它们更容易罹患组织细胞肉瘤。最后，环境因素也会导致癌症，比如吸烟和人类肺癌的关系，以及草坪化学物质和犬类淋巴瘤的关系。

无论是由于遗传或环境，还是两者兼而有之，当不受控制的生长形成大量异常细胞时［医生称之为"瘤形成"[1]（neoplasia）］，通常会被诊断为癌症。瘤形成一般会导致肿块或肿瘤。其实这是体内一系列功能失调事件的结果。它的起点就是失败的细胞危险反应无法修复机体损伤，而终点则是功能失调的线粒体和永久受损的DNA导致细胞完全混乱。每个肿瘤细胞都包含一个与原始突变细胞相同的突变基因副本。这些肿瘤细胞可以迁移到其他器官，并在那里生长。这被称为"转移"（metastasis）。癌症治疗的目标是杀死身体内部的所有肿瘤细胞，因为只要一个癌细胞活下来，就可能导致癌症复发。放射治疗被当作"局部治疗"的手段，目的是杀死肿瘤部位的全部细胞。人们经常通过手术来切除肿瘤，作用和放射治疗类似。化疗是一种"全身疗法"，可以杀死快速生长的细胞，既包括肿瘤中的细胞，也希望能够包括那些已经转移到其他器官的细胞。但化疗药物同样会杀死快速生长的**健康**细胞，这就是问题所在。

迄今为止，对大多数疾病（包括癌症）的治疗都是在确诊后进行的补救性治疗。对于狗来说，这通常意味着病情已经发展到了晚期，因为它们无法将自己的不舒服告诉人类。基因研究的进步应该会提高我们的诊疗手段。幸运的是，像Nu.Q Vet癌症筛查（Nu.Q Vet Cancer

---

1 瘤形成是指肿瘤从正常组织经一系列改变逐渐形成的过程。　　——编者注

Screeing Test）这样简单的诊断方法现在已经在北美地区被采用。实际上，现今癌症研究最令人兴奋的可能性之一在于利用基因组学的研究成果识别基因突变，并在癌症发展严重之前就对其做出诊断。我们希望，基因测试手段最终能够在狗生病之前就识别出有害的基因突变。科学界希望与犬类繁殖界合作，从犬类种群中剔除掉疾病易感基因。国际犬类合作组织的布伦达·博纳特博士正在努力实现这一愿景。

快乐健康的狗

延长健康寿命归结起来就是避免（或至少延迟）三个方面的衰退：认知、身体和情绪/精神。第三个方面无论怎么强调也不过分，因为它实际上经常被低估或忽略。我们都知道持续的压力对我们的健康有害，但是狗的压力水平呢？这可不是开玩笑。芬兰的一项研究显示，72.5%的狗会表现出至少一种焦虑，以及我们通常以为只有人类才会发生的其他精神问题，如强迫行为、害怕、恐惧症和攻击行为。千万别以为这没什么大不了的。科研人员研究了那些在生命早期遭受过心理创伤或社会化程度很低的狗，结果表明，它们的健康和寿命会受到严重的长期影响。这些研究结果和针对人类进行的同类型研究非常相似。创伤和恐惧正在损害我们的长期健康。这是一个无形却致命的问题。每年有数百万的狗因此被送到收容所，甚至被安乐死，因为它们有不可容忍的"行为问题"。而这些问题往往是由它们生命早期一些无法逃避的经历和事件引发的，并因为不适当的、常常是虐待性的"纠正"训练而更加恶化。最终，未经愈合的精神创伤会让我们和我们的伙伴都失去充满活力的快乐生活。

许多宠物都曾经使用过精神药物。美国一家市场研究公司在2017年的一项全国调查显示，8%的养狗人和6%的养猫人在一年内给他们的宠物服用了缓解焦虑、镇静或改善情绪的药物。也就是说，美国有数百万的动物在服用治疗行为问题的药物。2019年英国对养狗人做的一项调查显示，76%的人想改变他们的狗的一种或多种行为。我们刚刚强调过的芬兰研究发现，噪声敏感是最常见的犬类焦虑相关特征，在 23 700 只狗中患病率为32%。美国食品药品监督管理局批准了一些用于宠物心理健康的药物，包括抗抑郁药氯米帕明（Clomicalm，用于治疗狗的分离焦虑）和镇静剂右美托咪啶（Sileo，用于治疗有噪声敏感问题的狗）——这些药物原先都是供人类使用的。最令人沮丧的是，这些改变和修正行为的药物并不能让狗狗精神焕发，心态变得冷静和平和，更不能改变狗狗的性格。你仍然需要采取协调措施和有执行力的行动干预来帮助狗狗管理压力反应。

可悲的是，在实际生活中，许多出问题的狗狗缺乏适当的精神和环境刺激，无法得到远离恐惧、以沟通关系为核心的训练，也没有足够的社交联结。这是一个伦理困境，尤其是我们谈论的"病人"不能用我们的语言表达它们的想法。它们的行为也经常被误解。它们被要求能够听懂我们对它们的期望，为此它们还必须学习一门外语。

每一个读到这段话的训犬师和行为学家都会同意，我们今天在狗身上看到的许多行为问题，都是幼犬在成长过程中缺乏日常锻炼和双向沟通（所以你要学习理解你的狗）以及它们可以选择的爱好和兴趣（"狗狗的工作"）不足导致的，是社会化程度很低或不充分的直接结果。著名的幼犬训练师和行为学家苏珊娜·克洛西尔（Suzanne Clothier）从 1977 年开始就在与动物打交道，她说："塑造了我们、对我们一生影响最大的经历都发生在我们年幼和易受影响的时候。狗狗也是如此。"我们童年早期的经历是安全、稳定和愉快的，还是可怕的、不可预期的、孤独的甚至痛苦的？这个答案非常重要。

有很多客户告诉我（贝克尔医生），他们在不正常的家庭中长大，永远不想去重复童年时经历的养育错误，但他们发现自己还是在用父母的方式养育他们的狗——其中经常出现的是粗暴的肢体动作、发生冲突时的缺乏耐心、遇到挑战行为和感到气愤时的大吼大叫。狗狗就像我们小时候一样软弱无助和需要支持。它们很容易受伤害，无法改变环境，它们面临着令人困惑的语言障碍，不能有效地和主人交流情感。童年时的我们都是幼小脆弱的，无法用语言表达感受和想法，但我们能够感觉到自己强烈的情绪是被忽视的，是不被接纳的。我们会感到恐惧、焦虑、挫败、混乱、无措。你的狗也同样有这些情绪，更何况它们和人类还有巨大的语言和社会差异。

当狗狗感到害怕或受到威胁时，吠叫是完全正常的。这是它们的交流方式。然而，在幼犬吠叫的时候，大多数主人都倾向于惩罚它们。如果想让你的狗狗明白你打算让它做什么，训练和教学是两种截然不同的方法。训练不考虑动物个体的情感体验，而教学考虑的是学生学习的最佳方式。就像孩子接受和处理信息的方式与成人不同，狗也有它们自己的方式。作为老师，我们有责任用一种孩子能够理解和回应的方式来教导他们。想象一下，如果你很小的时候被外国人收养，当他们试图拿走你的东西，而你只是想守护这些东西时，他们却用一种奇怪的语言对你大喊大叫甚至对你进行体罚——很多被驯养的狗就是在这样一种令它们无比困惑的环境中长大的。欢迎来到这个世界：我们期望它们像人类的孩子一样，去完成学业，学习完美的礼仪，并在良好行为方面获得博士学位，而我们甚至没有做好我们该做的事——甚至没有让它们接受过一次蒙特梭利的教育，更不要说在家庭教育或积极倾听方面发挥我们的作用。

你不能依靠每周一个小时的学前教育来教会孩子了解这个世界。作为父母，如果我们不是每天都有意识地在家里教育孩子，我们的孩子就不可能学会如何倾听、如何沟通。同样，如果没有对狗狗进行坚持不懈的家庭教育，我们可爱的毛孩子就会根据自己的文化形成自己的规则——只要这种情况持续上一两年，它们就会表现出不被认可接受的行为。与你的狗狗建立牢固的关系需要时间、信任，需要始终如一和良好的双向沟通。这种努力的回报是巨大的：一只表现更好的狗感受到的压力会更小，也因此会有更长的寿命。

我们会在后文中介绍更多正确的训犬方式。现在先让我们打破另一个与衰老有密切关系的神话，也就是我们经常听到的关于狗狗"年龄"的计算问题：犬类生命的每一年相当于人类生命的每七年。就像其他所有问题一样，如果答案真的有这么简单就好了。

我的狗有多"老"了？
让新时钟来告诉你

———

几个世纪以来，人们一直在将人和狗的年龄进行比较。1268年，建造威斯敏斯特教堂的工匠们在地板上刻了一句预言审判日的碑文："如果你能读懂上面所写的一切，你会在这里找到宗动天[1]的结束时刻。刺猬的寿命是三年，再加上狗、马、人、鹿、渡鸦、鹰、巨鲸以及世界，后面的每一个都是前一个年龄的三倍。"根据这个计算方式，人能活到80岁，狗能活到9岁。幸运的是，对人类和狗来说，如果我们做出明智的选择，我们有可能活得更长。

人类七年对应狗一年的寿命公式可能源于一个普遍的观察结果，即人的平均寿命约为70岁，狗的平均寿命约为10岁。但一些专家认为，这种对比方式可能只是为了鼓励狗主人至少每年带他们的宠物去看看兽医，因为这样会让他们注意到，狗的衰老速度比我们快得多。这一点是正确的，但更准确的寿命对应公式应该是这样的：中型犬的第一年大约相当于人类0—15岁；狗生命的第二年大约等于人类再成长9年；此后的每一年相当于人类的5年。

大多数计算犬类年龄的图表也会将体型因素考虑在内。然而，像这样的图表依然在不断受到挑战，新的科学发现让它们不断被修改。另一些研究表明，1岁的狗对应的"人类年龄"约为30岁；而到4岁时，它们对应的"人类年龄"约为54岁；到14岁时，它们就和70多岁的人类一样了。但问题就在这里："人类年龄"的定义是什么？（进一步来说，为什么我们觉得有必要将狗的年龄与"人类年龄"联系起

———

1 宗动天，英文名称primummobile，是天文学术语。西方古代天文学认为，在各种天体所居的各层天球之外，还有一层无天体的天球被称为"宗动天"。 ——编者注

来？这种对比会不会过于武断？）

　　计算一只狗的年龄应该区分实际年龄和生理年龄，就像看待人的年龄那样。我们都知道有些人似乎与自己的实际年龄不符。比如70岁老人的外表和行动都像是只有60岁。或者一只9岁的德国短毛猎犬的外表和行动就像刚刚4岁。年龄的概念是相对的——它取决于我们的身体功能状态，我们如何照顾自己，以及我们的行为方式。你可能在几年前就听说过一种名为"真实年龄"（RealAge）测试的特殊计算方法，它由迈克尔·罗森医生（Dr. Michael Roizen）创立，他目前是克利夫兰诊所（Cleveland Clinic）的首席健康官。这种测试的目的（非科学角度）是根据我们的运动量、是否吸烟、遵循什么样的饮食方式、我们的健康数据（如胆固醇、血压、体重）以及我们的病史等因素来预测我们的寿命。很明显，没有任何测试能真正预测寿命，但这些测试很好地展示了我们可以在健康方程式的哪些方面做出努力。

　　科学家们一直在努力寻找新颖的、由数据驱动的方法来测算真实的生物年龄，这些年来，也一直都有各种各样的方法涌现出来。但没有一种测算方法是完全准确的。不管怎样，它们仍然很吸引人，值得探讨。例如，DNA端粒的长度被认为可以反映我们衰老的程度。端粒位于染色体末端，好比DNA的帽子，可以保护我们的细胞不至于老化。端粒会随着时间的推移而自然缩短，因此我们有理由认为，端粒越短对于生命而言越不是个好兆头。现在还有一种更有趣、更先进的年龄测量方法，即所谓的表观遗传时钟，它再次让我们认识到狗和人类衰老过程的不同。表观遗传时钟由加州大学洛杉矶分校的遗传学家史蒂夫·霍瓦特博士（Dr. Steve Horvath）首创，它依赖于身体的表观基因组，包括标记DNA的化学修饰。这些标记的模式在生命过程中会发生变化，并且能够对应一个人的生理年龄——无论它比实际年龄更年轻还是更老。

　　这些表观遗传标记对我们的健康和长寿很重要，也在很大程度上决定了我们的遗传特征如何传递给后代。你和你的狗吃的食物、呼吸的空气，以及你们共同面临的压力都会通过表观基因组影响你们的

DNA。DNA可以看作储存遗传信息的硬盘，而表观基因组则是决定哪些基因会启动的软件。

如果有人不惜重金，只为了买一只基因一流的狗，这一点就非常重要。如果经常暴露在对表观基因组有负面影响的环境物质中，狗的健康状况可能会因为表观遗传因素而恶化。但从另一方面来看，即使一只狗被发现有遗传变异，或者带有某种疾病的易感基因，只要相应的DNA未表达，它就不会得病。对于你的狗狗的表观基因组，你本人能够起到巨大而积极的作用。你的狗可能有着一团糟的遗传基因，却永远不会表现出任何疾病的迹象。这足以证明，狗狗的生活方式和它们所处的环境都在悄悄地影响着它们的DNA。我们的工作就是确保狗狗所处的空间是健康而充满活力的，这样它们的表观基因组就会具备强大的自我修复力量。

对于宠物的守护者们，如何影响表观基因组是很有必要学习的知识。它让我们知道，即使我们的狗是近亲繁殖的，或者有巨大的基因缺陷，我们仍然有很大希望从根本上改善它们的生活质量和减缓疾病的恶化速度，这都要归功于表观遗传学的发展。无论如何，关注所有已知的表观基因组影响是我们能够减缓衰老的唯一方法。这样我们就能够自然而然地让身体发挥潜力，让寿命得到大幅度延长。为特定品种的犬类解决表观遗传问题超出了本书的范畴，但只要你实施我们的建议策略，你就能抢占先机，为积极的表观遗传表达提供支持。（想要了解更多有针对性的理念，请登录www.foreverdog.com。）

顶级表观基因组触发因素

食物的营养水平

食物中的多酚含量

食物中的化学物质

运动

压力

肥胖

农药

金属

干扰内分泌的化学物质

颗粒物（比如二手烟）

空气污染物

    加州大学圣迭戈分校的研究人员在2019年的一项研究中，基于人类和狗的DNA随时间发生的变化提出了这种新时钟的概念：任何品种的犬类都遵循着相似的发育轨迹，在10个月左右进入青春期，在20岁之前死亡。为了有更多机会发现与衰老相关的遗传因素，这支研究团队集中精力研究了一个品种——拉布拉多犬。

    他们扫描了104只狗的基因组中的DNA甲基化模式[1]，这些狗的年龄从4周到16岁不等。分析显示，狗（至少是拉布拉多犬）与年龄相关的甲基化模式，确实和人类相类似。最重要的是，他们发现，在两个物种的年龄逐渐增长的过程中，与发育有关的特定基因组也发生了类似的甲基化。这表明，至少衰老的某些方面是一个持续发展的过程，而不是一个骤然转变的过程——而且至少其中一些变化在哺乳动物中是进化保守[2]的。

---

1 被甲基化的DNA会失去表达活性。在一些特定条件的作用下，被甲基化的DNA也会发生去甲基化反应，恢复表达活性。DNA甲基化是一种不一定来自上一代，但有可能遗传给下一代的基因修饰变化。   ——译者注

2 "进化保守"的基因在繁殖过程中不容易出现变异，其相反状态是"进化变异"。该研究能够得出这一结论是因为犬类和人类在DNA修饰层面出现了相类似的发育过程，说明DNA的相应功能并没有因为物种进化而发生太大变化。这一段想强调的是犬类和人类同样作为哺乳动物，正是因为在基因层面有着相同的"进化保守"部分，才在科学上有着年龄上（以及其他方面）的可比性；并且衰老是一个渐进的过程，不是可以按照时间点划分出的一个个阶段，所以研究团队才拟合出了后面的年龄公式。   ——译者注

研究团队创造了一种新的时钟来衡量狗的衰老进程，不过这种犬类年龄转换比"乘以7"要复杂一些。新的公式适用于1岁以上的狗。可以这样认为，狗的"人类年龄"大约等于16×ln（狗的年龄）+ 31。要计算出狗的"人类年龄"，首先要在科学计算器上输入狗的年龄，然后按下计算器的"ln"键，再将得到的数字乘以16，最后加上31。

我们的人生阶段和狗是有可比性的。例如，一只7周大的幼犬大

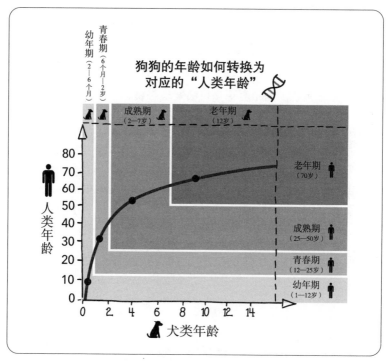

上图显示了狗和人类随着时间推移而衰老的差异。这是基于一些相当复杂的计算和几项研究得到的结果。其中最著名的是加州大学圣迭戈分校的特雷·艾德克博士（Dr. Trey Ideker）主导的一项研究，这张图就是根据这项研究编制的。阴影框表示基于常见的衰老生理状态划分的主要生命阶段，以及它们大致的年龄范围。幼年期是指婴儿期之后和青春期之前的时期（犬：2—6个月，人：1—12岁）；青春期是指从青春期到发育完成的时期（犬：6个月—2岁，人：12—25岁）；成熟期是指犬的2—7岁和人的25—50岁；老年期指的是预期寿命的最后阶段，犬是到12岁，人是到70岁。犬类的生命阶段是基于兽医指南和犬的死亡率数据。人类的生命阶段是基于对生命周期和寿命预期的文献总结。

约相当于一个9个月大的人类婴儿，而且这两个小生命都刚刚开始长牙。这个公式也能很好地将拉布拉多犬的平均寿命（12岁）与世界范围内人类的平均预期寿命（70岁）相匹配。总的来说，狗狗的生物钟一开始比人类快得多——两岁的拉布拉多犬可能仍然表现得像一只幼犬，但它实际上已经处于无症状的衰老过程中，它的生命节律也在开始变慢。

你一定可以想象，大多数爱狗人士对这一发现都会感到不开心，但这些研究结果无疑推动了端粒测量（通过验血进行）在人类生物黑客领域的流行，现在甚至有一家实验室在为狗提供端粒测量服务。

当然，你的狗对应的"人类年龄"可能并不完全匹配这个公式。我们都知道，不同品种的狗会有不同的衰老速度，体型大小在这方面也有很大的影响，所以加州大学圣迭戈分校的这个公式可能缺乏足够的变量来给出精确结果。但无论如何，要计算犬类对应的"人类年龄"，这个有科学依据的新公式肯定比早就被证明是错误的"乘以7"更有用。

淀粉样物质和衰老

我们大多数人都知道，随着年龄的增长，狗的身体经常会出现僵直、关节炎和关节问题。我们看到很多上了年纪的狗走起路来姿态很僵硬，好像它们的腿是竹竿做的。我们在狗狗的身上看到的这种退行性变化也可能发生在它们的大脑内部。现在我们正在逐渐了解淀粉样物质的形成和衰老之间的关系。你可能已经对大脑中的 β-淀粉样蛋白很熟悉了，当它发生错误折叠时，会产生有害的积累，形成一种被称作"斑块"（plaque）的黏糊糊的团状物。这可能是阿尔茨海默病的标志。犬类大脑中也会出现阿尔茨海默病一样的 β-淀粉样蛋白。它们与犬类的认知能力下降有关。这也是科学家研究狗的原因——进一步了解阿尔茨海默病并寻找治疗方法。大脑健康和心血管健康之间的关系对犬类和对我们一样重要。动脉硬化似乎与老年患者大脑中 β-淀粉样斑块的逐渐积累有关，没有痴呆症状的患者也是如此。这一发现表明，标志神经退行性疾病的大脑斑块也和血管疾病的严重程度存在某种关系。这意味着拯救你的大脑和你的灵活性（不要竹竿一样的腿！）的关键是保持有氧运动。无论是狗还是人，对心脏健康有益的东西对大脑健康同样有益。

甲基化过程不断修复DNA。增加或减少一个甲基会导致我们的身体发生深刻的生化变化。我们的狗也是一样，因为这些甲基与DNA的接合或脱离会关闭或激活身体的生命代码，并影响核心生命过程。所以当甲基化出错或变得不平衡时，麻烦就会出现。甲基化缺陷与心血管疾病、认知能力下降、抑郁和癌症有关。在犬类身上也有类似的发现。但我们还有很多问题没有答案。甲基化的改变是衰老的原因还是结果？还是说它们和衰老的关系可能属于另外一种方式？"没人知道，都是猜测。"主导甲基化研究的加州大学圣迭戈分校的特雷·艾德克博士说。2020年，田纳西州的金毛寻回犬奥吉以20岁的年龄打破了世界上最长寿金毛犬的纪录，当人们探寻它长寿的秘诀时，艾德克博士的见解在全球引起了反响。现在，我们的目标是找出什么东西决定了甲基化的速率，以及为什么某些动物的甲基化速率比其他动物的快。通过了解这个基因时钟，我们或许能够在控制衰老的过程中领先一步——无论是对我们的宠物还是对我们自己。

关于DNA变异的超级科学

单核苷酸多态性（Single nucleotide polymorphisms，简称SNPs）代表了DNA序列的主要变异情况。[1] SNPs是一系列基因指令的改变，被认为是身体对疾病、环境因素（包括食物）和药物做出反应后产生的

---

1 核苷酸是构成DNA的基本单位。单核苷酸多态性，主要是指在基因组水平上由单个核苷酸的变异所引起的DNA序列多态性。 ——译者注

遗传标记。这些变异是DNA代码中的特定编辑，可以转化为各种身体和生理特征，如皮毛颜色、更容易患上癌症或无法清除自身（无论是狗还是人）的组胺[1]。

一些SNPs或者多个基因变异的组合可以深刻影响身体制造和吸收不同营养物质的能力，这些营养物质对减轻炎症、促进正常排毒和实现免疫功能以及产生健康的神经递质等功能至关重要。某些基因变异会导致身体接收到不同的甚至是不正确的细胞指令。例如，在蛋白质合成过程中选择一种不同的氨基酸会改变生成蛋白质的形状。这意味着身体中随后发生的下游变化也将有所不同，或者会影响其他细胞、器官和组织的功能——基因是所有这一切的根源。不过基因在单核苷酸多态性方面有很强的容错率，有时哪怕基因在表达成蛋白质的过程中更换了一种、两种甚至更多氨基酸，也不会出现严重问题。（简单地说就是组成我们身体的所有蛋白质都需要由DNA转化成RNA，再由RNA将氨基酸作为原料，装配成蛋白质。）但是，**如果饮食中没有提供足够生物利用的各种正确的氨基酸原料呢？如果基因表达所需的第一种、第二种甚至第三种可选氨基酸都没有呢？这就是营养影响DNA的地方。**我们稍后会讨论氨基酸（蛋白质）和其他所有重要营养物质的质量和数量——在超加工狗粮中往往找不到足够多的让狗狗顺利消化并摄取的这些营养物质。我们相信，很多狗在中年或10岁之前就被诊断出退行性疾病，基因变异加上低质量的营养要承担一部分责任。

重要的是要认识到，这些DNA差异，也就是SNPs，不一定会**导致**疾病，却有可能是疾病相关风险的标记。即使你的狗没有某种疾病的已知遗传风险标记，也不能保证它不会患上这种疾病，不过这确实意味着它患病的风险比那些具有特定风险标记的狗要低。自从人类基

---

1 当组织受到损伤或发生炎症和过敏反应时，都会释放组胺。组胺有强烈的舒张血管的作用，并能使毛细血管和微静脉的管壁通透性增加，让血浆漏入组织，导致局部组织水肿。
　　　　　　　　　　　　　　　　　　　　　　　　　　——译者注

因组研究（Human Genome Project）完成以来，相关的研究论文已经有数千篇。它们描述了SNPs与成百上千种特定疾病、生理特征和生化条件之间的联系。同样类型的研究正在犬类身上进行。另外，科学家们正在不断发现影响人类和犬类甲基化通道的SNPs模式。这些发现让我们知道，食物的确在影响我们的基因组。对这些发现进行研究的新领域被称为甲基遗传营养学，该学科的目标就是为整体健康提供更好的营养支持。

狗的DNA控制着它的生理机能，包括它的身体制造营养和酶以及清除有毒物质的能力。如果你的狗有一堆基因变异在阻止它的正常生理、代谢和排毒机制发挥最佳功能，那么你将很容易看到它的身体如何垮掉——除非你及时进行干预，给予关键性的营养支持。而且研究发现，基因变异也会影响狗的行为，比如恐惧。

好消息是，人类医学界对基因诊断的响应极为迅速。个性化甲基遗传营养定制和功能性基因组营养分析已经在生物黑客、运动员以及希望通过定制营养和补充性饮食来优化自身健康的人们中间流行开来。一个简单的DNA唾液测试就能揭示出一个人独特的基因变异，这些原始数据可以和病人的其他化验检查结果一起上传到专门的软件中，这样医生和营养学家就能确定病人需要额外予以支持的代谢通道——这完全是根据病人独特的基因档案定制的。然后他们可以提出建议，以病人可以代谢的形式提供缺失的辅助因子或营养物质。

我们应该谈谈个性化医疗和营养方案了！现在我们可以利用我们的基因组来指导什么药物和化疗方案是合适的，哪些维生素、矿物质和补充剂会带来改变生命的结果，或者帮助我们避免灾难。目前，我们对于狗狗主要只进行遗传疾病基因标记的测试，但值得庆幸的是，兽医学也在朝着个性化医疗和营养定制的方向发展。几年后，我们将看到兽医可以使用基因组营养分析，更多物种将受益于定制的营养和补充膳食，以及基于动物的独特基因组成而提出的医疗和用药方案。目前已经有健康公司在根据狗狗的DNA测试结果、品种特点、生活方式和生命阶段定制营养方案了。

❖❖ 长寿小提示 ❖❖

➤ 生命是一个不断破坏和重建的循环。衰老也是一个正常的和持续的过程，涉及身体的多种活动，这些活动反映了基因和环境的力量。

➤ 衰老的各种途径和特征——以及细胞、器官和全身功能障碍的无数演化路径——对人类和狗来说都是一样的。尽管犬类的发育阶段与人类相似，但它们衰老的速度要快得多。我们因此得到了一个机会，可以通过研究犬类来寻找规划最佳衰老过程的线索。

➤ 基因突变和/或营养缺乏可以增加或减少狗的甲基化率，这就为加速或减缓衰老奠定了基础。

➤ 体型很重要：体型较大的狗比体型较小的狗更容易过早死亡，其中的部分原因是新陈代谢因为体型而产生的差异，以及和体重相关的退行性疾病风险。年龄和品种是狗最大的危险因素。

➤ 过早地给狗做绝育会对它们的健康或行为产生长期影响。当幼犬在青春期前绝育时，请考虑子宫切除术或输精管切除术，而不是完全切除性器官。

➤ 许多犬类基因组研究正在进行中，目的是确定某些犬类的疾病风险基因。

➤ 当葡萄糖（糖）和蛋白质在温暖的体内相互反应时，当食物混合在一起被加热时，就会发生不良的化学反应。其结果是有害产品，如美拉德反应产物（MRPs），包括晚期糖基化终末产物（AGEs）和高级脂质过氧化终产物（ALEs），这些化合物会对身体造成破坏。它们还与真菌毒素、草甘膦和重金属等其他有害成分结合在一起，进一步被掺入商业宠物食品。

➤ 衡量宠物食品健康程度的一个简单方法是，计算它在加工过程中被烹调/加热了多少次（我们将在本书第三部分详细介绍）。

➤ 尽管人类和宠物食品行业的研究、检验过程和监管都有所不同，但两个行业都使用同样圆滑的营销策略，并持续有增无减地推动更多加工食品进入市场。

➤ DNA是静态的，但它的活动和表达是高度动态的——这就是表观遗传开关现象。有能力改变DNA活动的顶级表观遗传触发因素包括食物中的营养物质、环境损害和缺乏运动。

➤ 细胞自噬是一个重要的生物过程，有助于保持身体内部环境的清洁和有序。你应该定期主动激活细胞自噬——可以通过节食、合理安排用餐时间和运动来实现。

➤ 和孩子一样，狗狗也需要合适的家庭环境，每天接受关于行为和社会化的指导，才能成长为举止得体、活泼好动、能从容应对压力的毛孩子。

➤ 狗对应于人类的年龄不是简单地将它们的年龄乘以7。有几种方法可以衡量狗的"年龄"，但重要的是狗潜在的表观遗传开关是否足够强韧和灵活，这决定了它们是能够健康茁壮还是会机能失调。

PART

[第二部分]

世界上最长寿狗狗的秘密

一个长故事

❹ 通过饮食抵抗衰老

食物是传递健康长寿基因的信息

你吃的东西决定了你是什么样的人；而你可以选择成为什么样的人。

——佚名

每个人身体里面都有一位医生，我们只需要协助他工作。我们内在的自然疗愈能力，是康复最强大的力量！让食物成为药物，让药物成为食物。但是在生病的时候吃东西，就是在滋养你的疾病。

——希波克拉底

1910 年，一只名为布鲁伊（Bluey）的澳大利亚公牧牛犬在维多利亚出生。它活了 29 岁零 5 个月，刷新了吉尼斯世界纪录，成为地球上最长寿的狗。它住在一个农场里，在那里的牛羊群中工作。2016 年，一只名叫麦琪（Maggie）的澳大利亚母卡尔比犬在睡梦中去世。据报道，它当时 30 岁。就像布鲁伊一样，麦琪也生活在农场里，但它没办法得到最长寿犬类的桂冠，因为它的主人丢失了证明它年龄的文件。这两只不同寻常的狗有很多共同点。它们每天都在户外广阔的空间中自由奔跑，这样它们就得到了充分的运动和接触大自然的机会。麦琪的主人布莱恩说，麦琪每天都会跟着他开的拖拉机跑上好几英里。在农场生活也意味着它们能吃到很多新鲜的、天然的食物。麦琪的均衡饮食主要是富含蛋白质而且脂肪含量更高的生食。它从没吃过加工过的狗粮。同时，这两只狗在各自环境中的生活都是低压力、高质量的。

布鲁伊和麦琪在养狗圈被称为玛士撒拉犬。因为伊尼科·库宾伊博士和她来自布达佩斯的犬类研究团队的努力，这些极其长寿的动物正在登上世界各地的新闻头条。玛士撒拉是《圣经》中的长者，也是犹太教、基督教和伊斯兰教中的人物。据说他活到了 969 岁，是《圣经》中记载的最长寿的人。在人类研究中，百岁老人（一百岁以上）通常被称为玛士撒拉。在犬类世界里，如果狗能活到17岁或更长时间，就可以被认为是玛士撒拉（但正如我们已经说过的，由于品种和体型等不同因素，它们之间也有相当大的差异）。杂交犬要活到至少22岁半或更长时间才会被认为是玛士撒拉犬。研究表明，每一千只狗中只有一只能活到22—25岁。绝大多数狗会在更年轻的时候就死于各种疾病，其中许多是饮食和运动等本可以进行改善的风险因素造成的。

值得一再强调的是，科研圈正越来越多地使用狗来研究衰老过程。要了解不同衰老途径，研究如何改变生活方式，提高生命的质量和长度，犬类是一种非常好的样本。而且这项研究是互惠的——狗狗们向我们提供衰老过程的线索，我们同时也了解了如何延长它们的寿命。

经常有人问我们：能做些什么来帮助宠物活得更久？你可能会惊讶地发现，这个问题的答案也适用于我们自身：优化饮食。换句话说，**吃得好，吃得少，一直吃得少**。虽然这说起来很简单，但在现实生活中并不总是容易实现。我们经常被一大堆包装亮丽炫酷的食物所吸引，其中有许多是我们特别需要避免的。想想你自己的饮食习惯。你尝试过多少时髦的饮食方式来减肥或应对慢性疾病？——无论你有没有计算过碳水化合物和卡路里。你有没有在餐桌上吃完一份之后还想要第二份甚至第三份食物？你有没有严格遵循科学建议的方案，连续几天计算你的饮食？我们敢打赌，在你的生活中至少有一次，你曾有意识地实行健康饮食计划。我们大多数人都有过这样的经历，但坚持不到新年，就会"旧病复发"。

我们的狗和我们不同。它们没有选择食物的能力，完全依赖我们的照顾，依赖我们**为**它们做出正确的选择。想象一下你换位成你的狗狗：你现在每顿饭都要由你心爱的主人喂给你。你在这件事上没有发言权。原始的饥饿感驱使你吃下所有摆在你面前的东西。如果你能吃的都是高度加工的食物，你需要多长时间才能感受到它们对你身体（腰围）的影响？另外，你的大脑和免疫系统受到的影响更加难以察觉。几天或者几周后——时间可能不会很久，你的体重会慢慢增加。你会感到行动迟缓、精神恍惚。安稳的睡眠成了一种奢求。你的整体压力水平和焦虑水平在上升，表现为皮质醇水平升高。你最终会渴望一顿营养完备、新鲜、直接来自大自然的、未经加工的干净食物。这就是我们的灵长类祖先的饮食方式。从大量新鲜食物中获取营养的需求已经写入了我们的基因组。对于狗的祖先狼来说，寻找食物是一件需要策略和智慧的苦差事，而且还要进行很多消耗体力的活动。

远古的狼和现代的狼都是典型的食肉动物。它们喜欢吃大型有蹄哺乳动物，如鹿、麋鹿、野牛和驼鹿。它们也捕食较小的哺乳动物，如海狸、啮齿动物和野兔。它们的饮食主要是蛋白质和脂肪——没有经过加工。同样，人类祖先（他们缺乏现代食品工业和全球供应链带来的便利）能够进行狩猎和采集，所以他们可以吃到丰富的野生动物、鱼类和可食用植物，包括坚果和种子。狼还吃浆果、草、种子和坚果。人和狼的饮食习惯使得他们都很容易就变成了杂食动物。早期人类如果能够遇到当季的甜味水果，那就是非常幸运了。研究表明，那些天然的和古老的水果可能又酸又苦。在过去的两百年里，我们培育出了非常甜、含糖量异常高的水果。古代的苹果和今天的苹果几乎没有相似之处。正如我们培育不同的犬类品种是为了满足我们的各种想象，我们培育水果品种也是为了满足我们的另一种喜好。今天的水果已经变成一种类似于散装糖果加多种普通维生素的东西。

我们的祖先也不像我们今天吃得那么多、那么频繁。他们必须努力工作（相当于我们锻炼身体）才能得到食物。而且早餐可能并不是一天中最重要的一餐，因为他们要花一整天甚至好几天的时间才能找到食物。有时几天都没有一口吃的。但这没关系，因为人类的身体已经进化到可以忍受一段时间的饥饿。为了生存，它必须这么做。我们用身体内在的生物技术应对长期的食物短缺。当我们在石器时代进化出的生物技术遇到方便获取和过度加工的现代食品时，问题就出现了。同样的道理也适用于我们的狗，它们和我们一起在石器时代"长大"，但我们现在都生活在21世纪。狗仍然符合食肉动物的定义，就像家猫一样。它们有一副超短的胃肠道，不能从阳光中合成维生素D，缺乏唾液淀粉酶（消化碳水化合物的酶）。由于家犬的**胰腺**淀粉酶分泌增加，许多兽医认为狗可以成为素食主义者。但我们对此难以苟同。

根据研究饮食和肥胖的专家詹森·冯博士（Dr. Jason Fung）的说法，1卡路里并不是1卡路里，他写了大量关于限时进食的文章，并且详细论证过不同食物（比如糖浆煎饼和蔬菜煎蛋卷）所含卡路里模式的差异。他的见解现在被人类营养学界广泛接受，却与今天兽医营养师委员会认证的几乎每一项建议都大相径庭。从新陈代谢的角度看，全碳水化合物饮食与平衡的蛋白质和健康的脂肪组成的饮食完全不同，而且也不是所有碳水化合物都一样——你的身体对富含碳水化合物的饮食的反应取决于这些碳水化合物的具体化学组成，以及你消化这些碳水化合物的速度是快还是慢。一个人消化一碗缓慢释放的碳水化合物——比如烤蔬菜，和消化一碗快速释放的碳水化合物——比如麦片，感觉是不一样的。比起那些会被快速消化（"快燃烧"）的碳水化合物，那些缓慢释放（"慢燃烧"）的碳水化合物会让你的饱腹感更持久。能够被快速消化的碳水只能让你不断渴望更多的食物。所有兽医都同意的一件事是，狗进化出了适应饥饿的能力（这一点和猫不同）。从每天的黎明到黄昏，狗并不是总能狩猎成功。它们有可能连续几天都无法捕捉到任何猎物。如果找不到鲜肉晚餐，它们会吃它们找到的所有东西——腐肉、植物、橡子、浆果。

癌症研究专家托马斯·塞弗里德博士（Dr. Thomas Seyfried）30多年来一直在耶鲁大学和波士顿学院教授与癌症治疗相关的神经遗传学和神经化学。他告诉我们，一只名叫奥斯卡的公狗在伊利诺伊大学兽医学院禁食了超过一百天（那时伦理委员会还没有监督研究动物的方式是否符合人道主义）。据塞弗里德博士说，奥斯卡随后被送回农场，那时它仍然能够跳过3英尺（约91厘米）高的栅栏，进入狗窝。这里的重点是，健康的狗**能够**成功地禁食。在本书中，我们不推荐具体的禁食方案，因为每个方案都应该根据具体动物的年龄和健康状况量身定制。但我们将向你介绍模拟禁食策略，让你的狗能够利用禁食的好处，同时又不需要不吃饭。

如果你能带着你的狗和一袋现代食品穿越时空，来到一群正在熊熊燃烧的篝火旁分享新捕获猎物的原始人面前，他们会对你手里的东西目瞪口呆。他们可能认不出你从背包里拿出来的任何东西，哪怕你把那些21世纪的包装都剥开。单是那些营养标签就会把他们搞糊涂。他们根本不知道那些营养成分都是什么（哪怕他们能够识字）。狗粮呢？假设你为了这个实验，在你的时间旅行箱里装了一袋标准的狗粮和狗粮罐头。你的祖先身边的狗狗可能既认不得狗粮，也不明白那些罐头里装的是什么。它们可能不会碰你的任何东西（而是继续大嚼主人扔给它们的肉骨头）。与此同时，你坐在那里吃着一顿好像来自外太空的饭。你的21世纪的狗肯定会羡慕它的祖先们，对它的远古同类在它们的家庭中所吃的一切东西垂涎欲滴。

食物的力量

要获得更好的健康和延长健康寿命，了解食物的作用就至关重要，对你和你的狗都是如此。食物是生活方式医学的基石。就像我们一直在强调的，食物不仅仅是身体的燃料，它还是**信息**（information），按字面意思，就是"它将**形式**（form）**输入**（into）你的身体"。认为食物仅仅是以卡路里计算的能量（燃料），或者食物只是一堆微量营养素和常量营养素（构成要素），都是过于简单和有误导性的看法。实际上，食物是表观遗传进行表达的工具。你的饮食和基因组一直在相互作用。换句话说，你吃的食物会向你的细胞传递信息，而这种关键的信息会指示你的DNA实现功能。**由于其持续终生的影响，营养可能是影响健康的最重要的环境因素。**实际上，对于我们的伴侣动物的健康，食物是最有效和最具影响力的因素之一。它既可以治疗狗狗的身体问题，也会对狗狗造成伤害。分子营养学研究致力于研究这种相互作用。营养基因组学（有时也被称为营养遗传学）研究营养和基因之间的相互作用（特别是在疾病预防和治疗方面）。这种作用是所有犬类健康和长寿的**关键**。

在医学院和兽医学校里，营养学并不是重要的课程，至少没有像生理学、组织学、微生物学和病理学等其他学科那样成为基础课程。所有这些其实都是非常重要的学科，但是营养学还不是这种级别的"学科"，在兽医培训中也不受重视。对于未来几代的医生和兽医，学科设置可能会发生改变，因为我们最终都将意识到这种教学谱系的缺失。但总的来说，医学院和兽医学校至今仍然停滞在传统的方法论认知中：我们先学习生物学和生理学的基础知识，然后学习如何诊断和治疗疾病，**从一开始**就很少接受关于**疾病预防**的教学。与人类医学一样，兽医学也仍然停留在处理疾病和控制症状的陈旧模式里，而不是在第一时间预防疾病的发作。你的兽医并不是故意隐瞒这些重要信息。他不会和你讨论有针对性的营养干预、生活方式的选择、风险和预防策略，只是因为兽医学校没有教他这些东西。

此外，兽医专业的学生即使**接受**营养学教育，可能也是有偏见的（这点也和医学院的学生一样）。因为这些课程通常都是由商业宠物食品集团所资助的营养学家讲授的。兽医的信息主要来自加工宠物食品的工业集团，但这些食品制造商正是导致动物健康状况不佳的罪魁祸首。他们是看守鸡舍的狐狸！坦白说，情况可能更糟：狐狸就在鸡舍**里面**！

营养学缺失是一个全球性的问题。2016年，一项针对63所欧洲兽医学校校长和教职员工的调查显示，97%的受访者认为，对患者（动物）进行营养评估的能力是一项核心能力。但只有41%的受访者对他们学校的毕业生在兽医营养学方面的技能和表现表示满意。

对新鲜食物有所了解的兽医数量正在迅速增长，但这并不是因为兽医学校在普遍教授学生如何计算自制营养食谱中的各种营养需求，也不是因为动物营养课正在探索各种宠物食品加工技术（挤压、罐装、烘焙、脱水、冷冻干燥、微熟和保持生鲜）会如何影响营养的流失。这种需求是由**消费者驱动**的。宠物主人们坚持要给自家宠物吃更新鲜的食物，而兽医们面临的情况往往是要么自学新知识，好满足客户的需求，要么失去客户。因为许多人还无法与他们的兽医就如何提供营养均衡的自制饮食进行充分而有益的交流，于是www.freshfoodconsultants.org等在线内容填补了这一空白，为世界各地的宠物主人提供营养完备的食谱。

2012年，当Planet Paws[1]出现在Facebook上时，一张列有一袋普通商业狗粮中所有成分的图片一夜之间就获得了50万次分享，粉丝迅速增加，表明了人们对相关知识的渴求。很多人都迫切地想知道喂养和照顾宠物的正确方法。最受欢迎的一篇关于咀嚼生牛皮的帖子得到了超过5亿次的阅读量，相关介绍生牛皮制作过程的视频的观看量超过4 500万次。到2020年，罗德尼的Planet Paws有近350万粉丝，其中最热门的讨论往往与饮食有关。

很明显，宠物的主人们迫切需要指导。他们想要的是关于宠物营养和健康的知识，而且必须有事实和科学作为依据，没有噱头，没有虚假广告。难怪罗德尼关于狗的TEDx演讲成为历史上观看次数最多的，而贝克尔医生成为世界上第一个发表关于"根据品种选择适宜营养"的TEDx演讲的兽医。我们希望看到宠物食品行业能够继续发展，有越来越多真实透明、秉持道德操守的宠物食品公司涌现出来，让那些超加工食品从市场上消失，因为那些食品正在威胁我们的伴侣动物的生命和福祉。一场革命正在进行中。如果你还没有开始参与，你会在这本书的结尾（或者就是在本章的结尾！）成为这场革命中的一员。抱有这种理念的我们并不孤独。食品学家马里昂·奈斯特（Marion Nestle）说："我们正处于一场食品革命之中。"这对于人类和我们的毛孩子都是如此，她称这场革命为"良好宠物食品运动"（good pet food

---

1 Planet Paws（萌爪行星），全球最大的宠物健康网页，由罗德尼·哈比卜创办。

——编者注

movement）。与人类的替代饮食类似，狗的替代饮食包括有机、天然、新鲜、当地种植、不含转基因和/或以人道方式培育的食物。

想象一下，一个人能不能只吃一种食物就获得**最佳**营养。听起来不太可能吧？就算是蛋白质混合奶昔也不可能满足你所有的营养需求。正如我们在本书第一部分提到的，那些标榜着"全能"的营养饮料，只能在短时期内或者出于特定原因（例如住院期间）帮助人们补充维生素和其他营养素的缺失。这些属于加工食品的饮料，尽管含有人体需要的全部日常营养成分，也不可能成为人们一生中唯一的食物来源。无论是你还是你的狗，都没办法只靠单一加工食品茁壮成长。

人们逐渐意识到，动物不能只依靠颗粒狗粮来滋养它们的身体。2020年的一项研究发现，只有13%的宠物主人只给宠物喂超加工食品。这是个好消息，因为这意味着87%的宠物主人在宠物的碗里添加了其他食物。在恢复宠物健康的竞赛中，一些国家走在了前面。很多宠物食谱中的新鲜食物超过了罐头和颗粒狗粮，其中澳大利亚做得最好。

新鲜食物在兽医和宠物家长之间造成了如此大的分歧，部分原因是，新鲜食物是唯一可以在家中自己制作的宠物食品（你不能在家里做颗粒狗粮），因此在制作过程中有可能会出现问题，而且这种问题的确出现过。充满关爱、用心良苦的宠物主人们凭主观猜测要给宠物提供怎样的饮食才算是营养均衡，却在无意中造成了一些营养灾难。我们所认识的每一位兽医都至少能告诉我们一个关于给狗喂食（不合适的）新鲜食物的不幸后果，从急性腹泻（因为更换食物速度太快）到致命的营养继发性甲状旁腺功能亢进症（因为数月至数年时间钙比例不足引起的一种代谢性骨病）。营养不均衡的自制食物导致各种问题的可怕案例层出不穷，这也是营养完备的宠物生食行业在过去15年蓬勃发展的原因之一。实际上，**新鲜宠物食品是宠物食品行业中增长最快的领域之一。**这肯定让五大食品巨头很不高兴。这五家大型公司主导着价值800亿美元的超加工宠物食品行业，而且目前它们之中没有一家公司生产符合人类水平标准的高质量新鲜宠物食品。（玛氏宠物护理公司在它们当中更是遥遥领先，目前拥有世界五大宠物食品品牌中的三个——Pedigree、Whiskas 和 Royal Canin。这个庞然大物拥有大约50个品牌，并且还在发展壮大。）人用等级的新鲜宠物食品公司如雨后春笋般涌现，正在让这些公司失去越来越多的利润。而我们从这些公司的宣传中也能看到越来越多对新鲜食品的恐慌。我们稍后会详细介绍如何确保你购买的商业狗粮营养充足，但谈到自制饮食——它们可能是你提供给狗狗的最好或最差的食物，这取决于它们的营养有多么充足（或不足）。

自制饮食的不良后果源于用意良好但缺乏知识的人们凭主观想象进行的错误操作。这是我们写这本书的另一个原因：给你一个可靠的参考，让你可以得到科学知识的支持。有趣的是，在这方面，你很少会看到正面的新闻报道。其实现在正有成千上万的宠物家长遵循营养完备的食谱，制作出正确的宠物饮食，凭借自己的力量恢复了宠物的健康。世界各地了解新鲜食品的兽医数量在迅速增长，其中还有另一个原因，那就是很多病例在使用过其他治疗手段都不见好转的时候，却借助新鲜食物的力量几乎奇迹般地恢复了健康。人们很难忽视这种现象，许多兽医亲眼看见了不止一只病患犬因为它们的主人采用新鲜食物方案，健康状况得到改善，疾病的恶化进程被遏制。兽医们也因此在逐渐改变看法。如今，你的兽医在向你讲述一个关于营养继发性甲状旁腺功能亢进症的可怕故事时，尽管可能还有些不情愿，但他会想起另外几十个甚至数百个客户正是因为选择了这种他不能容忍的"另类喂养方式"，才改变了宠物的生活。认证兽医营养师唐娜·拉蒂提克医生认为，现在那些只推荐超加工宠物食品作为营养护理标准的兽医可能会削弱宠物主人们对兽医的信心。2020年进行的相关研究调查了来自澳大利亚、加拿大、新西兰、英国和美国的3 673名宠物主人，发现64%的主人会给他们的狗狗提供自制食物。我们大胆猜测，这些主人大多不会和他们的宠物的医生讨论这些喂养选择，以避免发生冲突。

这让我们很想知道，仍然对新鲜食物保持怀疑的兽医们要看到多少成功的案例（并且自己没有作为医生参与），才会产生好奇心，或者至少会态度软化下来，与采用新鲜食物的客户进行坦诚的不带偏见的对话。好消息是，数百万的动物保护者已经成为有能力、有知识的倡导者，极大改善了他们的宠物的营养和健康，给予了宠物更好的生活方式和环境，对患病的宠物产生了非常积极的影响。我们还看到，具有成长型思维的兽医们对动物健康理论的新趋势也都很感兴趣。全球有几千名兽医正在调查新鲜食物所造成的实际影响——新鲜食物在许多宠物患者身上发挥了令人惊叹的治疗效果，而这些奇迹中往往没有兽医的参与。这让越来越多的兽医不得不对此予以关注。就像一切健康范式的转变一样，新老理念之间开始形成裂痕。生食喂养兽医协会（Raw Feeding Veterinary Society）是一个希望能够对新鲜食物有更多研究的兽医专业组织，也是宠物家长们给这个行业带来巨大改变的成果之一。

数十家规模较小、专门生产新鲜宠物食品的独立公司出现在全球各地，在充满热情的认证营养师的督导下，生产用新鲜原料制成的、只以最低程度进行加工的真正食物。当然，这些公司只占整个宠物食品市场很小的一部分，但随着像你这样的宠物主人逐渐了解终生食用方便食品的风险，它们在不断稳步增长，扩展规模。秉承新鲜喂养理念的兽医和拥有这种健康意识的宠物主人们在过去几十年不断受到批评，现在终于有越来越多的主流声音开始建议宠物应该更多食用加工较少的食品。这是一个令人高兴的变化。坦率地说，"生食"（raw）这个词很容易被曲解和误解。我们很少使用"生食"这个词，因为在所有最低限度加工的宠物食品类别中，它只是**选择之一**，而且它在许多人的脑海中唤起的是污染、肮脏和腐烂肉类的刻板印象，而不是社区肉店那种干净新鲜的样子。"生食"一词所具有的负面含义已经阻碍了预防性的健康革命，并误导了许多善意的宠物家长，使他们无法给他们心爱的毛孩子提供真正健康的食物——这些食物都是狗狗凭借本能想要的东西，也是它们从基因层面上需要的东西（如果你怀疑这一点，可以同时在狗狗面前摆上几碗食物，看看你的狗会做出怎样的选择）。在本书第三部分，你将了解到，除了生食以外，"新鲜食品"

类别中还包含其他各种各样的宠物食品。在生食领域内还有六种选择，包括经过消毒的巴氏杀菌生食。

别忘了，我们都曾被告知反式脂肪（人造重黄油）是最好的，医生也曾帮助大型烟草公司销售香烟。[不是开玩笑：1946年，雷诺兹（Reynolds）发起了一场广告活动，口号是"抽骆驼牌香烟的医生比抽其他香烟的医生多"。]只有新的科学研究成果才能让我们摒弃这些谬误。如果你不准备喂宠物生的食物，没问题，你可以制作或购买微熟的新鲜食物。只要减少超加工食品的摄入量，对狗狗的健康就会有显著的好处，会对它们的生命产生积极的影响。

就像我们不会享用一盘生鸡肉和一杯未经净化的水，再配上来自污染海湾的牡蛎，我们也不会给我们的狗喂食任何可能使它们生病的东西——这一点我们都很清楚。你需要健康、安全、美味和营养丰富的食材，来确保你的狗狗活得健康长久。狗狗可能喜欢很多我们也喜欢的食物，但我们必须尊重物种差异，我们将告诉你该如何做到这一点。另外，我们并不建议你像喂狼一样喂你的狗。几乎所有的狗粮包装袋上都有狼的图案，这难免会让人联想到超加工人类食品包装上那些快乐、健康、充满活力的广告模特。我们都知道，那些食物从长远来看对我们的健康没有好处，但高明的营销手段就是瞄准并利用了我们的弱点，同时还会刺激我们的味蕾。我们的狗渴望健康的蛋白质和健康而纯净的脂肪——其中不要有太多碳水化合物。这正是它们祖先的选择。这种选择**不**在那些印着狼的图案、包装光鲜漂亮的狗粮袋子里。

生的、纯净的食物是狗在进化过程中早已适应的食物。它们当然不会在过去短短一百年里就失去这种进化而来的适应能力。不过，如果你的目标是避免超加工产品，这并不是唯一的选择。我们的目标是尽量减少高度精制食品进入我们的家庭，但并非所有加工技术都是不可取的。在本书第三部分，我们将教你如何使用简单易行的标准——加工度计算——来评估狗粮品牌，这样你就可以很容易地看出不同的狗粮产品属于哪一类食物。这个行业知道你在寻找加工程度较低的宠物食品，所以食品公司在商业宣传中刻意使用了许多狡猾的术语。"天然""新鲜""生食"成了宠物食品行业的常用词。现在超加工宠物食品公司又生造出"最低限度加工"这个词，把标签贴在狗粮袋子上，彻底欺骗了大多数宠物家长。

确定食品到底属于最低限度加工、加工还是超加工状态可能很困难。事实上，除非你的狗亲自捕捉猎物或直接吃花园里的黑莓，否则你提供给它的所有商业饲料都经过了某种方式的处理。理论上，把刚采摘的蔬菜进行清洗和切碎就是一个加工过程，但我们说的是营养界更广泛接受的定义：

> **"未加工的（生食）"或"新鲜的、轻加工的食品"**：新鲜的生食为了利于保存而做了轻微的加工，使营养损失最小。所涉及的最低限度加工技术包括研磨、冷藏、发酵、冷冻、脱水、真空包装和巴氏杀菌［根据国际食品信息理事会（International Food Information Council）NOVA食品分类系统］。
>
> **"加工食品"**：是前一个类别（"最低限度加工食品"）再加上额外的加热过程。（所以有包括热处理在内的两个加工步骤。）
>
> **"超加工食品"**：工业食品（无法在家中复制），含有家庭烹饪中没有的材料。需要多个加工步骤，使用多种已经被加工过的原料，并用添加剂增强味道、质地、颜色和风味，经过烘烤、烟熏、罐装和挤压等生产步骤。挤压是使用压力泵，将产品或混合配料——在这里是狗粮——压过一个小开口，将狗粮塑造成形状规格统一的颗粒。挤压技术在20世纪30年代发展起来，用于干意面和早餐谷物颗粒的生产。到了20世纪50年代，它被应用于宠物食品制造。

这种分类让情况变得一目了然：新鲜的、轻加工的狗粮可以包含**一次加工步骤**。这包括生（冷冻）狗粮、高压巴氏杀菌（HPP）生狗粮、冷冻干燥和脱水狗粮。加工原料必须是从未被加工过的生鲜食

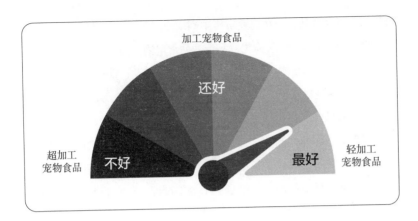

材。它们被称为"轻加工（flash-processed）食物"，因为加工过程中对食材营养的破坏只会在非常短的时间内发生，而且只有一次。理论上，这类宠物食品可以被称为"超级**未**加工食品"，因为与超加工宠物食品相比，它处于加工光谱上相对的另一端。

加工狗粮经历了额外的加热步骤，或者包含经过加热处理的食材。这一类食品包括轻度烹饪的狗粮和冷冻干燥或脱水的狗粮，这些狗粮的原料都是经过加工的（不是生的）。这类食品比超加工宠物食品更健康，因为配料没有经过反复提炼或加热。

超加工狗粮会经历多重加热处理，其中的食材往往还要经过预加热精制，并含有一般消费者不可能轻易获得的工业添加剂。例如，我们不可能在杂货店买到高果糖玉米糖浆（果葡糖浆）或鸡肉粉（或任何粉末状肉类）。只有食品行业（无论是人类还是宠物食品行业）才会采购这些材料。腐胺和尸胺（相信我们，你不会想知道更多关于这两种风味增强剂的信息，它们的名字说明了一切）只是众多添加剂中的两种，被产业公司用来引诱狗吃颗粒狗粮。消费者买不到它们。玉米蛋白粉是许多兽医宠物食品的常见成分，但只会在家居和园艺商店（而不是杂货店）作为除草剂出售给消费者。制造颗粒狗粮的机器没有家用款。根据定义，超加工狗粮包括大多数"风干"狗粮和一些脱水狗粮（不是由生鲜原料制成），以及所有罐头、烘焙和挤压狗粮。在本书第三部分，我们将给你一些简单的提示来破解你所有的困惑。

这些信息可能会让一些人震惊，也可能会让另一些人愤怒，但这对你的宠物健康来说非常重要。

我们采访一些世界顶级长寿专家时，发现了一个有趣的现象，那就是当这些专家把他们的理论和实际生活联系在一起时，往往会表现出前所未有的强烈反应。对这些杰出科学家的采访都是高质量的，我们一起讨论他们的研究如何证明食物的治疗或伤害效果，对表观基因组有怎样的影响，会以何种方式粉碎或拯救肠道生物群……聊完正题之后，我们总会问问他们，他们的狗狗都吃什么。在这种时候，我们听到过好几次"哦，天哪"和"我还从没想过这些发现会对其他哺乳动物产生什么影响"。很多人会对我们说："书写完以后请寄给我一本。还有，现在就请告诉我该怎么做！"于是我们看到了：我们在不经意间让庞大的全球快餐业决定了"健康食品"和零食的构成——对我们和我们的宠物都是如此。而当我们第一次意识到这个问题的时候，又是怎样大吃一惊。

医生总是敦促我们改变饮食习惯，希望这个改变也包括我们的全部家庭成员——狗狗也在其中。我们可以通过添加核心长寿食物伴侣（Core Longevity Toppers，简称CLTs）来帮助我们的狗狗实现一部分终生健康的目标。你将在下一部分了解到这些食物伴侣随餐服用或者作为零食的作用。我们列出了一长串CLTs。它们的好处是可以添加到任何类型的狗粮中（包括超加工食品），以改善狗狗的整体健康状况。这让你不必一下子做出天翻地覆的改变。实际上，你可以完全不改变你的宠物的食谱。也许对你来说，需要进行大幅调整的应该是食品制造行业。仅仅是用CLTs代替你目前购买的昂贵的、质量低劣的狗狗零食（而不是主餐），就能让你的狗狗的健康提升到一个新的水平。随着你读到后面的内容，你可能会发现，你采用的狗粮并不像食品公司或你的兽医所说的那样神奇而特殊，拥有非凡的效果。如果你正在考虑更换狗粮品牌，我们还会提供选择标准。这些标准的基础是客观营养参数，而不是营销炒作或某个品牌的流行程度。

与超加工的狗粮和罐头宠物食品相比，大多数品牌的生食、冷冻干燥、微加热和脱水狗粮的热处理程度都要低得多。从此处开始，我们将把所有这些加工较少的食物称为"新鲜饮食"或"轻加工饮食"。新鲜狗粮的种类和数量需要你根据自身情况做出选择。我们将在本书第三部分指导你如何衡量这些变量，并向你提供其他一些信息。

关于狗粮的讨论应该引发一场革命。我们希望改变你对狗狗喂养（和你自己的饮食结构）的看法。宠物家长改善狗狗营养状况的方法有很多。每次一勺，在狗狗的碗中添加一些简单的东西，就可以显著改善狗狗的大脑功能、皮肤和毛发健康、呼吸强度、器官功能、炎症状态和微生物群落平衡。**每吃一口新鲜的生食，取代一口"快餐"（高度加工的宠物食品），就意味着你帮助狗狗在延缓衰老的正确方向上迈出了一步。**

两个 T：类型（Type）和进食时间（Timing）

————

关于喂食的"最佳方式"，可以归结为两个 T：

类型（Type）：什么类型的营养是理想的？

进食时间（Timing）：一天时间里，应该在什么时候进食？

类型：50% 蛋白质，50% 脂肪

————

正如我们之前强调的，与人们普遍的看法恰恰相反，狗的碳水化合物需求是零。这听起来可能很荒谬，毕竟我们的饮食就富含碳水化合物，而且大多数狗粮主要都是碳水化合物。我们在第一部分中说过，当农业革命将人类从狩猎采集者转变为种植作物的农民时，狗通过强化自身消化淀粉的能力来适应这种饮食变化。从进化的角度来看，这件事相当了不起：我们刚开始种植谷物，和狗狗分享收获的粮食，我们就改变

了它们的基因组。狗能够比狼产生更多淀粉酶——一种分解碳水化合物的酶。实际上，这一转变标志着狼向狗进化的关键一步。自然界有时是残酷的：要么进化，要么死亡。进化能很好地帮助动物适应饮食和环境的变化与挑战，这样它们就能继续生存并将自己的DNA传递下去。古代的人类丢给狗的剩饭中，碳水化合物的成分越来越多，狗通过增加胰腺中淀粉酶的分泌来适应这种新的生活方式。这让狗能够继续收获与人类一起进化的好处。

有趣的是，根据宠物食品配方师理查德·巴顿博士（Dr. Richard Patton）的说法，即使是在150年前，狗的碳水化合物总摄入量估计也不到它们卡路里摄入量的10%，对于狗狗大运动量的生活方式来说，这点碳水化合物是完全可以接受的。但在过去的100年里，自从发明了富含碳水化合物的超加工狗粮以来，狗的碳水化合物摄入量开始飙升。这非常不利于它们的新陈代谢。狗可以消化碳水化合物，但问题没有这么简单。和人类一样，长期食用精制碳水化合物会对狗的健康产生不利影响。

虽然狗的胰腺能产生分解碳水化合物的酶，但这并不意味着狗的大部分热量应该来自淀粉。碳水对于狗的健康是一种挑战，特别是新陈代谢方面的挑战。它会导致全身炎症和肥胖。玛氏公司旗下的班菲尔德宠物医院（Banfield Pet Hospital）在美国、墨西哥和英国开设了多家兽医诊所，该医院报告称，仅在过去10年里，肥胖的狗就增加了150%。

我们和马克·罗伯茨博士（Dr. Mark Roberts）就他对狼和家犬的常量营养素研究进行了一次有趣的对话。罗伯茨博士是新西兰梅西大学兽医、动物和生物医学研究所的一名科学家。他最著名的研究是关于狗在可以自己选择的情况下会如何凭借本能决定要吃什么食物。狗不会选择碳水化合物。恰恰相反，它们像狼一样，首先会**选择脂肪和蛋白质**，然后才选择碳水化合物。这就是为什么许多新鲜食品配方师都会说，热量（按照热量计量，而不是按照食物体积计量）应该大约50%来自蛋白质，50%来自脂肪。这是家养和野生犬科动物都会喜欢和需要的"祖先饮食"。

再说一次，狗不是狼，在自主选择饮食的研究中，狗确实会比狼选择多摄入一点碳水化合物。（难道它们就不能在农业革命期间养成一点对碳水化合物的喜好？！）这两组犬科动物自主选择的蛋白质、脂肪和碳水化合物的量被称为"生物学上适当的常量营养素范围"。为了狗的长寿，这也是我们建议你采纳的范围。

现在快速计算一下你喂给狗狗的食物中碳水化合物的含量：翻一翻你家的狗粮袋，找到"营养配比"栏，把蛋白质、脂肪、纤维素、水分和灰分百分比数据加起来（如果你没有看到灰分的值，估计是6%，这是食物中矿物质含量的一般估值），然后用100减去这个数值，得出的结果是狗粮中的淀粉含量。因为被你减去的数值中包含了不可消化纤维素，所以你得出的结果就是狗粮中淀粉类碳水化合物（会分解成糖的碳水化合物）的剂量。从生物学角度来说，这个量应该小于10%。作为一名兽医，我（贝克尔医生）发现许多日常有充分活动机会的狗可以耐受饮食中高达20%的淀粉（糖），不会让它们对自己的健康产生严重的不利影响。但是，如果一只狗终生饮食中都含有30%—60%的淀粉，它的身体就会出现我们不希望看到的后果。毕竟，狗其实是不需要淀粉的。

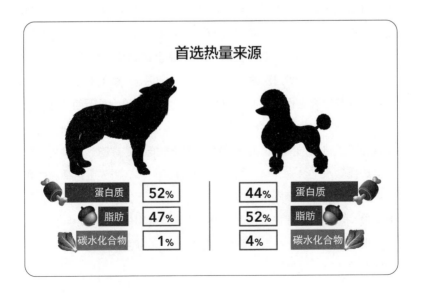

首选热量来源

	狼			贵宾犬	
蛋白质	52%		44%	蛋白质
脂肪	47%		52%	脂肪
碳水化合物	1%		4%	碳水化合物

以精制谷物和糖构成的碳水化合物作为饮食主体的人将会遇到各种炎症问题。当他们转而选择含有更多健康蛋白质和脂肪的新鲜食物时，通常都会感到症状缓解了许多（更不用说这还能减轻体重）。与流行的看法相反，**碳水化合物其实是一种非必需营养素。**人体（尤其是大脑）所需的葡萄糖可以通过"糖原异生"（gluconeogenesis）的过程由氨基酸（蛋白质分解的产物）合成。脂肪会产生一种被称为"酮体"（ketone bodies）的超级燃料，在新陈代谢时，它实际上能够比葡萄糖更有效地为人类和动物（人类和狗）的大脑提供营养。因此，尽管我们大多都可以适度享受碳水化合物，但其实狗和人类（以及许多其他物种）不吃碳水化合物也能满足自身的营养需求。我们还要说明一下，碳水化合物一直是人类进化的关键。我们有可以左右摆动的下颌骨和扁平的臼齿，方便咀嚼谷物，而狗没有。如果没有碳水化合物以及高质量的脂肪和蛋白质，我们不可能发展出这么大的大脑。我们并不是说你应该完全从饮食中去掉所有碳水化合物。我们想要说的是，如果我们的目标是优化狗狗的代谢健康并最终延长它们的寿命，我们就必须注意它们的淀粉（糖）摄入量。

狗粮也是一分钱一分货

消费者平均每个月在宠物食品上花费21美元，这并不足以负担高质量的肉类和健康的脂肪饮食。因此，宠物食品公司只会使用最少量的劣质肉、炼制脂肪和大量廉价的饲料级碳水化合物来生产喂养宠物的廉价食品。重要的是要知道，碳水化合物成为宠物食品中常见的成分，是因为它们很**便宜**，而不是因为它们健康。正确喂养宠物的成本确实高昂。宠物食品行业已经让人们相信狗是准杂食动物（现在甚至也可以是纯素食者），但这是有代价的，那就是它们的健康——更何况还有看兽医的账单！

关于加工食品对人类的影响已经有了很多相关研究，现在也有研究表明这些高度加工的食品对狗的世界造成了怎样的影响：吃干狗粮或商业狗粮的狗往往比吃新鲜食物的狗有更高的炎症和肥胖率。2020年年初，一家新鲜宠物食品公司和佛罗里达大学的研究人员收集了4 446只狗的身体状况评分以及饮食、生活方式的统计数据，得出了同样的结果。在这项研究中，根据养狗人的报告，1 480只狗超重或肥胖（总数的33%），356只狗达到肥胖标准（总数的8%）。在这项研究中，新鲜宠物食品的定义包括商业新鲜食品、商业冷冻食品和家庭烹饪食品。根据这项研究的主导者利安·佩里（LeeAnn Perry）的说法："这些类型宠物食品的典型特征是使用全食品成分，在冷冻或冷藏之前只经过了轻度烹饪或最低限度加工……在我们研究的4 446只狗中，22%的狗目前只吃新鲜食物，另外17%的狗在吃新鲜食物的同时也吃其他类型的食物。"

这项研究的结果很清楚：颗粒狗粮和/或罐头狗粮喂养的狗更有可能超重或肥胖。可以想见，研究人员根据统计结果还得到了另一个结论：逐渐增加狗狗每周的运动量会降低超重和肥胖的可能性。

我们有幸拜访了安娜·耶尔姆·贝克曼博士（Dr. Anna Hielm-Björkman），她是芬兰赫尔辛基兽医学院的教授，专门研究狗的代谢组学。该教学医院的犬类风险（DogRisk）研究团队正在率先开展几项创新性的研究项目，以评估不同类型的狗粮对犬类健康的影响。他们发现，生食在代谢上的压力比颗粒狗粮小，而且与颗粒狗粮喂养的狗相比，生食喂养的狗血液中炎症和疾病标记物的水平更低，比如同型半胱氨酸的水平。即使是那些外表看起来纤瘦健康的狗狗也是如此。外观不能代表一切。你无法看到生物体内的新陈代谢、生理学和表观遗传学情况。我们有根据的猜测是，现在有数百万的人和他们的狗都患有慢性炎症，但他们从表面看上去没有这种问题。我们采访的所有专家都同意：**慢性、低水平的炎症是大多数疾病的开始。**

炎症是如何在狗狗身上表现出来的

带有炎症成分的疾病可以通过其名称来识别，它们都以"itis"（炎症疾病名词后缀）结尾。炎症是让狗狗去看兽医的最常见原因，以下为一些多发炎症。

名称	位置	症状
牙龈炎	牙龈	口臭，甚至进一步恶化为口腔疾病，流口水
葡萄膜炎	眼部	眯眼，眼睛疼痛，爱揉眼
耳炎	耳朵	耳部感染，发红
食道炎	食管	恶心，舔嘴唇，吞咽过度，不愿进食
胃炎	胃脏	胃食管反流（反酸），呕吐，恶心，食欲减退
肝炎	肝脏	呕吐，恶心，嗜睡，口渴增加
肠炎	肠道	恶心，呕吐，腹泻（炎症性肠病、肠易激综合征），胀气，腹胀
结肠炎	结肠	腹泻（可能有便血，可能没有），便秘，肛门腺问题，排便紧张
膀胱炎	膀胱	尿路感染，尿结晶，排尿紧张
皮炎	皮肤	热斑，溃疡，结痂，皮肤感染，瘙痒，咬、舔发炎位置
胰腺炎	胰腺	呕吐，恶心，嗜睡，厌食
关节炎	关节	关节僵硬，关节疼痛，跛行，活动能力下降
肌腱炎	肌腱	膝、肩、肘、腕、踝疼痛肿胀，跛行

这些症状有什么共同之处？"炎症"的出现往往与促炎症食物有关，特别是精制碳水化合物中的糖。宠物食品中过量的淀粉会导致持续升高的血糖水平，这本身就会造成促炎症状态。玉米、小麦、大米、土豆、木薯、燕麦、扁豆、鹰嘴豆、大麦、藜麦，"古代谷物"[1]

---

1 美国全谷物协会对"古代谷物"给出了一个很宽松的定义，是指那些在过去几百年基本保持不变的谷物。几种最典型的古代作物有藜麦、燕麦、大麦、黑麦等等。

——编者注

和宠物食品中发现的其他碳水化合物也会促进宠物体内晚期糖基化终末产物的产生，刺激持久的全身炎症不断恶化。

在我们拍摄《犬癌》系列纪录片（Dog Cancer Series）时，我们跟踪监测了几十只狗，在它们从颗粒狗粮过渡到生酮饮食的过程中不断测量它们的血糖水平。它们的空腹血糖水平在这一过程中大幅下降。因此，在收到检查结果以后，这些狗的主治兽医有时会打电话给狗主人，担心狗可能出现低血糖问题。但这就像运动员的静息心率要比他们缺乏锻炼、昏昏欲睡的朋友们低得多一样，生食喂养的狗空腹血糖水平也会比淀粉喂养的狗的水平低得多。

这不是问题，而是喂养见成效的体现。请记住，**我们的目标是保持体内胰岛素和葡萄糖的低水平和稳定**，因为这是摄入真正食物的结果，这些食物才是符合犬类生物学的（低淀粉）。它们降低了狗狗的代谢压力。当血糖超过110毫克/分升（6毫摩尔/分升）时，狗的身体就会分泌更多胰岛素。我们发现狗在吃了一碗颗粒狗粮后，血糖通常会超过250毫克/分升。更令人担忧的是，狗吃了一顿富含淀粉的食物后，胰岛素会在狗体内停留更长的时间。一项研究发现，狗在吃了**一顿碳水化合物餐后，胰岛素水平持续上升长达8小时**，相比之下，低淀粉餐前后的胰岛素水平差异可以忽略不计。而狗很可能会在8小时以内吃第二顿碳水化合物正餐（可能还有第三顿），外加淀粉类零食。所有这些"炎症"源自何处，从这一点很容易就能看出来。而更可怕的还有慢性退行性疾病。

　　如果我的狗狗吃了合适的食物，是否有低血糖的风险？值得庆幸的是，只有很小的幼犬（5磅以下，约2.27公斤以下）属于低血糖的高风险类别。这就是兽医会建议给非常小的幼犬多次小剂量喂食的原因。健康的成年犬，即使是很小的幼犬，也有足够的糖原和甘油三酯储备，可以在两餐之间持续提供能量，不会有低血糖的风险。

　　正如理查德·巴顿博士所说，驯化的狗仍然适应饥一顿饱一顿的生活状态，这是它们在漫长的时间里进化出的生存能力；在饥荒时期，狗会产生几种激素来提高血糖，而只有一种激素——胰岛素——可以降低血糖。大多数现代社会中被人宠爱的狗从来没有少吃过一顿饭，更不可能超过一天不吃任何食物或不吃碳水化合物。实际上，大多数狗狗每天都有源源不断的热量摄入。频繁的正餐和不间断的零食让深受宠爱的（well-loved）狗狗变得肥胖（well-fed）。它们都被喂养得很好，却也因此导致身体不断产生胰岛素。随着时间推移，胰岛素会加重胰腺的负担，造成炎症和代谢压力。在第9章，我们将指导你优化你的喂养方式，最大限度地减少狗狗的代谢压力，为它们的身体创造恢复的机会。

商业宠物食品的诞生与发展

自从詹姆斯·斯普拉特的专利肉纤维狗饼干出现以来，商业狗粮行业一直在呈指数级增长。今天，大多数狗吃的是超加工的商业狗粮，其中大部分是人类食品工业的副产品。商业狗粮行业发起了一场有效的"对抗残羹剩饭的战争"，当我们对狗的集体认知从单纯的宠物进化到心爱的家庭成员时，一种新的喂养模式便被创造出来——专门为它们购买"全能"商业宠物饲料。成功的公司很早就获得了兽医的信任，于是这些兽医开始建议客户，**只**给狗喂食商业宠物食品。人类食物被认为是不合适的。"专门为宠物设计的"食物才是最好的。社会力量也推动了商业化狗粮的发展。随着20世纪中叶越来越多的女性进入职场，她们为家人和狗准备食物的时间大幅度缩短了。更重要的是，农业产业化产生了各种各样的农业创新（如化肥、拖拉机），这使得肉类和谷物及其副产品对狗粮制造商来说变得既便宜又充足。

人们使用"集中化动物饲喂场"技术来饲养牲畜和种植水稻等经济作物，让水稻、小麦、玉米、甘蔗和大豆越来越普遍。随着农民的增产，粮食价格大幅下降。宠物食品制造商不仅利用了人类食物供应中的多余食物，还利用了人类食品加工和农业产业的副产品，使商业化狗粮更便宜，更容易获得。战后的经济繁荣使商业化狗粮不再是一种奢侈品，而是一种实用、方便、能轻松负担的必需品。人们越来越觉得残羹剩饭不安全。而宠物食品公司充分利用了人们的这种认知（甚至"残羹剩饭"这个词听起来也有了贬义）。商业宣传不断暗示我们：准备营养完备而均衡的饭菜是复杂的工作——最好留给"专家"去做。

宠物食品公司希望你相信他们的产品是百分之百安全的，而且是营养金矿，但这些产品可能两者都不是。如果这是你第一次听说宠物食品行业的问题，那么你应该注意以下几点，以便做出明智的品牌选择。

➤ "人用等级"食品与"饲料等级"食品在安全性和质量上存在很大差异。肉类经过美国农业部（USDA）食品检验员的检验，要么通过，被批准供人类食用；要么不通过——成为宠物和牲畜饲料。实际上，"宠物食品"应该被称为"宠物饲料"，因为它是由不允许人类食用的成分制成的。宠物食品公司使用的都是饲料级原料，除非品牌在网站上特别注明"人用等级"。我们估计，只有不到1%的罐头和颗粒宠物食品是由人用等级原料制成的，这充分说明了绝大多数宠物食品的质量和可能存在的污染物水平。并不是所有饲料级原料都不好。问题是，宠物饲料没有公共排名系统，比如美国农业部规定人食用的牛肉有顶级（Prime）、特选级（Choice）和精选级（Select）等一共八个等级，所以对宠物饲料质量的一切宣传都是胡扯。

➤ 狗和猫的营养需求由美国饲料管理协会（AAFCO）或欧洲宠物食品工业联合会（FEDIAF）发布。饲料公司应该遵循这两个组织的指导方针，这样才能在他们的产品上标注"营养完备和均衡"。AAFCO要求宠物食品标签上写明营养保证、营养充分性声明以及按重量降序排列的成分列表。然而值得注意的是，该组织不要求消化率测试或成品营养测试。

➤ 包装袋上的"最佳保质期"只限于**未开封**的食品。食品公司并没有透露，一旦打开包装，这些食品在多长时间内能保持稳定性并且可以安全食用。

➤ 宠物食品公司无须在配料标签上注明从供应商处购买的大宗配料中添加的任何化学防腐剂或其他物质。

➤ 目前还没有法律或法规要求宠物食品公司对其产品进行重金属、杀虫剂和除草剂残留以及其他污染物的检测。

➤ 和人类一样，狗在生命的不同阶段有不同的能量和营养需求，但绝大多数宠物食品都标有"所有生命阶段"的标签，即从幼年到老年，所有营养需求都是一样的。如果一家公司宣布自己的产品"每一批都经过检测"，那么他们应该愿意与你分享他们的检测结果。你尽可以要求查看你购买的那个批次的检测结果。

好脂肪和坏脂肪

就像碳水化合物有好坏之分一样，脂肪也有好坏之分。不良脂肪，如饱和脂肪或反式脂肪，会加剧炎症，而且通常存在于高度加工的食物中。健康的脂肪是单不饱和脂肪和多不饱和脂肪，富含抗炎症的ω脂肪酸。健康脂肪的优质来源包括坚果、种子、牛油果、鸡蛋、冷水脂肪鱼——如鲑鱼和鲱鱼，还有特级初榨橄榄油。好脂肪应该是未经提炼和加热的生脂肪。经过加热的脂肪会产生可怕的高级脂质过氧化终产物。

宠物食品公司将包括土豆、大米、燕麦或藜麦在内的碳水化合物作为丰富的"能量"，也就是热量的来源出售，将其宣传为"无谷物"

食品。但是不必要的碳水化合物所提供的热量取代了健康的瘦肉蛋白质和高质量的脂肪，而后者才应该是狗狗的食物。这些"无谷物"食品通常比以谷物为基础的食品含有更高的淀粉比例，并且"无谷物"食品中通常包含豆类，而豆类富含抗营养素——如凝集素和植酸盐。抗营养素是存在于植物中的化学物质，它能阻止你的身体从食物中吸收必需的营养素。并不是所有的抗营养素都是有害的，而且如果你食用大量的植物，就不可能完全避免它们，不过谷物类食物的确有助于减少过量的抗营养素摄入。

谷物类食品的另一个问题是它们可能含有污染物残留。如本书第一部分所述，在2020年，被召回的宠物食品（在美国有高达1 374 405磅，合约628吨）中94%是由于黄曲霉毒素的污染。这是一种真菌毒素，被确认与各物种的肾衰竭、肝功能衰竭和癌症有关。我们自己的测试表明，纯素食狗粮的草甘膦含量最高，草甘膦会沿食物链传导，导致肠漏症和生理功能失调，以及大规模的系统性炎症（稍后会详细介绍这一现象）。

2019年的一项研究评估了30只狗和30只猫的尿液，发现草甘膦含量是一般人类接触草甘膦量的4—12倍，其中吃干颗粒狗粮的狗尿液中草甘膦含量最高。不要忘记我们在第一部分中强调的2018年的研究，康奈尔大学的研究人员分析了8家制造商的18种商业宠物食品中的草甘膦残留，在每一种产品中都发现了致癌物。健康研究所实验室（Health Research Institute Laboratories，简称HRI）正在进行一项关于狗和猫体内草甘膦含量的研究，到目前为止的一些结果会让任何注重宠物健康的宠物家长都感到害怕：**狗体内的草甘膦含量是人类平均水平的32倍**。所有那些富含化学成分的、不必要的碳水化合物不仅会破坏肠道生态系统，同时还会让狗一直都没有饱腹感。提倡新鲜食物喂养的兽医们早就注意到，许多吃颗粒狗粮的狗永远都显得很饥饿，仿佛它们的胃是一个无底洞，从来不会被填饱。这就提出了一个问题：它们拼命地大吃富含碳水化合物的食物，而这唯一的热量来源是否能满足它们对脂肪和蛋白质的生理需求？

使用美国农业部认证的人食用原料的宠物食品公司在不断增多，竞争也随之增加。访问你使用的宠物食品品牌网站，如果这个品牌使用的是人用等级食材，你会立即看到，他们的营销宣传中充斥着强调人用食材的标签，以帮助潜在消费者理解为什么他们的产品要更加昂贵。信息透明度是区分这些公司的一个重要因素，所以他们经常自豪地在他们的网站上分享消化率和营养分析的第三方独立测试结果，以及草甘膦、真菌毒素和其他污染物的检测结果。帮助消费者对自己所购买的商业狗粮原料建立起信任和信心，这是宠物食品公司在这方面迈出的一大步。

如果你在你选择的品牌网站上看不到你想要的信息，那就打电话给它的客服。如果是信息透明的公司，就不会挂掉你的电话。因为他们对自己的产品的食材成分和这些食材的来源感到自豪——他们知道这些因素很容易将他们的产品与竞争对手区分开来。一些生鲜食品公司使用人用等级的原料，但没有在被批准用于人类食品生产的设施中生产他们的产品，所以他们的食品不能被贴上人用等级的标签。一些生产新鲜食品的公司可能还会在产品中加入没有被批准供人类食用的配料（比如作为钙源的磨碎的新鲜骨头），这也使得这些食品没有资格被贴上人用等级的标签，尽管它们的质量都非常好。这些产品是安全健康的，当你打电话时，这些公司会很乐意向你解释这一点。

食 物 与 微 生 物 的 对 话

需要提醒大家的是，大多数狗狗可以从淀粉中摄取高达20%的所需热量，同时并不会产生严重的代谢后果。我们遇到的绝大多数狗狗都具有超强的适应力。但随着时间的推移，当我们摄入越来越精制、升糖指数越来越高的碳水化合物时，我们的身体就会受到损害。这和体内微生物群落的营养环境有关。食物可能是支持你的微生物群落保持健康状态的最重要因素，这一事实的重要性无论怎样强调都不为过。那些寄生在肠道（以及包括皮肤在内的其他器官）中的微生物对身体健康和新陈代谢至关重要。**微生物群落对哺乳动物的健康能够产生关键性的影响，甚至可以被视为身体的一个器官。**我们的宠物有自己独特的微生物群落，这反映了它们的进化历程和接触的环境，当然也包括它们的饮食结构。（有趣的事实：你体内99%的遗传物质都不是你自己的，它们属于你的微生物伙伴！）这些看不见的生物大部分生活在你的消化道内，虽然它们之中也包括真菌、寄生虫和病毒，但看上去应该是细菌掌握着你的生物学王国大门的钥匙，你能说得出来的每一项与健康有关的特征，都有它们在背后提供支持。

这种不可思议的内在生态系统帮助你和你的狗消化食物和吸收营养，支持你的免疫系统（实际上，我们70%—80%的免疫系统都位于肠壁内），维护身体的解毒通道，产生和释放重要的酶和其他物质，与你的身体进行合作，防止其他细菌引起疾病，帮助调节身体的炎症通道，进而影响几乎所有类型的慢性疾病风险，通过影响你的激素系统帮助你处理压力，甚至能保证你睡个好觉。这些微生物制造的一些物质是你身体系统的重要代谢物，涉及从新陈代谢到大脑功能的各个方面。实际上，我们已经把一些关键维生素、脂肪酸、氨基酸和神经递质的合成任务基本上都分包给了这些微生物。

无论是你还是你的狗，你们肠道中的细菌都会产生维生素 B_{12}、硫胺素、核黄素以及凝血所需的维生素K。有益细菌还通过关闭皮质醇和肾上腺素的阀门来保持身体的和谐。皮质醇和肾上腺素与压力有关，当它们持续存在于血液中时，会对身体造成严重破坏。在神经递质领域，肠道细菌在提供血清素、多巴胺、去甲肾上腺素、乙酰胆碱和γ-氨基丁酸（GABA）方面起着重要作用。我们本以为所有这些物质都是在上层大脑中形成的，现在却发现情况并非如此，多亏了新的研究和技术让我们看到了微生物群落的力量。虽然科学家们仍然在努力解开微生物群落及其理想组成的秘密（还有如何改变它们），但我们知道，拥有多样化的菌落体系是健康的关键。这种多样性取决于饮食的选择，是宿主摄取的食物为微生物提供食物，并为微生物群落正常运作奠定基础。很多物质都能够杀死细菌群落，或者让它们产生其他负面变化, 从而破坏健康的微生物系统, 例如, 环境化学品、化肥、受污染的水、人工糖、抗生素、非甾体抗炎药物 (NSAIDs)。另外, 情绪压力、创伤 (包括手术)、胃肠道疾病、缺乏营养或不当饮食 (尤其是代谢压力大的食品) 也会造成类似的破坏性影响。

2008 年启动的人类微生物组研究 (Human Microbiome Project) 对生活在我们体内的微生物进行了统计分类, 改写了医学教科书。直到这个项目启动, 我们才意识到免疫系统的指挥中心就是微生物系统本身。**我们的大部分免疫系统都在肠道周围。**它被称为"肠相关淋巴组织"(gut-associated lymphoid tissue, 简称GALT), 它很重要: 我们身体的全部免疫系统中有80% 以上属于GALT。为什么我们的免疫系统主要位于肠道? 很简单: 肠壁是我们与外部世界之间的边界, 所以除了皮肤以外, 肠壁是我们最有可能遇到外来物质和外来生物体的器官, 这些物质和生物体可能会对我们造成威胁。我们的这一部分免疫系统不是完全独立的。实际情况正相反, 它会与全身各处的免疫细胞进行交流。如果在肠道中出现潜在的有害物质, 它就会发出警报。这也是食物选择对免疫系统健康如此重要的原因。这一切都与我们的狗有关。引用丹妮娜·洛文伯格 (Daniella Lowenberg) 在《公共科学图书馆》杂志博客上关于狗的皮肤微生物群落的描述: "没有狗的房子不是家, 没有微生物的狗也不是狗。"世界各地的各种机构都在研究狗的微生物组测序。例如 AnimalBiome 就是一家这样的公司。它的总部位于旧金山湾区, 致力于研发从动物的排泄物中观察微生物群体的技术, 通过收集宠物排泄物建立微生物群落数据库, 从微生物群体的活动状况中观察宠物的身体状态, 进而对其实施治疗计划。它能够评估你的狗在接受肠道修复干预前后的微生物群落变化。

意大利的相关研究表明, 给狗喂食以肉类为基础的新鲜饮食对健康狗的微生物群落有积极的影响。为了了解其中原因, 我们采访了乌迪内大学农业、食品、环境和动物科学系的科学家米萨·山德里 (Misa Sandri) 和布鲁诺·斯特凡诺 (Bruno Stefanon)。干净、新鲜、符合生物特性的食物, 就像几千年来它们祖先的饮食一样, 可以为今天的狗提供优质营养，同时还能为狗狗的细胞活力和代谢能力奠定关键基础，如果要让狗狗实现它们理论上的健康寿命，这种食物喂养就很有必要。对山德里和斯特凡诺的采访为我们提供了一个有趣的视角，让我们明白了食物（和某些营养物质）如何帮助或阻碍身体重建和恢复自身的能力——这取决于肠道中微生物群落的建立或破坏。他们是第一批比较狗在吃生食和热加工食物时肠道微生物群落变化的研究人员：**生食能帮助狗培养出更丰富、更多样化的肠道微生物群落。**国王学院医学院的微生物组专家蒂姆·斯佩克特博士（Dr. Tim Spector）进一步强调了微生物对于肠道健康所起的关键作用，而且它与狗的健康寿命的许多方面都有关系。在伦敦校区接受采访时，让罗德尼感触最深的是斯佩克特博士的结束语："狗和猫一生都在吃加工食品。从我最近的研究来看，我认为对微生物群落最有破坏性的事情莫过于长期给一只动物喂食高淀粉、高度加工、缺乏多样性的食物——对**任何**动物都是如此。这将减少肠道内微生物种类的数量，影响基因表达，减少酶和代谢物的数量，还会影响免疫系统。而免疫系统能够对抗过敏和癌症。"

会影响狗狗肠道健康的不仅是你为它选择的食物。我们还会在第6章讨论生活环境会如何影响狗狗肠道微生物的平衡，并随着时间推移逐渐影响它们的免疫健康。现在，让我们回到宠物食品行业用来吸引你（和你的钱包）的一些营销策略上来。

宣传背后的真相

从某种程度上来说，宠物食品行业就像牛仔裤行业。牛仔裤的价格30—300美元不等，虽然制作它们的是同样的牛仔布。以下是一些常用宣传术语：

► "高品质"（premium）是一个未定义且不受监管的术语（任何东西都可以是高品质的）。

➤ "兽医批准"（vet approved）的意思是任何兽医都可以因为任何理由为食品背书，包括付费背书。

➤ "有机"（organic）、"新鲜"（fresh）和"天然"（natural）可以有很多含义，就像在人类食品工业中一样。

➤ 对宠物食品进行欺骗性营销是得到许可的。袋子上诱人的烤火鸡的图片并不意味着袋子里真的有烤火鸡。

➤ 美国食品药品监督管理局的"合规政策"允许宠物食品公司使用"以宰杀以外原因死亡"的动物作为宠物食品。理论上，被宰杀的动物在被宰杀之前都是健康的。但根据合规政策，死于疾病或其他原因的动物需要另行处理，这些动物就可以被用于宠物食品。这就是为什么几年前杀死了许多动物的安乐死药剂最终会出现在宠物食品里面。

➤ 许多品牌都注册了营销术语的商标，让你对你买的东西感觉良好，比如"生命源位"（Life Source Bits）、"活力+"（Vitality+）、"主动健康"（Proactive Health）——尽管我们根本不知道这些术语的含义。

➤ 暗示食物中包含能够带来额外益处的补充物质，如"葡糖胺对髋关节和关节健康有好处"或"添加ω-3脂肪酸，对皮肤和毛发健康有好处"，但含量可能只有**百万分之几**。而且这其实往往只是把食物中本来就有的一些东西写出来引诱你，所以并没有任何额外的健康益处。

➤ 了解一下马里昂·奈斯特博士所说的"盐分分割线"（salt divider）：食品公司知道，把那些"超级食物"印在标签上会很好看，但你怎么知道你买的狗粮中实际含有多少姜黄、欧芹或蔓越莓呢？看看这些食物在标签上的位置——它们是在盐之前还是之后？盐（宠物必需的矿物质）几乎不会超过配料的0.5%—1%，所以排在盐之后的超级食物只是为了市场宣传。

何谓人道洗白

在美国联邦和州一级，对养殖动物福利的法律保护极其有限。这些有限的法律保护更没有跟上肉类、乳制品和蛋类工业快速增长的步伐。因此，这些行业中使用的动物都受到了各种残忍的对待。这些做法是合法的，在很大程度上也不会被公众看到。消费者们，甚至那些关心动物福利的人，都会在不知不觉中购买通过非人道做法生产的食品。

同时大型食品生产商又在利用人们的心理开展营销活动，把肉类、奶制品和蛋类描绘成符合人道主义的产品——这种做法被称为"人道洗白"。人道洗白中常用的宣传词有"人道的""快乐的""牧场饲养的""有人文关怀的""从不使用抗生素的""自然饲养的"。由于美国农业部和其他政府实体对此类声明没有明确定义，食品生产商使用这些宣传用语的时候也就很不严格，而且往往与消费者所认同的合理解释不符。许多消费者开始意识到人道洗白的营销宣传所营造的期望与工厂化农场的实际情况之间的脱节，因此指控食品生产商和宠物食品公司误导消费者，甚至为此提起法律诉讼。提起诉讼的人不仅希望解决人道洗白问题，还希望曝光更多行业内幕，让公众真正看到食品产业的问题。

我们认识的许多人都希望动物得到人道对待，哪怕那些动物最终会成为其他动物的食物。其中也包括人道屠宰。一些宠物食品公司被指责在他们的广告宣传中有人道洗白行为。2015年，罗德尼在科罗拉多州丹佛市举行的美国饲料管理协会年度会议上，就宠物食品包装上被允许使用的欺骗性图片和营销行为质问美国食品药品监督管理局（FDA）。FDA的回应是，这是言论自由。所以我们最好的建议是永远不要通过封面来判断一本书：你在包装上看到的**不**一定是你实际得到的。你必须调查你为你的狗选择的宠物食品公司，就像你为你的孩子筛选学校和保姆一样，要进行深入研究，问足够多的问题，直到你对自己的决定感到满意。

关于"加工"一词的定义一直处在争论之中，但其实很容易用常识简化这个问题。我们所有人——包括我们的宠物——都吃加工食品（包括几乎所有盒装、袋装、瓶装、罐装和贴标签的食品）。我们认识到，在大多数人的生活中，狗粮的便利性才是最现实的，就像你自己也经常吃加工食品，只是在没那么紧张忙碌的时候才会尝试选择更好的食物来平衡一下。人类流行病学研究表明，食用大量超加工食品的人群罹患慢性疾病的概率更高。这一发现促进了食品分类系统的发展，即NOVA系统，根据加工程度把食品区分为：最低限度加工、加工和超加工。

最近，有人提议在宠物食品领域建立一个类似的分类系统，目的是为兽医提供中性术语，以便和宠物主人讨论宠物饮食的类型。宠物超加工食品的定义与人类食品相同，即经过成分剥离，又加入配料进行重组的食物。或者可以说，是经过干燥、罐装或是任何经过多于一个高温或高压加工步骤的最终产品。根据这一提议的宠物食品分类体系，"最低限度加工"的商业宠物饲料是新鲜或冷冻的宠物食品，没有或只有一个加热或加压步骤。我们将在本书第三部分解释为什么我们建议采取不那么严格的定义。

几乎90%的狗粮都会经过某种程度的加工。正如我们详细说明过的，我们需要关注的是**超**加工食品。这些食物的成分确实来自大自然，但经过多次机械、化学和加热处理，与并非在大自然中培育的其他成分混合在一起。这些合成添加剂包括卡拉胶和其他增稠剂、合成色素、光亮剂和适口性增强剂、人造氢化脂肪、实验室制造的维生素和矿物质、防腐剂和调味剂。研究表明，对植物性食物营养的破坏不仅仅取决于加工次数，加热的时间和温度也很重要。**每一袋干颗粒狗粮都经过了平均四次的分馏或分离、精制和加热——按照定义，这已经是超超超超加工了。**

除了大多数超加工宠物食品中的劣质成分和异常的升糖指数外，加工过程中的副产品——**美拉德反应产物（MRPs）也会引起严重的长期负面健康问题。**近年来，商用宠物食品因含有丙烯酰胺和杂环胺类（HCAs）这两种特别有害的MRPs而受到抨击。丙烯酰胺是一种强效神经毒素，在碳水化合物（淀粉）经过热加工时产生。丙烯酰胺也在人类健康领域引起了警惕——你可能听说过，烧焦或过熟的食物可能会增加癌症风险。杂环胺类是一种化学混合物，存在于高温加工的肉类中，同样被认定为致癌物质。这些发现其实并不新鲜，只是已经被湮没在医学文献中，而超加工宠物食品行业肯定会努力保持当前这种状态。因为公众对这些致命化合物的认识有可能极大地影响它们的销售额——到2025年预计会达到1 130亿美元。早在2003年，加州劳伦斯利弗莫尔国家实验室的科学家们分析了24种商业宠物食品中的致癌杂环胺类含量。他们发现只有1种宠物食品在这方面是安全的，其他**所有**食品的毒素检测都呈阳性。这样的结果在一项又一项研究中多次出现，包括明尼苏达大学药剂学院的研究科学家和药物化学博士罗伯特·图雷斯基（Robert Turesky）的开创性研究。他是明尼苏达大学共济会癌症中心癌症成因研究组的主席。当他在自己养的狗的皮毛中检测到这些致癌物时，他清楚地知道，给狗带来这些毒素的不是烤牛排和全熟的汉堡[1]，于是他把注意力转向超加工干宠物食品，找到了罪魁祸首。

正如我们之前解释的，当碳水化合物和蛋白质（淀粉和肉类）在一起被加热时（无论是在人体内还是在食品制造过程中），它们就会发生一种情况不同但具有同样破坏力的不可逆的化学反应，叫作"糖基化"，产生晚期糖基化终末产物（AGEs）。在我们对兽医学博士西沃恩·布里格拉尔辛格（Siobhan Bridglalsingh）的采访中，她解释了她2020年的研究结果。她在那项研究中评估了四种不同加工方式的狗粮（罐头、挤压、风干和生食）对健康狗的血浆、血清和尿液中AGEs水平的影响。她的发现正如你所预料的那样：喂给健康狗的罐头和挤压食品在体内产生的AGEs水平最高，其次是风干食物。生食产生的量当然最少。布里格拉尔辛格博士指出："由于加工方法，给狗喂的这些食物与人类吃的西方饮食非常相似，狗因此摄入了大量外源性AGEs（只有生食除外）。"她解释说，AGEs会导致犬类的多种退行性疾病。

用她的话说："我们发现，热处理会影响食物中的膳食AGEs水平，与之相对应，测试对象血浆中的总游离AGEs也发生了类似的变化。所以，我们可以说，高温处理导致食物中形成更多的AGEs；而食用这些食物的个体，血液循环中的总游离AGEs也会相应增加。"当我们问布里格拉尔辛格博士，她的研究结果是否改变了她对宠物食品的看法，她的回答和我们的想法一致："对于给宠物喂食自制食物，我现在会保持远比以前更开放的态度。"

这项研究意味着什么？布里格拉尔辛格博士直言不讳："这意味着，给我们的狗喂食高温加工食品，就相当于我们自己一直在吃快餐。我们知道自己如果每天只吃快餐会有什么样的后果，但我们也许

---

1 一般认为这两种人类食物里也包含同类毒素。　　　　　　——译者注

正在强迫自己的狗这样做。我们会给自己选择多样化的食物，但我们对待自己的狗却可能没这么仔细。因此，作为兽医专业人员，我们有责任为它们提供更好、更安全的服务。如果犬类正在因为自己的饮食而变得更容易患上炎症和退行性疾病，我们可以改变这一点，做一些必要的事，为它们提供更健康的食物。这可能会延长它们的寿命，让它们拥有更好的生活质量。"

这项开创性的研究首次评估了狗粮加工技术和AGEs形成之间的关系。同时还有其他宠物食品研究揭示了饮食诱发炎症和免疫系统失调的问题，以及健康因此受到的损害。有一些测试结果，我们认为全世界爱动物的人都应该知道。我们的狗没能茁壮成长，是因为它们摄入的这些有毒化合物比长期吃快餐的人摄入的还要多**122倍**（猫多摄入了38倍）。

我们知道，给实验动物喂食超加工饲料会导致生长异常和食物过敏，但从来没有任何正式发表的随机对照临床试验，比较干颗粒狗粮、罐头狗粮和生食对狗的健康、疾病和寿命的影响。一些短期研究观察了食用超加工食品的动物与食用生的、未加工食物的动物之间的

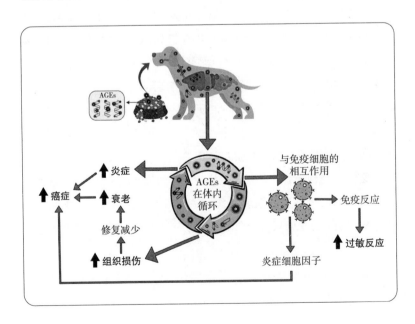

差异，反映了兽医在临床工作中看到的实际情况：生食能够减少氧化应激，提供更好的营养，因为它们更易消化，还可以通过创造更好的微生物多样性对免疫系统产生积极影响，并对狗的DNA和表观遗传表达产生积极影响——包括对患有皮肤病的狗。关于生宠物食品与加工宠物食品的研究的数量还很有限，但研究结果与新鲜喂食者数十年来的报告是一致的：喂宠物生食的主人报告说，他们的宠物身体更健康，精力更充沛，皮毛更光泽，牙齿更干净，排便也很正常。他们相信他们喂养的动物比那些被喂食超加工食品的动物更少遇到健康问题。值得庆幸的是，采用最低限度加工食品或生食还有助于减少已经积累在身体组织中的晚期糖基化终末产物（AGEs）。

不幸的是，标准美国狗粮（Standard American Dog Diet），正如它的缩写的字面意思一样，确实是SADD（sad意为"悲哀"）。终生食用高度加工的食物，大量摄入的有害AGEs对身体的每一个组织都在造成伤害。从肌肉骨骼疾病到心脏病、肾病、严重的过敏反应、自身免疫性疾病和癌症，无一不与此有关。所以我们必须搞清楚自己给宠物喂的是什么。AGEs在体内引发的一系列问题正是狗狗最常去看兽医的原因——我们这样说没有任何讽刺的意思。就像我们能够凭直觉知道，一直吃垃圾食品肯定没什么好处，所以我们现在也应该认识到，不能一辈子都给狗喂食超加工食品。也许你已经决定要减少狗狗25%或50%的超加工食品摄入量，或者把那些颗粒狗粮和罐头狗粮全部扔掉，让狗狗的食物彻底变得新鲜起来。我们会帮你的。

在犬类健康领域，一种使用未经加工食物的治疗性饮食策略在过去四年里引起了巨大的轰动。就像人类的饮食一样，我们对狗的饮食也可以进行主动控制，让脂肪热量的比例超过蛋白质（生酮饮食），这是一种强有力的营养策略，可以用于控制某些形式的犬类癌症。你可能听说过生酮饮食，毕竟这是一种日渐流行的趋势——人们正在使用生酮饮食来帮助控制某些疾病。

生酮饮食在许多代谢和生理方面与禁食相似。它严格限制碳水化合物，适度限制蛋白质，迫使身体转向把脂肪作为燃料。然而在此之前，它首先会消耗掉储存的葡萄糖和糖原，然后肝脏开始产生酮体作为替代燃料。当酮体在血液中积累，你的静息（空腹）血糖、体内糖化血红蛋白的测量指标（A1c）和胰岛素水平稳定处于低位时，身体就处于"酮症"状态。我们都经历过轻微的酮症：当我们禁食的时候；当我们体内葡萄糖低，在睡了长长的一觉早上醒来时；或者在非常激烈的运动之后，都会进入这种状态。酮症是哺乳动物进化过程中至关重要的一步，它使我们能够在食物匮乏的时期坚持下去。你的狗不能长期处在这种代谢状态里，但它可以作为一个强大的、短期或间歇性的策略来应对各种炎症。酮症很可能在狗的进化过程中也发挥了重要作用，所以今天才会对它们的健康起到杠杆作用，特别是在治疗癌症方面。

在拍摄《犬癌》系列纪录片时，我们采访了得克萨斯州一家非营利机构生酮宠物庇护所（KetoPet Sanctuary）的工作人员。我们在那里遇到了几十只与癌症四期（Stage 4 Cancer）做斗争的狗，它们使用生酮饮食作为主要的癌症治疗方法。营养均衡的生食提供的热量大约50% 来自脂肪，50% 来自蛋白质，在大多数狗身上自然地创造出温和的生酮状态。在生酮饮食中，脂肪与蛋白质的比例可以进行调整，以满足不同的代谢需求，但"生酮宠物"强调生酮饮食一定要**生**吃。工作人员发现，加热处理的脂肪会导致胰腺炎，而未经加工的生脂肪可以健康地被代谢掉，没有副作用。胰腺炎在小型动物医学中是一个真正的问题，所以无论如何都要避免氧化、加热的脂肪。**被加热的脂肪还会产生另一种剧毒的美拉德反应产物（MRPs）：高级脂质过氧化终产物（ALEs）。许多毒理学家认为这种物质对器官系统伤害最大。**

根据马克·罗伯茨博士的研究，狗如果能够自行选择，它们喜好的常量营养素比例总是一样的（50% 热量来自健康脂肪，50% 来自蛋白质）。这证明了犬类保持着一些古老的、先天的代谢智慧——如果有选择，家养狗更喜欢消耗脂肪和蛋白质作为它们的主要能量来源，这导致了代谢压力的降低，提高了实验动物的身体免疫机能。这并不奇怪。我们只需要根据过去一万年中大自然母亲精心构造的大致营养范围来确定常量营养素的比例，制定狗狗的饮食规则。

进食时间：尊重生物钟

食物只是维护健康的条件之一。通过食物和**进食时间**来保持健康才是实现最佳健康和长寿的有效手段。在寻找增进哺乳动物活力的最优方法时，我们反复听被采访者说过，世界上最健康的食物，如果在一天中错误的时间食用，就会成为一种生理压力源。这句话没有错："**你吃多少和吃什么很重要，但你什么时候吃可能更重要。**"这是索尔克研究所的萨特旦安达·潘达（Satchidananda Panda）教授说的。他正在开辟一条通过更好的进食时间来改善健康状况的道路。卡路里不能显示时间，但你的新陈代谢、细胞和基因肯定可以。通过尊重犬类天生的代谢机制，我们就能为减少它们的食物代谢压力尽自己的一份力。尊重犬类古老的进食时间，我们可以从平衡的昼夜节律中获得深刻的健康裨益，这是一种与生俱来的内在时钟，千万年来一直在调节我们的睡眠/清醒周期。

我们每个人都有一个生物钟，无论是男人、女人还是狗。它的科学称谓是"昼夜节律"（circadian rhythm），它是由与昼夜环境周期相关的重复活动模式定义的。这些节律大约每24小时重复一次，包括我们的睡眠—清醒周期、激素的涨落和体温的升降，大致与24小时的太阳日有关。从与饥饿相关的激素到与压力和细胞恢复相关的激素，都会受其影响。健康的节律对控制正常的激素分泌模式尤为重要。当你的作息节律不能与正常时间周期同步时，你的感觉就不可能百分之百地正常，你可能会脾气暴躁、疲劳、饥饿、容易感染——因为你的免疫系统没有完全发挥作用。如果你跨越过时区，经历过时差反应，你就会知道打乱昼夜节律意味着什么，以及感觉如何，但那肯定不会是什么好的感觉。

正如我们将在第6章中看到的，你的昼夜节律以你的睡眠习惯为核心。因此，睡眠不足会导致我们的食欲发生剧烈变化。例如，我们的主要食欲激素——瘦素和胃促生长素控制着我们饮食模式的停止和启动。它们必须依照时间节律工作。胃促生长素告诉我们需要吃东西，而瘦素告诉我们已经吃饱了。关于这些消化激素的新兴科学研究令人感到震惊：数据表明，睡眠不足会导致这些激素失衡，进而对饥饿感和食欲产生不利影响。一项被广泛引用的研究显示，如果人们连续两个晚上只睡4个小时，他们的饥饿感就会增加24%，并且更喜欢高热量的零食、咸零食和淀粉类食物。这可能是身体在寻找一种可以快速补充能量的碳水化合物，而碳水化合物在加工、精炼的方便食品中很容易找到。

千万不要以为狗的昼夜节律不是什么大问题。它是很大的问题。我们访问了南加州的索尔克研究所，在那里，我们在萨特旦安达·潘达教授的调节生物学实验室（潘达实验室）见到了他，并和他讨论了时间对进食的影响。动物天生的昼夜节律决定了食物什么时候有营养和治愈的作用，什么时候有代谢压力。热量限制（或称"间歇性进食或禁食"）可以延长宠物的寿命。潘达的研究表明，通过拿走食物，并根据动物的生物钟限制食物的摄入量，许多最常见的与年龄相关的代谢疾病都可以避免。

当我们告诉宠物主人，如果他们健康的狗一天不吃东西或不吃一顿饭没关系时，他们往往会感到惊讶。但是狗狗不需要一天吃两到三顿丰盛的饭，中间还要附带零食（人类也不需要）。和我们一样，狗也有短期禁食、耐受饥饿的能力。实际上，它们应该偶尔禁食一段时间，以达到新陈代谢重置的目的。

间歇性禁食，有时被称为限时喂食（time-restricted feeding，简称TRF），有悠久的历史，可以追溯到几千年前（这就是为什么大多数宗教都将禁食纳入它们的实践活动）。古希腊医生希波克拉底生活在公元前5世纪—公元前4世纪，他为我们留下了希波克拉底誓言，是西方医学之父。希波克拉底是禁食保健的坚定支持者。在他的著作中，他提出疾病和癫痫都可以通过完全戒食和戒酒来治疗。罗马帝国时代的希腊哲学家普鲁塔克（Plutarch）在《保持健康的建议》（*Advice about Keeping Well*）一书中说："与其吃药，不如禁食一天。"阿维森纳（Avicenna）是一位伟大的阿拉伯医生，他经常要求病人禁食三周或更长时间。古希腊人用禁食和限制热量的饮食来治疗癫痫，这种做法在20世纪早期得到了复兴。禁食也被用来帮助身体排毒和净化心灵，以达到完全自然的健康状态。甚至本杰明·富兰克林也曾说过："最好的药物就是休息和禁食。"

禁食有很多种形式，但它们对身体的基本影响是相同的。禁食会激活胰高血糖素，胰高血糖素可以平衡胰岛素，保持血糖水平平衡——想象一个杠杆或跷跷板：当跷跷板一端上升时，另一端就会下降。这种类比经常被用来简单描述和解释胰岛素—胰高血糖素的生物学关系。在你的身体里，如果胰岛素水平上升，胰高血糖素水平就会下降，反之亦然。当你给身体提供食物时，你的胰岛素水平会上升，而胰高血糖素水平会下降。但当你不吃东西时，情况会恰恰相反：胰岛素水平下降，胰高血糖素水平上升。当你的胰高血糖素水平上升时，它会触发许多生化反应，其中之一就是我们之前讨论过的细胞清洁机制——细胞自噬。这就是为什么通过安全的限时进食（对狗则是限时喂食）来暂时剥夺身体营养是提高自身细胞完整性的最好方法之一。**在一天中固定的一段时间内让狗狗吃进它当日所需的全部热量，会对它的生理机能产生意想不到的有益影响。**除了保持"细胞年轻"和延缓衰老，研究表明，这种做法还可以促进更好的能量应用，增加脂肪燃烧，降低患糖尿病和心脏病等疾病的风险，所有这些都是因为禁食激活了身体的自噬能力，让细胞得以自我清洁。

马克·马特森（Mark Mattson）是约翰斯·霍普金斯医学院的神经科学教授，曾任美国国家衰老研究所神经科学实验室主任，是这一领域的高产研究者。他与潘达教授合作进行了这项研究，并在医学期刊上发表了大量文章。他特别感兴趣的是禁食如何改善认知功能，降低神经退行性疾病风险。马特森教授曾进行过一项研究，他让动物进行隔日禁食，在禁食的日子里限制实验对象只摄入10%—25%的热量。根据他的说法，"**如果你在动物很小的时候就这样做，它们的寿命会延长30%。**"我们要再次强调：通过改变动物的进食时间，我们可以大大延长它们的寿命！**它们不仅能活得更久，还能拥有更多健康生活的时间，减少疾病。**马特森教授甚至发现，按照这种方法，动物的神经细胞对退行性变化有了更强的抵抗力。他以几周为周期，对女性进行了类似的研究。他发现她们减掉了更多体脂，保留了更多肌肉，身体调节葡萄糖的能力也得到了改善。

具有讽刺意味的是，触发这些有益生物反应的机制不仅有细胞自噬，还有**压力**。在禁食期间，细胞处于轻微的压力下（一种健康的、"有益"的压力），这样能够促使动物增强应对压力的能力，或许还可以增强抵抗疾病的能力。其他研究也证实了这些发现。正确的禁食可以降低血压，提高胰岛素敏感性，增强肾脏功能，强化大脑功能，让免疫系统得到恢复，提高哺乳动物对疾病的全面抵抗力。

禁食对狗的生理功能来说是一种自然状态，所以它们也会以同样的方式受益。有些狗会很自然地禁食，这可能会吓到它们的主人。但它们自我强制的禁食行为是在模仿自然界经常发生的情况。这让它们的消化系统可以暂停片刻，让身体得到休息、修补和恢复。越来越多的动物专家建议健康的狗（体重超过10磅，合4.5公斤以上）每周禁食一天。在禁食的那一天，可以只给它们一块供消遣的骨头嚼一嚼。对一些人来说，不给狗狗吃饭的想法也许会让他们很不舒服。研究证实，许多主人把宠物视为家庭成员，他们认为禁食可能会让自己心爱的宠物感到痛苦。因此这些宠物主人无法采纳限时喂食的建议或实行减肥计划，不想停止宠物的零食和限制宠物食量。但构建健康的生活规律是为我们的狗狗创造健康生命必要的一部分。严格控制热量的摄入（我们更喜欢称之为"健康的食物界限"）是为许多狗创造健康饮食习惯的一部分。在本书第三部分，我们会给出一个很长的超低卡零食列表。在狗狗的"禁食时间"喂它们这些东西，也许会让你感觉好些。澄清一下，禁食指的是不吃东西，但绝不能限制饮水。

谁在训练谁

"但你根本不了解我的狗！"我们经常听到有人这样说。狗是很有洞察力的动物。大多数监护人没有意识到，他们正在不知不觉中造成了狗的各种令人气恼的、与食物有关的行为——从你打开冰箱时的跳跃和吠叫，到你坐下来吃东西时不断的呜咽，甚至如果晚餐没有完全准时，它们就会开始吐胆汁（更多请见第9章）。重要的是要认识到，你已经（也许是无意中）培养了你的狗的反应——既包括行为上的，也包括生理上的。

没错：你要为家里毛孩子的行为负责。如果你无意中创造了一只养成放纵进食习惯的野兽，你可以从今天开始，用心重塑这些行为。这需要时间和耐心，但我们相信，要改善狗狗的行为，唯一方法就是通过理智、积极的行动，坚持不懈地以适当方式解决问题。狗会自然地重复能让它们得到好处的行为。这意味着，如果它们能够通过某种行为获得它们想要的东西，它们就会重复这种行为（有时它们会为此而做出令人厌烦的行为，因为这样能确保你给予它们足够的关注，并以它们想要的方式做出回应）。如果你没有回应（完完全全地没有：没有对话，没有眼神接触，彻底的零反应），用不了多久，你的狗就会停止那些行为，因为它们已经不再能引发你对它们的回应了。它们训练人类的技能现在遇到了对手！我们知道，许多狗晚上会以令人讨厌的"饿怒"行为吵醒主人，直到它们的主人纠正这种行为。普里纳研究所发现，与每天吃一次饭的狗相比，一天吃两次的比格犬夜间活动量增加了大约50%，所以限时进食甚至可以同时延长你们恢复性睡眠的时间——这一点你们两个都会很享受。

在本书的第三部分，我们将为你提供一些方法，帮助你在狗狗的生活中建立起一个限时喂食的窗口，以强化它的休息—

修复—重建周期，这是实现永生狗理念的关键部分。**在正确的时间，以正确的数量，给你的狗喂食正确的营养物质，这是生物学上的神奇三连胜。**我们希望你现在明白，让狗狗随意地在任何时间吃任何食物，再加上大量碳水化合物的零食，这就是一种摧毁性的生物炸弹。对狗狗好很重要，但食物的分量和进食时间更重要。

新鲜的就是最好的，
比如"冰箱里的人类食物"

————

商业狗粮行业最大的"成就"之一是让一个时代的养狗人相信，给狗喂食"人类食物"既不营养，又不为社会所接受。但这种观点在21世纪的科学界遇到了对手。并非所有人吃的食物都对狗有害。实际上，人类的食物是狗狗能吃到的最好的食物：至少它们通过了政府的审查！人类食物的质量比大多数狗吃的饲料级食物好得多。但你为狗狗提供的人类食物**类型**至关重要。**你当然不能直接拿自己餐桌上的东西喂给狗狗，你需要使用适合狗的生物特性的人类食物来创造均衡的膳食，或作为训练的奖励，或作为它们的食物的点缀。**

简单地说，我们鼓励你给你的**家庭成员**吃真正的、健康的、新鲜的食物（只是请一定记住，不要给狗吃洋葱、葡萄和葡萄干）。以平衡的方式来喂我们的狗，在采用商业饲料的同时也添加一部分冰箱里的新鲜食物，在两者之间采取平衡策略是一个很好的选择。我们将在本书第三部分详细说明这要怎样做。我们希望你选择的食物、喂养方式和宠物食品的品牌能与你的个人饮食哲学以及你的钱包产生和谐共鸣。

► 宠物食品行业即将发生根本性的变化，因为宠物主人需要更健康、更新鲜的食品来替代传统的颗粒狗粮和罐头狗狼。

► 与超加工的狗粮和罐头宠物食品相比，大多数品牌的生狗粮，冷冻干燥、微烹饪和脱水狗粮都大大减少了热处理对营养的破坏。

► 在过去的一百年里，自从发明了富含碳水化合物的超加工"狗粮"以来，狗不自觉地摄入了大量碳水化合物，损害了它们的新陈代谢。

► 比例：狗狗祖先的饮食谱系中，大约50%的热量来自蛋白质，50%来自脂肪——无论驯化还是野生犬科动物都更喜欢这种饮食结构。这也是实现健康和长寿的最好办法。狗其实不需要任何淀粉，如果它们一生中摄入热量的30%—60%都来自淀粉，将会产生意想不到的危害健康的后果。

► 最近的研究表明，狗狗吃得越多，越是超重甚至肥胖，就越有可能显示出全身炎症的迹象（各种炎症）。

► 食物不仅仅会向你自身的细胞、组织和系统不断输入信息，还会将关键信息输送给你的肠道菌群，这对我们的新陈代谢和免疫系统的强度以及功能有重要影响。

► 进食时间很重要：狗狗**什么时候**吃和吃**什么**、吃**多少**同样重要。卡路里不能判定时间，但身体内部的新陈代谢、细胞和基因肯定可以。当身体的昼夜节律与环境同步时，就能从饮食中获得更多营养，代谢压力也会更小。间歇性禁食——我们称之为限时喂食（TRF）——对狗来说是极为有效的策略，就像对人类一样。健康的狗不需要一天吃三顿丰盛的饭，中间还要加上大量零食。如果它们不想吃饭和吃零食，不要烦恼。这不仅是正常的（前提是它们没有生病），而且是有益的。在正确的时间，以正确的数量，给你的狗喂食正确的营养物质，这是生物学上的神奇三连胜。

❺ 三重威胁

压力、孤独和缺乏运动对我们的影响

在开心的时候，我们都希望自己有一条可以摇摆的尾巴。

——W.H. 奥登

蒂娜·克鲁姆迪克讲述了她的狗狗莫泽（Mauzer）恢复健康的感人故事。

莫泽患有慢性腹泻。前后有一年的时间，我不停地带它去看当地的兽医，他们做了几乎所有能做的检查，却没发现任何问题。整个治疗的过程感觉就像在玩猜谜游戏。每次我离开兽医院，都会带着不同类型的狗粮和更多的药物。我希望用这些东西让它的便便成型变硬，最终仍是毫无效果。我觉得这些办法只是治标不治本。记得最后一次见过兽医之后，我带着一袋60美元的袋鼠肉颗粒狗粮开车回家，心想："这会不会就是食物引起的？"

一位朋友的朋友建议我去找一下贝克尔医生。我有些拿不定主意。因为她的诊所距离我这里有一个多小时的车程，而且我听说她不是一个"传统"兽医。那时莫泽开始排出未消化的颗粒狗粮和血——就像消防水管里的水一样从它身体里喷出来。它一周内瘦了7磅（约3公斤），我以为它活不下去了。于是我预约了贝克尔医生的号，期望非传统的治疗方法能够救我的莫泽。贝克尔医生走进诊室，坐在地板上，莫泽在她的腿上趴下来。我知道我们来对地方了。以前那些医生的尝试没有效果可能是有原因的。贝克尔医生在验血后诊断它为吸收不良。

贝克尔医生告诉我，要给莫泽喂生食。那才是真正的食物。另外它还需要服用补充剂，这样才能从吸收不良中恢复过来。几天以后，莫泽的便便就恢复正常了，体重也开始增加，再没有

出现过血便，也不再昏昏欲睡了。然后我开始轮换着给它喂食水牛肉、鹿肉和火鸡肉，这些它以前都没有吃过。这种食谱的变化没有扰乱它的身体系统，而是治愈了它。我用冷冻蓝莓给它做零食，也会留一点自己吃的饭给它吃，都是新鲜健康的食物。它原本暗淡无光的皮毛变亮了，精力更充沛，眼睛也更明亮了。它一下子变得朝气蓬勃起来。几千美元……我花了几千美元来解决这个问题。问题始于我喂它的食物。讽刺的是，食物让它生病，而食物也治愈了它。

莫泽的积极转变反映了许多狗在饮食方面值得关注的经历。毫无疑问，莫泽的饮食给它的身体造成了压力。减少代谢压力有助于扭转不良的身体状况。尽管压力有许多不同的形式，但当它持续存在时，就一定会导致一个结果：疾病。这个问题也许会让你感到不安，但我们必须解决这个问题。

压力的蔓延

如果这里坐了一屋子人，我们想请偶尔经历过焦虑、不安、疲劳、恐惧、易怒和精神崩溃的人举一下手，估计会有很多人举手——他们很可能一直都无法摆脱这些情绪。如果我们对他们的狗提出同样的请求，让它们根据自己的压力水平吠叫，它们一定会叫个不停。

我们一致认为，人类在这个时代的压力特别大。超过 3 000 万美国人在服用抗抑郁药（自 20 世纪 90 年代以来，美国抗抑郁药的处方数量增加了 4 倍）。自 21 世纪初以来，自杀率几乎在每个州都有所上升。大约有四分之一的美国成年人受失眠困扰，这导致许多人求助于助眠剂，只是为了能睡上一觉。社交媒体的出现看似让我们的关系更加紧密，交流得更多，但它也可能产生相反的效果：超过五分之三的美国人承认感到孤独，只有大约一半的人表示自己会进行有意义的、面对面的社交互动。

我们的运动也减少了。这加重了我们的身体和精神压力。在美国，只有 8% 的青少年能达到建议的每天 60 分钟运动时间，不到 5% 的成年人能达到建议的 30 分钟。每天 30 分钟只是建议运动量的最低限度。实际上，美国人一天中有超过一半的时间处于久坐状态。我们与祖先的平均运动水平相去甚远：来自现代狩猎采集部落（如坦桑尼亚的哈扎土著部落）的数据显示，在每天常规的觅食之旅中，女性部落成员要步行约 3.5 英里（约 5.6 公里），男性大约要步行 7 英里（约 11.3 公里）。

几千年来，无论是日常生活还是基本生存需要，锻炼和运动都是至关重要的组成部分。狩猎采集者别无选择，只能靠自己的双脚来四处移动，寻找可以采摘和猎捕的食物。他们的毛孩子也一直跟随他们四处奔波。我们活动得越多，我们的大脑就变得越强大，我们建立的团体也就越紧密，共享的资源也越多。这使得我们在多层面的社会结构中彼此依赖。当然，这些复杂的社会结构中也包括了我们的狗。

很多媒体都发布了"久坐是新形式的吸烟"的观点。这是有充分理由的：2015 年发表在《内科学年鉴》（*Annals of Internal Medicine*）上的一项综合分析和系统综述得出结论，久坐与各种原因导致的过早死亡有关。此外，运动本身就可以预防疾病和死亡。例如，2015 年的另一项对人群进行了数年评估的研究显示，每小时从椅子上站起来进行两分钟的轻度活动，任何原因导致的过早死亡风险都可以降低33%。在许多大规模的分析中，运动已被证明可以降低多种癌症的风险，包括结肠癌、乳腺癌、肺癌、子宫内膜癌和脑膜瘤（一种脑瘤）。为什么这样说呢？因为运动至少在一定程度上会对炎症产生奇妙的控制作用。当你的慢性炎症减少时，你就降低了细胞失控变成癌细胞的概率。

这个结论同样适用于我们的狗：如果它们像它们的祖先那样保持运动，可以尽情地在户外奔跑、嗅闻和玩耍，它们过早衰老和患病（包括抑郁症）的风险就会降低。虽然我们不经常谈论狗的抑郁症，但它们的确和我们一样，遭受着抑郁症和比抑郁症轻微一些的焦虑症的折磨。

狗狗的抑郁可能和我们的不太一样，但有很多事情，包括主人或家庭成员的死亡、自然灾害、暴露在巨大的噪声中、生活环境的改变或家庭状态的变化（例如，主人重组家庭、新生儿出生、主人离婚），都有可能给狗狗造成创伤。而目睹过狗狗经历创伤性遭遇的人都会知道，狗狗在面对这些压力源的时候，同样会表现出悲伤、无精打采或者其他异常行为。它们会拒绝散步、停止进食、经常吠叫、表现得很孤僻或者做出我们可能认为"不合适"的行为。在这种情况下，兽医通常会开一些抗焦虑的药物，这些药物也和我们吃的药一样——包括帕罗西汀、百忧解和左洛复。但我们相信有比处方药更好的方法。

焦虑和攻击性是犬类的常见问题。《兽医学行为期刊》（*Journal of Veterinary Behavior*）发表文章称，高达70%的犬类行为问题可归因于某种形式的焦虑。虐待和忽视肯定会导致犬类的焦虑和行为问题，就如同它们对人类造成的严重影响。同时，犬类的其他压力来源可能更加隐蔽和险恶，比如令犬类困惑和反感的训练技巧、长时间独处、睡眠不好、缺乏运动——这些问题其实不需要药物就能得到很好的解决。

在过去的十年里，运动被认为是治疗焦虑和抑郁的有效策略，并且对这些疾病有很好的预防作用，这一点也不奇怪。（就是不知道这项研究还需要多长时间才能扩展到狗狗的身上，并成为兽医们普遍掌握的知识。）2017年完成的一项研究对4万名没有任何心理健康问题的成年人进行了11年跟踪调查，研究发现，日常有规律的运动可以显著降低患抑郁症的风险，而抑郁症已经成为全球范围内主要的心理障碍产生的原因。研究者提出，即使是每周一小时的运动，也可以预防未来12%的抑郁症。随后，哈佛大学在2019年发表了一项令人眼前一亮的研究。这项研究涉及数十万人（广泛的研究对象是优秀研究的标准之一），得出的结论是，每天慢跑15分钟（或时间长一点的散步、园艺等活动）可以帮助预防抑郁。科学家们使用了一种名为"孟德尔随机化"（Mendelian randomization）的前沿研究技术，该技术确定了可改变的风险因素（在此研究中，可变风险因素是运动量）和抑郁等健康问题之间的因果关系。研究人员得出的结论是"加强运动可能是预防抑郁症的有效策略"。这个结论具有革命性的意义。

这的确是有效的治疗手段。但我们大多数人对此仍然缺乏了解。我们已经让我们的狗和我们一样习惯于久坐不动。**狗每天都需要活动身体，运动的类型取决于它们的性格、身体和年龄（所以我们不能提供适用于所有狗狗的通用指南）。我们喜欢称之为"日常运动疗法"，它能帮助狗狗感觉更平静，减少躁动，改善睡眠，并能加强不同狗狗之间的互动。**运动对精神和身体都有直接的好处，重要的是运动能够直接作用于压力本身。长期以来，动物行为学家一直建议通过运动来解决狗的常见行为问题，因为这是我们拥有的最有效的工具之一。同时它也是对压力影响最为深入的工具。20分钟的有氧运动对人类的抗焦虑效果可以持续4—6个小时。如果每天重复，就会产生累积效应。对于动物也是如此。

实验室的老鼠会自愿选择在滚轮上运动。研究表明，它们体内的内啡肽（能减轻疼痛、增强幸福感的激素）水平可以因此持续提高许多个小时，直到运动后96个小时才回落到一般状态。运动对大脑的影响时间比运动的时间要长得多，对于患有多动症或焦虑症的狗来说，短时间的运动也能改善它们的长期生活质量。严格坚持的每日运动会重新激活我们的毛孩子普遍拥有的"战斗或逃跑"的应激反应机制。运动还会改变大脑的化学环境，包括改变和促进脑细胞的生长，从而让狗狗的精神状态更加平静。我们的狗和我们一样在承受现代生活的压力。运动可以保护动物免受大量压力的有害影响，包括恐惧和焦虑。这可能就是为什么《纽约时报》专栏作家亚伦·E.卡罗尔（Aaron E. Carroll）说："运动是最接近于灵丹妙药的东西。"现在最迫切的问题是：我们是否给了狗狗机会，让它们可以根据需要随时随地活动身体？

我们还必须提到**选择的重要性**。是的，狗应该被赋予独立做决定的权利，它们配得上这样的权利。我们和哥伦比亚大学巴纳德学院心理学系高级研究员亚历山德拉·霍洛维茨（Alexandra Horowitz）一起做了一期完整的播客节目，来讨论这个问题，她也是畅销书《狗的内心世界：狗看到、闻到和知道的东西》（*Inside of a Dog: What Dogs See, Smell and Know*）的作者，专门研究狗的认知。和我们一样，她大力支持让狗享受做狗的过程。我们已经多久没有让我们的狗狗自己选择走哪条路，选择往左边走还是右边走？我们现在讨论的不是如何教狗随行，不是如何让它们听话。我们的建议是把某些决定权交给我们的狗——包括通常由我们为狗做的决定。我们要和狗狗**建立伙伴关系，而不是独裁**。当我们的狗狗告诉我们，它非常想要去某个地方嗅一嗅，而我们本没有打算去那里，我们有多少次会尊重它的意愿？我们会让它嗅多久就把它拽回来？给狗狗一定程度的控制权，让它们能够控制自己的行为——想去哪里，想做什么——这很重要，比我们以为的更重要。事实上，许多狗对自己的生活从来没有选择权。在生活的各个领域给狗更多的选择，这是一种礼物。狗狗很愿意积极参与到生活中来，提升它们的（和我们的！）幸福感。给予它们自主决定权，就是在尊重它们的这份需求，这将会增强它们的信心，提高它们的生活质量，并最终增进它们对我们的感激和信任。

"嗅闻作业"（nose work，也被称作"scent work"）是需要你和你的狗一起进行的一种丰容和强化脑力的锻炼。嗅闻对狗狗特别有益，对于那些过度敏感和受过创伤的狗狗尤其如此——这样的狗狗经常会在散步时突然变得情绪失控或情绪低落。在户外活动和散步时，用鼻子"嗅闻"可以为狗狗提供各种各样的"益智大脑游戏"和精神激励，让它们从中受益。这些活动迎合了它们天生的嗅觉欲望，有助于缓解它们的压力。

压力大的狗衰老得也更早

过早衰老是我们都想避免的。2018年，全球抗衰老化妆品市场的价值为380亿美元，到2026年，大多数人预计将达到600亿美元。一般来说，生活对我们每个人都会造成正常损耗。但如果你陷入严重的焦虑、有毒的压力，或许还有一些抑郁，那么你的衰老速度就会越来越快。想想看，各国总统在执政4—8年后衰老和头发变白的速度有多快。那些经历过巨大压力、焦虑或严重抑郁的人似乎都一夜白头，就像他们经历了一场风暴，而风暴留下的痕迹都写在了他们的脸上。压力确实会对我们的外表造成影响。而我们内心受到的影响更会加倍。我们的狗也是如此。

有很多人在研究头发过早变白的问题，这是人类衰老的外在体征之一。与头发早白有关的最大因素包括氧化应激（生物生锈）、疾病、慢性应激和遗传（一些人由于基因特征，头发容易变白）。潜在遗传力量和充满压力的生活方式相结合，降低了毛囊和黑色素细胞对压力的抵抗力（黑色素细胞是创造头发颜色的细胞）。

我们现在对狗进行了类似的研究。2016年发表在《应用动物行为科学》（*Applied Animal Behaviour Science*）上的一项研究报告称，焦虑和冲动与年轻的狗过早的口鼻发白之间存在显著相关性。虽然随着年龄的增长，狗狗的嘴部毛发变白是常见现象，但这种现象在年轻的狗（不到4岁）身上并不常见。在这项特别的研究中，作者回顾了动物行为实践的案例研究，并指出许多毛发过早变白的狗也表现出焦虑和冲动问题。与之类似，更早的一项研究报告称，某些特定行为（如躲藏或逃跑）与犬类皮毛中皮质醇水平升高存在关联。

你应该还记得，皮质醇是一种典型的与压力水平相关的身体激素——皮质醇越高，压力水平就越高（相应地，炎症就越严重）。皮质醇对身体确实是有益的，因为它能指引免疫系统，并对免疫系统过于强烈的反应进行缓冲，让身体做好应对攻击的准备。皮质醇对于身体受到的短期且容易解决的威胁非常有效。但是，现代生活方式对我们的攻击是无情的。它促使皮质醇每时每刻都在分泌。长时间持续暴露在过量的皮质醇环境中会导致腹部脂肪增加、骨质流失、免疫系统受到抑制，并增加胰岛素抵抗、糖尿病、心脏病和心境障碍（mood disorder）的风险。在我们的狗身上，这些精神障碍通常会表现为行为问题，如攻击性、破坏性、恐惧和多动症。

狗的皮质醇水平变化能够反映出它们的长期情绪反应。除了我们刚刚提到的这两项研究，还有很多其他研究发现了犬类焦虑和冲动的潜在症状。例如，一只焦虑的狗可能会呜呜叫，或者喜欢待在主人身边。有冲动问题的狗可能很难集中注意力，会不停吠叫，或表现出多动症的迹象。2016年这项研究的主导者建议，**在评估狗的焦虑、冲动或恐惧问题时，应该考虑其口鼻发白的状况**。狗狗在幼年时毛发变白可能表明它承受了太多的压力——这种情况是可以逆转的。这就提出了一个很好的问题：什么是压力？

压力的科学

在物理学中，"压力"一词指的是力和阻力之间的相互作用。但我们都知道，今天这个词的含义远不止于此。我们每天都说"压力"："**我压力太大了！**"成为最流行的一句话。压力的症状是普遍的，表现多种多样，从喜怒无常、暴躁易怒到心跳加速、胃部不适、头痛或全面的惊恐发作。有些人甚至会有一种末日即将来临的感觉。提醒一下，压力是生活中不可避免的一部分。它帮助我们躲过危险，集中注意力，对那些明显的威胁做出战斗或逃跑的本能反应。当我们处于紧张状态时，我们会对周围的环境更加警觉和敏感，这是非常有用的能力。但是长时间处于压力状态会对身体和精神产生长期影响。

好的压力，坏的压力

就像脂肪和碳水化合物有好有坏，压力也是如此。好压力的例子包括禁食这样的饮食习惯。它能够对细胞施加轻微的压力，从而对身体产生积极的影响。运动同样会产生好的压力，促进身体健康。但也有很多非常不好的压力，会导致意想不到的后果。例如，研究表明，对狗大喊大叫或体罚会导致狗体内应激激素的慢性分泌，这与寿命缩短有关。

我们今天使用的"压力"一词，应该归功于20世纪早期的一位奥匈帝国裔加拿大内分泌学家。1936年，亚诺什·雨果·布鲁诺·"汉斯"·谢耶（János Hugo Bruno "Hans" Selye）将压力定义为"身体和精神对任何需求的非特异性反应"。谢耶医生提出，在受到持续的压力时，人类和动物都可能患上某些威胁生命的疾病（如心脏病发作或中风）。这些疾病以前被认为是某些生理变量达到顶峰引起的。谢耶医生现在被公认为压力研究的奠基人（他非常有名，头像曾经被印在加拿大的邮票上）。他阐明了日常生活和经历不仅会对我们的情绪健康产生影响，还会对我们的身体健康产生影响。

你可能会惊讶地发现，直到20世纪50年代冷战爆发之前，"压力"（stress）这个与情绪有关的单词都不是我们的主流词汇和常用语。在那以后，我们开始把"恐惧"（fear）这个词换成了"紧张"（stressed out）。谢耶医生之后的大量研究一再证实，持续的压力会对我们的生理机能造成真正的损害。我们甚至可以测量压力对生理系统的影响，如神经、激素和免疫系统活动中的化学失衡。它可以通过身体昼夜周期性循环（昼夜节律）的紊乱程度来进行衡量。科学家还测量出了大脑物理结构因为压力而发生的变化。

　　压力的棘手之处在于，不管我们感知到的威胁是什么类型、强度怎样，我们身体的应激反应都不会有太大的不同。无论是真正威胁生命的压力源，还是一份长长的待办事项清单，或是与家人的争吵，身体对压力的反应基本上是相同的。首先，大脑向肾上腺发送信息，肾上腺迅速释放肾上腺素。肾上腺素会提高你的心率，促使血液流向你的肌肉，让你为激烈行动做好准备。当威胁消失后，你的身体会恢复正常。但如果威胁一直存在，你的应激反应就会加剧，那么沿着下丘脑－垂体－肾上腺（HPA）轴会触发另一系列事件。这条通道会激活多种应激激素。大量激素的运行都由下丘脑进行指挥。下丘脑是大脑中一个很小但很重要的控制区域，控制着许多身体功能，作用极为关键。而它内部的脑垂体就会释放很多激素。它是我们大脑中连接神经和内分泌系统的部分，调节我们身体的许多自主功能，尤其是新陈代谢。**我们知道，它是我们情绪的源头，也是处理情绪的总部。**当你感到压力太大的时候（或者用你习惯的描述：神经质、担心、紧张、焦虑、精神崩溃等等），下丘脑会释放出一种压力协调因子——促肾上腺皮质激素释放激素（CRH）——来启动一系列反应，最终使皮质醇在血液中达到峰值。虽然我们很早就了解了这一生物学过程，但最新的研究表明，仅仅是对压力的**感知**就能触发炎症信号从身体传递到大脑，使人为过度反应做好准备。这个过程在我们的狗身上也有类似的表现。这种机制在动物王国中存在了成千上万年。2020年，一组芬兰研究人员研究了近1.4万只狗的焦虑状况。他们得出结论："其中一些行为问题被认为与人类的焦虑障碍类似，甚至可能是同源的。这些自发行为问题产生自与人共享的环境。对它们进行研究可能会揭示许多精神疾病背后的重要生物因素。例如，犬类强迫症在表型和神经化学水平上都与人类强迫症相似。"换句话说，**当你感到压力时，你的狗狗可能也会感到压力。**

训练方法会影响长期压力

养狗是一个没有执照和不受监管的职业，没有最低教育水平要求，也没有护理标准和消费者保护条例。"买家当心"这样的提醒也无法阻止滥用训练方法对狗造成的伤害——有时这些伤害是无法弥补的。如果你想改变你的狗的一些行为，就要事先明白一件事：你选择的训练师和他／她使用的训练方法将会对你的狗的健康造成影响，有可能引发（也有可能平息）狗的慢性焦虑、恐惧和攻击行为。**我们采访的研究人员一致认为，不好的训练方法会损害狗的长期健康。**事实上，有比大喊大叫、殴打、掐脖子和恐吓更安全、更友善、更聪明的方法。为了你的狗的精神健康，请坚持与那些使用科学训练方法的训犬师合作。（如果你需要指引，请参阅附录第376页的列表。）

下一个问题是：我们如何才能更好地控制我们的压力？这个问题对我们自己和我们的毛孩子都很重要。而答案会让你感到惊讶——无非就是高质量的充足睡眠和身体锻炼。这两种方法都能够充分发挥生物学上的多重影响，成为我们管理压力的有效工具。与此同时，消化系统也会起到一定的作用。

睡眠和运动对压力的影响

那些很长一段时间都没有睡个好觉的人，或者许久不曾运动，让心脏加速跳动的人，都会出现这样的情况：情绪变得不稳定，易怒，颓废。和人类一样，狗需要充足的睡眠和运动。但狗的睡眠和运动习惯与我们不尽相同。首先，狗不像我们需要在夜间进行一次长时间睡眠，然后在整个白天保持清醒。当它们想睡觉的时候，往往只会打个瞌睡——这通常是在它们感到无聊的时候。然后它们很快就会醒来，迅速进入活跃状态。除了夜间睡眠之外，它们整个白天都会打盹儿，这让它们一天的全部睡眠时间加起来大概有12—14个小时（因为年龄、品种和体型等方面的不同会有轻微变化）。它们的快速眼动睡眠（rapid eye movement，简称REM，睡眠者此时是在做梦，眼珠会在眼皮下面快速转动）时间只占全部打盹儿时间的10%。因为狗狗的睡眠模式更不规律，更轻（更少的快速眼动睡眠时间），所以它们整体上需要更长时间的睡眠来帮助弥补缺乏的深度睡眠（我们有25%的睡眠时间处在快速眼动睡眠期）。

睡眠对于狗和人类一样必不可少。对犬类睡眠的研究发现，狗在非快速眼动睡眠中会经历短暂的脑电波活跃状态。这种脑电波被称为"睡眠纺锤波"。狗狗的这一点和我们人类一样。这些睡眠纺锤波的频率与狗狗在打盹儿前记住了多少新信息有关。这一点也与人类睡眠的研究结果如出一辙。在人类的相关研究中，睡眠质量就与我们大脑中新存储的信息被真正记住了多少有关。**睡眠纺锤波是我们和我们的狗狗巩固记忆的方式。**当睡眠纺锤波出现时，干扰大脑的外界信息就会被屏蔽。在打盹儿过程中，睡眠纺锤波出现频次较高的狗比睡眠纺锤波出现频次较低的狗表现出了更好的学习能力。这些结果可以类比人类和啮齿动物在相同领域的研究结果。

不管狗和人的睡眠模式有何不同，睡眠对我们的大脑和身体都有着同等重要的作用，是我们恢复大脑和身体、保持生理机能平稳运行和新陈代谢完好无损的必需手段。但就像缺乏恢复性睡眠会导致健康问题一样，过度睡眠也会导致犬类抑郁、糖尿病、甲状腺功能减退以及可能的听力丧失。

长期以来，运动被证明对健康至关重要——无论是人类、犬类还是任何其他哺乳动物。经过科学验证，运动可以说是支持健康代谢（例如，控制血糖和总体激素平衡以及控制炎症）最有效的方法。同时它也有助于保持肌肉和韧带的张力以及骨骼健康，促进血液和淋巴液循环以及细胞和组织的氧气供应，调节情绪，降低压力感知水平，加强心脏和大脑健康，并且让你睡得更香更沉。实际上，睡眠和运动是密切相关的。你一定不是第一次听说这两个关键习惯对健康是多么至关重要，但我们有时会忘记了它们对我们的毛孩子同样是多么必不可少——尽管它们的剂量、形式和强度对于人和狗会略有不同。

保持平和、冷静以及与外界的联系，要靠消化系统

之前我们描述了微生物组健康的重要性——微生物群落是由生活在我们（和我们的狗）体内和体表的细菌所主导。关于微生物组维护健康的初步研究主要集中在消化健康和免疫稳定方面。但现在，科学，尤其是与狗有关的科学，正在探索生活在犬类肠道（消化道）中的细菌如何影响它们的情绪，进而影响它们的行为。有证据表明，肠道会影响大脑，而这两者一直是相互关联的。

肠道微生物在很多方面发挥着作用，从合成营养物质和维生素，到帮助我们消化食物，防止我们出现代谢障碍，甚至能防止我们过于肥胖。有益细菌还通过关闭皮质醇和肾上腺素的"水龙头"来保持身体的平衡。皮质醇和肾上腺素与压力有关，如果这两种激素持续流入血管，会对身体造成严重损害。我们并不认为肠道和大脑是紧密相连的（和手指连在手掌上不一样），但"肠道－大脑轴"的确存在，它让这两套器官能够直接传送信息，从而让这两个生理系统有了不可思议的相关性。肠道细菌产生化学物质，通过神经和激素与大脑交流。而这种交流又是一条独特的双向高速公路。

我们都有过这样的经历：神经紧张时，我们会感到恶心，更糟糕的情况下，可能会直接冲进厕所呕吐。迷走神经是中枢神经系统和肠道神经系统中数亿个神经细胞之间的主要传送带。没错：我们的神经系统不仅仅由大脑和脊髓组成。除了中枢神经系统，我们都有一个内置在胃肠道的肠道神经系统。中枢神经系统和肠道神经系统是在胎儿发育过程中由同一组织产生的，它们通过迷走神经（"迷走"在这里的意思就是无规律地乱走）连接在一起。迷走神经从脑干一直延伸到腹部。它构成了植物（自主）神经系统的一部分，操控许多不需要有意识思考的身体过程，如维持心率、呼吸和消化功能管理。我们还有

另外两个神经系统：交感神经属于我们身体的"战斗或逃跑"系统，它加快我们的脉搏和血压，让血液离开消化系统，分流到大脑和肌肉，让我们保持警觉和精神集中；与之功能相反的是副交感神经，它主导我们的休息和消化系统，让我们可以睡眠，重建和修复身体。

在无菌小鼠的研究中，人们首次探索了压力对于肠道微生物可能的影响——或者这样说，在没有肠道微生物的情况下，压力会造成什么样的影响。这些小鼠是特殊饲养的。它们没有接触过正常外部环境，肠道内没有寄生微生物群落，因此科学家可以研究微生物缺失的影响。或者反过来，将它们暴露在某些特定菌株中，然后记录它们行为的变化。2004年一项具有里程碑意义的研究首次揭示了大脑和肠道细菌之间双向作用的一些线索。研究表明，无菌小鼠对压力的反应非常剧烈，这可以通过大脑化学物质的改变和应激激素的升高来证明。而这种情况可以通过给它们一点**婴儿双歧杆菌**来逆转。从那时起，许多动物研究都探索了肠道细菌对大脑的影响，特别是这种影响在动物情绪和行为中的表现。肠道产生的化学物质和激素会起到何种作用，从根本上而言取决于有哪些细菌存在于肠道中，不同的细菌会产生不同的化学物质。某些细菌会产生具有镇静作用的化学物质，而另一些细菌的产物可能会导致抑郁和焦虑。例如，在许多研究中，给老鼠喂食某些益生菌（**乳酸菌和双歧杆菌**）会导致特定化学物质被输送到老鼠大脑中调节情绪的区域——这些细菌发出的信号减少了老鼠的焦虑和抑郁。简单地说，某些肠道细菌会影响情绪和行为。

我们刚才描述的所有这些生物学现象在狗身上也都有发生。实际上，大多数关于肠道细菌如何与大脑对话的研究首先是在非人类动物（尤其是老鼠）身上进行的。但要知道：根据现有的研究记录，犬类肠道微生物组以及它们与犬类大脑的关系在组成和功能方面更接近于我们的肠道微生物组。狗的肠道-大脑轴工作原理与人类很相似。这些新的研究成果有助于解释我们完全看不见的那些微小生物在如何影响狗的情绪，它们甚至可能导致焦虑，进而让狗产生攻击性或其他不良行为。

俄勒冈州立大学的一项研究提供了一个引人注目的例证。2019

年，研究人员对31只狗的肠道细菌进行取样，这些狗都来自一个组织斗狗的家庭，是从那里被营救出来的。研究人员评估了每只狗的攻击行为，以此将它们分为两组：一组显示出明显的攻击性，另一组对其他狗没有攻击性。通过对这些狗的粪便进行仔细取样，他们分析了这些狗的肠道微生物组，发现具有攻击性的狗的肠道中某些细菌的含量往往更高。由此可以推断，肠道微生物组中的某些细菌可能与攻击行为和其他焦虑行为有关。除此之外，这项研究再次印证了许多其他犬类研究人员已经注意到的一个问题：焦虑有时与攻击行为有关。而焦虑的根源可以追溯到肠道和肠道内的微生物。

随着科学家们逐渐分析出微生物种群与宿主行为的相关性，"肠道微生物组成的特征可以反映焦虑水平和行为"这一观点在研究圈子里获得了很多关注。与之相对应，科学家们也在研究不同类型饮食所支持的微生物类型。如果狗的饮食影响了它们肠道内的细菌种类，那么哪种饮食能支持健康的肠道，并产生有益的下游影响？一些研究对以肉为基础的生食和颗粒狗粮进行比较，得出结论：被喂食生食的狗的细菌群落生长更均衡，梭杆菌群落有所增加（这是一件好事）。在一项研究中，喂食生食至少一年的狗与喂食颗粒狗粮的对照组相比，有种类更丰富、分布更均匀的微生物群落。我们还知道，喂食新鲜食物的狗，其肠道中的微生物群落更有利于增加"快乐激素"——血清素的分泌（形成更健康的肠道-大脑轴），以及减缓认知能力下降，并能够更好地控制**放线菌**。放线菌与人类和狗的认知能力下降以及阿尔茨海默病有关。

以上的研究让我们可以尝试借助肠道的力量解决一系列问题——焦虑、压力、抑郁、肠道炎症甚至是认知能力的下降。肠道微生物群落是一个不断变化的生态系统，受到许多因素的影响，包括饮食、药物（如抗生素和非甾体抗炎药物）以及环境。研究表明，在服用过一个疗程的抗生素后，你的狗狗需要花上几个月的时间来恢复体内的微生物群落。即使只是在一个星期中每天服用非甾体抗炎药物，如地拉考昔（Deramaxx）、普维康（Previcox）、瑞莫迪（Rimadyl）、美达佳

（Metacam）等等，也都能显著影响肠道健康。我们当然不是建议你停止给你的狗使用止痛药，但许多开处方的兽医都已经开始采取措施，力求将造成的损害降到最低，以减轻长期使用多种药物对胃肠道的影响。要重建和优化狗狗的微生物群落，最好的方法就是从简单的生活习惯入手，规划好我们和狗狗的日常睡眠、运动、饮食和生活环境，从而改善我们的整体生理状态。年龄也是我们在做规划时需要考虑的因素之一，因为它会影响胃肠微生物多样性，而对肠道健康起到关键的作用的正是寄居其内部的微生物的多样性。我们和我们的狗年纪越大，就越难以保持这种多样性。你会在本书的第三部分看到，我们鼓励你在狗的食物中添加少量种类丰富的治疗性食物。因为科学研究的结果已经很清楚：**狗狗的肠道细菌越是丰富和多样化，它们就越健康。**

粪便微生物组移植所揭示的秘密

微生物组修复疗法（Microbiome Restorative Therapy，简称MRT）其实是粪便移植的一个花哨名字：从身体健康、情绪健康的捐赠者粪便中提取微生物组样本，过滤后移植给病人。虽然这听起来让人难免有些担心，但MRT其实是一种古老的疗法，可以一直追溯到在非洲生活的人类。那里的母亲很久以前就在使用这种方法，拯救可能会因霍乱而死的婴儿。许多个世纪以后，现在美国的顶级医院开始使用这种原始的治疗方法来挽救受到**艰难梭菌**（Clostridium difficile，简称C.diff）感染、有生命危险的患者。作为一名兽医，我（贝克尔医生）很早就知道粪便移植被用于治疗危及人类生命的胃肠道感染，但直到我遇到菲利克斯（Felix），我才第一次考虑将其用于兽医学实践。

菲利克斯是一只10周大的黄色拉布拉多公幼犬。尽管接种了细小病毒疫苗，但它还是感染了细小病毒。它的主人花了1万多美元试图挽救它的生命，尽管做了各种努力，菲利克斯还是因为病情迅速恶化被送进了专科中心的重症监护室。几天后，菲利克斯的主人被告知它已无法站立，他们应该考虑安乐死的问题了。这时菲利克斯的妈妈惠特妮给我打了电话。她问我有没有什么"回天大法"，可以在那天下午预定的安乐死之前尝试一下。我告诉了她粪便移植的事。她养了一些非常健康的拉布拉多犬。它们一直都在吃生食。我建议她选其中一只狗，取些狗的粪便送去医院。如果主治医生允许这种疗法，他们会制作一种浆液，给菲利克斯灌肠，让它同伴的数百万有益微生物充满它受感染的胃肠道。

这个疗法奏效了。菲利克斯在接受移植后几小时站了起来。它从那时开始康复。在那一刻，所有参与菲利克斯治疗的人都意识到了粪便的力量。之后的研究继续取得了一些惊人的发现：将健康老鼠的粪便移植到抑郁老鼠身上，可以治愈抑郁；将瘦老鼠的粪便移植到肥胖老鼠身上，可以减轻胖老鼠的体重；将友善狗狗的粪便移植到好斗狗狗身上，可以改善好斗狗狗的行为。我们刚刚开始了解这种简单、古老，经过实践验证的健康手段，发现它可以有效治疗相当广泛的健康问题。

说到粪便："食粪症"是一个医学术语，指的是吃粪便。如果有机会，大多数狗一生中都会偶尔这样做。这种习惯看起来很恶心，但可以为我们提供关于狗体内微生物群落的健康和需求的线索。犬类天生就会利用环境提供给它们的工具和资源来治疗自身疾病，包括吃下看似无用的粪便。它们会出于不同的原因寻找并吃掉不同种类的粪便。研究人员认为，有些狗是在寻找益生菌的来源，以解决消化问题。如果粪便中有未完全消化的食物，或者狗缺乏某种营养或其他物质，而它需要的物质恰好存在于它遇到的粪便中（例如，兔子的粪便是一种天然且丰富的补益性消化酶来源），它就有可能吃掉那些粪便。有时食粪症会变成一种持续行为。狗在某些情况下还会吃自己的粪便。如果你的狗有这种令人不安的习惯，试着使用不同种类的益生菌和消化酶补充剂，直到你找到一个有效的组合。如果你的狗狗经常吃野生动物的粪便，那么你应该每年一次带狗狗的粪便样本去兽医那里进行检查，看看是否有通过食物链传播的体内寄生虫——这一点非常重要。

肠道内膜的完整性是关键

肠道内膜的健康、强壮和功能完好非常重要——它将身体的内部和外部隔开，挡住了来自外部的潜在危险。无论是狗还是人，胃肠道内壁从食道到肛门都覆盖着一层上皮细胞形成的黏膜。实际上，人体所有黏膜表面——包括眼睛、鼻子、喉咙和胃肠道的黏膜表面——都是各种病原体容易入侵的突破口，所以身体必须以妥善的方式为它们提供防护。

肠黏膜是人体最大的一片黏膜表面。它有三个主要功能。首先，它是人体从食物中获取营养的途径。其次，它可以阻止潜在的有害颗粒物进入血液，包括化学物质、细菌和其他可能对健康构成威胁的生物体以及生物体碎片。最后，肠道黏膜通过数种被称作"免疫球蛋白"的蛋白质直接参与免疫系统的运作，这些蛋白质能与细菌和外来蛋白质结合，阻止它们附着在肠道黏膜上。这些蛋白质是抗体，由肠道内壁另一侧的免疫系统细胞释放，通过肠壁进入肠道。这一功能让身体能够引导致病（坏）微生物和蛋白质流过消化系统，最终随粪便排出体外。

无法从肠道中的食物吸收营养是肠道渗透性问题或所谓的肠漏症造成的主要影响之一。这种症状意味着不该被允许进入身体的物质透过肠黏膜进入了身体，并刺激免疫系统。这些错误的渗透在很大程度上决定了全身性炎症的整体水平。**有充分证据表明，当肠道屏障受损时，会导致一系列健康风险，诱发各种症状，最终造成终生慢性疾病。**

这层膜与肠道菌群以及饮食结构有重要关系。加工食品会释放细菌毒素，这些毒素通常会持续存留在肠道微生物群落中。如果出现肠漏，这些毒素就会逃逸到血液中，对血液循环系统造成严重破坏。与此同时，原本健康的肠道菌群可能会失去平衡，变得对身体不利，造成微生态失调。很多物质都会破坏狗狗的胃肠道菌群：抗生素、杀虫剂（跳蚤和蜱虫药物）、类固醇和其他兽药（非甾体抗炎药物）。其中一些伤害是暂时的和必要的，但罪魁祸首是隐藏在狗狗的超加工食品中的东西：草甘膦残留物、真菌毒素和我们的狗狗不断吃进肚里的晚期糖基化终末产物，这些都会导致微生态失调，破坏微生物群落。一项动物样本研究表明，**除了造成肠道渗漏以外，美拉德反应产物还会增加肠道中有潜在危害性的细菌数量。**难怪这么多食用加工食品的动物会有肠道问题，甚至还有免疫系统功能障碍。一定要记住，狗狗的大部分免疫系统都在肠道壁中。而现在它们的肠道往往已经处于永久受损的状态。当我们从宠物主人那里得知他们的狗有胃肠道问题，对食物和环境过敏，甚至出现行为或神经性问题，患有自身免疫性疾病，我们常常会怀疑微生态失调和肠漏症才是它们的病根。而解决问题的方法很简单：采用更天然的饮食，这样不仅能滋养微生物群落，改善它们的组成和功能，还能保持肠道的完整性。

微生态失调是悄无声息的，没有外在症状，直到出现全身免疫反应才会被察觉。到了这个时候，瘙痒、抓挠和胃肠道症状都已经变得很明显。在犬类和人类之中，肠道菌群失衡都与肥胖、代谢性疾病、癌症、神经功能障碍和其他多种健康问题有关。不幸的是，对于狗的胃肠道问题，最常用的抗生素甲硝唑/灭滴灵（Flagyl）严重加剧了肠道微生物的生态失调。甲硝唑会杀死梭杆菌——犬类消化蛋白质所需的细菌——从而让机会致病菌[1]占据上风。除了产生肠易激症状（包括梭杆菌的减少），还有分节丝状菌（SFB）的增加。这会触发白细胞介素-6（IL-6）的表观基因表达以及其他炎症通道被开启，从而在体内产生系统性炎症。它还可以触发Th17基因的表观遗传正调控，进而导致特应性皮炎和其他炎症性皮肤状况。研究还表明，吃

---

1 正常菌群与宿主之间、正常菌群之间，通过营养竞争、代谢产物的相互制约等因素，维持着良好的生存平衡。在一定条件下这种平衡关系被打破，原来不致病的正常菌群中的细菌可成为致病菌，这类细菌称为机会致病菌，也称条件致病，如部分大肠杆菌。
——编者注

颗粒狗粮的狗体内梭杆菌会减少。犬类风险研究团队发现，对于斯塔福斗牛㹴犬，无论是身体健康还是有遗传性过敏炎症，它们的基因表达都会因为被喂食不同的食物而出现差异，也就是说，吃生食和吃干颗粒狗粮的斯塔福斗牛㹴犬会有不同的基因表达，哪怕它们的先天基因条件不一样，但在这件事上，它们都是一样的，甚至基因表达差异的细节状况也都是一样的——生食似乎能激活具有抗炎作用的基因表达。

微生物组研究正在世界各地顺利进行，这项研究非常有前景，只是现在仍处于起步阶段。虽然还有很多领域需要探索，但我们已经明确地看到，肠道微生物组在狗狗无数的生理和心理过程中发挥着重要作用。这就是为什么我们说一只健康的宠物首先要有一副健康的胃肠。我们将在讨论饮食的时候回到这个话题。我们喂给狗吃的食物，以及它在肠道中的作用，可能是我们谈论犬类行为时最容易被忽视的一个因素。就像给孩子吃太多高糖、高添加剂的精制食品会让他们变得过度兴奋、异常活跃、暴躁易怒，我们的狗狗也是如此。

土壤的支持

狗有天生的智慧和聪明的本能，并且经过了漫长岁月的进化磨炼，这些都在引导它们做出能够治愈损伤，使自己保持健康的选择——如果它们有机会做选择的话。实际上，大多数狗狗很少有机会凭本能做出选择，所以也就失去了这种自我疗愈的能力。

"动物生药学"（Zoopharmacognosy）这个词用来描述动物的自我用药行为，其词源是古希腊语"zoo"（动物）、"pharmaco"（补救）和"gnosy"（知道）。动物知道它们自己需要什么以及什么时候需要。

几十年来，动物生药学在关于野生动物的文献中得到了很好的阐述。20世纪80年代，迈克尔·霍夫曼博士（Dr. Michael Huffman）首次发表了他观察到的神奇现象：野生黑猩猩会精心挑选药用植物特定的部位以治疗自身的不同疾病（他关于这个主题的TEDx演讲很吸引人）。这让人们对这一迷人的研究领域产生了更多关注。

我们向霍夫曼博士询问了家养狗和"异食癖"（动物吃非食物的医学术语，如土壤、黏土和卫生纸）的情况。他笑着解释说，**被驯化的动物仍然具有对它们很有帮助的古老本能，但这些动物基本上都不会被允许自然而然地表现出有助于平衡自身状态的行为**。我们为狗狗做了大部分决定，却没有给它们足够的机会去嗅闻、挖掘和辨别它们需要哪些有机物质来纠正自身的微生物群落失衡和微量矿物质缺乏。狗狗在家里的选择通常都很少——它们只能舔地毯纤维，咀嚼从垃圾桶里偷来的一小块纸巾，偶尔吃一点它们在人行道缝隙中找到的杂草。这些根本没办法和伴随它们共同进化的自然界植物药箱相比。更糟糕的是，它们还经常因为表达这些迫切的渴望而受到惩罚——这又实实在在地导致了它们的焦虑。我们并不是建议让你的狗整个下午都在野外舔石灰石来纠正缺钙问题，但我们强烈建议评估你的狗的行为，更好地理解它在寻找什么，以及为什么寻找。不要让你的狗探寻不安全的地方，包括存在化学物质的环境。但**一定**要让你的狗像真正的狗一样：给它时间和空间去啃草，舔土，用爪子挖出它正在寻找的根，品尝特定的杂草，吃一点隐藏在草坪中的三叶草。如果你的狗狗急切地想要摄入有机物质（然后又会呕吐），那么它应该是有微生物问题，或者是生病了。狗狗需要自己选择它渴望的东西，而它在人行道裂缝中找到的野草可能是它唯一的机会。让它拥有这种自由吧。你可以在www.carolineingraham.com上了解更多关于动物生药学知识，以及该如何在你的狗狗身上应用这些知识。

出于这些原因，我们的好友史蒂夫·布朗发起了犬类健康土壤研究。史蒂夫很清楚，幼犬在生命早期就需要接触健康的、无化学物质和毒素的土壤。所以他养的幼犬要比其他在室内长大的幼犬健康**得多**。许多饲养者在幼犬出生后的前8周遵循严格的卫生守则，为幼犬创造了近乎无菌的生活环境。而健康的土壤具有高度的生物多样性。1克土壤可能含有100亿个微生物，2 000—50 000多个物种，它们能够直接与犬类自身的微生物群落进行交流。研究结果表明，幼犬在生命早期需要接触含有丰富微生物的土壤，这能够让它们的免疫健康形成终生优势。而大多数幼犬现在并没有这样的机会。于是史蒂夫想从眼前做起，为狗提供这种机会——以土壤为基础的微生物支持，帮助现代犬类获取它们缺少的微生物。他的目标是帮助狗建立起平衡的、多样性的体内微生物群落。他的方法是提供食物和有益的生物活性代谢物——这些代谢物包含各种各样的土壤微生物。这些微生物被局部施放在狗的皮肤和毛发上，它们将非常有助于多种微生物种群在狗的口腔和肠道中进行发育。经过两年的研究和开发，他被不可思议的良好效果震惊了，接受实验的狗狗状态全都有了显著的改善，在日常行为、过敏、肥胖、糖尿病、口腔健康、呼吸、皮肤和毛发、关节炎以及大脑功能方面尤其明显。

亲近大地

近年来，人们一直在谈论所谓自然疗法的力量，即到大自然中呼吸新鲜空气，让心灵更加平静。这一运动起源于日本传统的"森林浴"（Shinrin-yoku），即让自己沉浸在自然的景象、声音和气味中。森林浴20世纪80年代在日本发展起来，自1982年以来由日本林业省作为一项公共卫生倡议加以推广。与此相关的研究发现，它对免疫功能、心血管问题、呼吸系统疾病、抑郁、焦虑和多动障碍都有很好的治疗效果。研究人员认为，人类在大自然中获得的一些有益的免疫效果是由于吸入了木本和草本植物分泌的一种名为芬多精（phytoncide）的分子。这是植物用于保护自己、避免病虫害的一种物质。

现代的生活方式常常会断绝人类（和动物）与大地的直接接触。研究表明，这种脱节可能是导致生理功能失调和亚健康的原因之一。研究者发现，与真实地面的重新连接能够带来奇妙的生理变化和主观上的幸福感受。

你有没有想过，动物是如何预知地震的？答案是舒曼共振：大地的电磁振动。是的，这一点千真万确。地球有一种能量，狗狗（科学表明，你也一样）对这种能量很敏感。阿卜杜拉·阿拉卜杜加德（Abdullah Alabdulgader）的团队在《自然》杂志上发表了一篇令人着迷的论文，评估了地球的磁力以及这种磁力如何影响哺乳动物的自主神经系统。他们的研究有力地证实了哺乳动物每天的自主神经活动会对地磁和太阳活动的变化做出反应。这解释了环境中的能量因素如何以不同的方式影响心理、生理和行为。（想想满月和地震！）舒曼共振频率为7.8赫兹，动物对这一频率特别敏感。因为它几乎与阿尔法脑波频率相同。而阿尔法脑波与冷静、创造力、警觉和学习有关。

明尼苏达大学哈伯格时间生物学中心［弗朗茨·哈伯格博士（Dr. Franz Halberg）创造了"昼夜节律"这个词］进行的研究表明，地球的节律和共振与人类和动物的一系列健康指标之间有重要的联系。当生物节律被打乱时，最初的症状往往是混乱和躁动。**我们可以假定，对你的狗来说，定期直接接触大地是非常重要的。**最好是一天几次。

在20世纪60年代，人类医生治疗的90%病症是急性损伤、传染病和分娩。如今，高达95%的求诊患者都是压力和生活方式造成的各种生理失调。这意味着身体受到了干扰，无力再维持正常、平衡的健康状态。宠物也是如此。50年前，兽医看的病主要是急性损伤和传染病，但现在我们看到的大多数病号都有胃肠道问题、过敏、皮肤问题、肌肉骨骼问题和器官功能失调。这已成为一种流行病。而让你和你的狗接地气的最好方法就是到户外去接触大地：出去散步。只要有机会，所有的动物都会利用地球的磁场来造福自己。狗甚至可以借助地球的力量在迷路时找到回家的路。研究表明，动物会有意将身体某些部位触碰地面，以获得特定的有益于身体的好处。问题是我们并没有经常给它们这样的机会。我们遇到的所有"永生狗"每天都会花很多时间在户外。在户外找一个安全的环境，带着你的狗去那里，让它们嗅闻、挖土、打滚、奔跑、自由活动和玩耍，它们在那里待的时间越久，身体状况就会越稳定（而且我敢说，它们还会非常快乐和满足）。

➤ 有毒压力的泛滥——给身体造成太大压力，导致不健康的结果——正在困扰人类和犬类世界，但有一些简单的策略可以对抗压力，让你不必拿起处方药的瓶子。

➤ 运动是缓解压力、焦虑、抑郁和孤独感的良药——不管对狗还是对人。每小时只要运动两分钟，就可以降低任何原因导致的死亡风险。我们喜欢称之为日常运动疗法，它能帮助狗狗感觉更平静，减少躁动，改善睡眠，并能增强狗狗之间的互动。

➤ 你的狗是否过早开始毛发发白？或者有糟糕的行为？这些都是压力过大的信号。当你感到压力时，你的狗狗可能也会感到压力。狗狗的身体和情绪问题会以某种症状的形式显现出来，提醒你需要注意其潜在的损伤。

➤ 肠道生物群落对我们和我们的狗都很重要，会在很大程度上影响我们的健康。而这种影响是好还是坏，就取决于我们的饮食选择、身体运动水平、睡眠质量和生活环境。这也意味着我们可以通过生活方式的选择对肠道微生物群落产生积极的影响。

➤ 狗喜欢为自己的健康做出一些决定，包括嗅闻和在（未喷洒化学药剂的）青草中觅食。这些行为可以对它们的微生物群落产生积极的影响。然而太多狗狗得不到足够的机会去亲近自然、嗅闻地面、挖掘泥土，真正地让四只脚踩在大地上。

❻ 环境影响

泥巴狗和脏狗的区别

狗是真正的绅士，我希望去他的天堂，而不是人类的天堂。

——马克·吐温

2010年，我（贝克尔医生）接待了一位患哮喘的猫病人，依照程序，我们需要使用吸入器尝试控制它失控的哮喘症状。当我深入探究为什么这只猫的哮喘在几个月里就变得难以控制时，我了解到它的主人是一家家居香氛公司的销售代表，并且销售业绩名列前茅。她举办了许多场家居香氛产品展览，展场中摆满了散发出浓郁香气的香薰蜡烛、香薰机以及其他各种极具吸引力的家居香氛产品。她家里的每个房间都放着这些产品。与此同时，她的猫的哮喘变得越来越严重，以至于不得不住院治疗。当这位猫主人清除了家里所有的挥发有机化合物（VOC）以后，她的猫的哮喘问题立刻就得到了缓解。她的狗的慢性结膜炎、眼部分泌物和舔爪子的症状也消失了。

实际上，环境很重要。非常重要。

现代化的风险缩短了寿命

我们小时候，人们在车上可以选择不系安全带；可以在任何地方吸烟（包括飞机内）；可以喝酒的年龄是18岁；富含反式脂肪的人造黄油比天然黄油更受欢迎；我们可以用微波炉加热塑料容器里的食物（还记得电视晚餐[1]吗？）；骑自行车和滑雪都不需要戴头盔；后院水管里的水直接就能喝——那种水管都会析出邻苯二甲酸盐和铅；（还

---

[1] TV dinner，指用微波炉加热以后一边看电视一边吃的快餐食品。 ——译者注

记得那种金属味吗？）以及夏天走在太阳下也不涂防晒霜（婴儿油比防晒霜更好用）。今天，这些行为在特定年龄以下是被禁止的——完全禁止，或者至少是特别不被鼓励的。我们小时候做过很多在今天不被认可或被认为不健康的事情。每一代人都会发现需要避免或监管的新危险，我们完全能预想到，未来会有更多的审查和测试，特别是关于化学品及其相关产品的。但遗憾的是，监管远远落后于调查和研究获得的最新警示，而且这种落后可能永远都会存在。

当我们发现某种物质（或某种行为和活动）的潜在危害时，我们中的许多人往往已经接触过它，受到了它的影响。美国环境保护署、欧盟和世界卫生组织都承诺加快收集有关"新型污染物"的数据，美国疾病控制与预防中心已经建立了一个国家系统，跟踪环境危害及其可能导致的疾病。美国国立环境卫生科学研究所是美国国立卫生研究院于1966年成立的，负责相关的研究和支持工作，但不参与生化监测。无论怎样，按照现在的情况，这方面的任何法规都不太可能以足够快的速度实施，以确保我们和狗狗的安全。

从许多方面来看，我们今天的确生活在一个比以前几代人更安全的世界。在车祸、战争和自然灾害中受到伤害的人越来越少；得益于更好的医疗条件，包括公共卫生和环境卫生措施，全球疾病负担已经下降。我们寿终正寝的可能性比死于受伤或者在42岁时死于突发心脏病的可能性更大。但在环境问题上，我们的现代生活方式仍然有很多问题要处理。解决掉这些问题可以让我们拥有更安全的生活。**但如果我们不控制和减少对各种污染的接触，包括我们吸入、吸收的污染物，甚至通过眼睛摄入的污染（比如夜间的蓝光），以及破坏我们宁静生活的噪声污染，我们就无法进一步延长寿命。**

当你想到污染的时候，你可能会想到工厂里冒烟的烟囱、烟雾缭绕的城市景观、贴着"骷髅头和交叉骨骼"警示标签的瓶装液体、汽车尾气、垃圾填埋场和充满塑料的海洋。但我们往往想不到，我们和我们的宠物每天都在遇到更隐蔽的、看不见的污染。花点时间想想你周围所有舒适的生活条件，它们往往都是这个时代的标志。回到今天早上，想想你的一天——从化妆品、洗漱用品、个人用品、清洁用品到你坐过的椅子，使用的电子产品，走过的草坪、地毯和硬木地板，呼吸的室内空气，喝的水，睡觉用的床垫，穿的衣服，闻到的香氛以及你承受的噪声和光线。这个列表还可以继续下去——我们还没有提到食物。不过为了本章的内容，我们将继续关注除了食物以外会被我们接触到的有毒物质。

　　下面是一个很有用的列表，可以帮助你了解每天接触非食物污染物的情况。如果你对某一个问题的答案是肯定的，请在对应的方框中画钩。

　　❏ 你喝未经过滤的自来水吗？（你的狗也喝同样的水吗？）

　　❏ 你家里有地毯和／或工程木材（胶合、层压板材）吗？

　　❏ 你是否使用过标签上有毒物控制警告的商用家庭清洁剂？

　　❏ 你有耐污、阻燃的室内装潢和家具吗？

　　❏ 你是否使用有香味的洗涤剂和／或织物柔顺剂来洗衣服、床上用品和其他织物？

　　❏ 你的盘子或你的宠物的盘子是塑料的吗？

　　❏ 你用塑料袋储存食物吗？

　　❏ 你用塑料容器加热食物吗？

　　❏ 你吸烟吗？家里有人吸烟吗？

　　❏ 你在草坪上使用农药、杀虫剂和除草剂吗？你的邻居呢？

　　❏ 你用古龙水和香水吗？

　　❏ 你家里有香薰蜡烛、香薰机或空气清新剂吗？

　　❏ 你的孩子和宠物会往嘴里放塑料玩具吗？

　　❏ 你住在大城市或者机场附近吗？

　　❏ 你的住宅内部是否经过处理或喷洒杀虫剂以清除害虫？

　　❏ 你是不是住在被水浸损的建筑里？或者住在有霉菌的地方？

　　你的"对钩"越多，你可能承受的潜在有害负担就越大。现在，

174

想想狗狗一天的生活。想象一下，在它的头上装一个摄像头，记录下发生的各种接触污染物的情况。你也会遭受类似的污染损伤，因为你和你的狗狗有共同的生活环境，比如喝同样的水、享受同样的沙发、呼吸同样的空气、让皮肤摩擦商业洗涤剂洗过的纺织物，并且和你喷过香水的皮肤接触。狗更容易接触到这些污染物，因为它们靠近地面，没有衣服的防护，也不会经常洗澡来清除身上的化学物质和污染物。你身高有160厘米左右，但你的狗离地面往往不到30厘米。它经常睡在地板上。比空气重的化学物质和污染物颗粒都会聚积在那里。家用清洁剂形成的气溶胶充斥在空气中，某些家装产品会从其固有材料中释放出化学气体（例如，一幅新的乙烯基浴帘的气味）。狗的鼻子比你的灵敏**一亿**倍。隐藏在地板和角落里的家庭灰尘像风滚草一样堆积起来，那里面通常充满了潜在的毒素。旧房子的窗台和地板上可能存在可吸入的、可以被吃掉或舔掉的含铅油漆，因为那些地方的油漆常常已经裂开成为细小的碎屑。

在户外，狗狗喜欢柔软的毛绒草，但如果这些草被化学药剂处理过，它们潮湿的爪子和鼻子就会吸收大量致癌物。这一切都造成了相当沉重的身体负担。20年前的研究就表明，家用杀虫剂、驱虫剂，各种防治蚂蚁、苍蝇、蟑螂、蜘蛛、白蚁、草本植物／树木昆虫的产品以及除草剂，包括专业草坪服务机构使用的除草剂、杂草控制产品，还有防跳蚤的产品（包括室内雾化器、跳蚤项圈、喷雾剂、粉末）都与儿童和宠物患某些癌症风险的惊人增加相关。由马萨诸塞大学的伊丽莎白·R. 伯顿–约翰逊博士（Dr. Elizabeth R. Bertone-Johnson）带领的一大批来自世界各地的研究人员所做的一项早期研究揭示了极为令人担忧的事实：**接触草坪杀虫剂（特别是那些由专业草坪护理公司使用的杀虫剂）会使犬类患恶性淋巴瘤的风险增加**70%。有180万人收看了我们几个月前在Facebook上发布的关于草坪化学物质对犬类危害的教育视频。大量刚刚得知这一事实的宠物家长都感到非常惊讶。在震惊之余，许多人立即行动起来，开始重新考虑他们护理草坪的办法。

普渡大学的另一项类似研究发现，化学处理过的草坪与犬类癌症的风险增加之间存在密切联系。普渡大学的这项研究专门针对苏格兰㹴犬患膀胱癌的风险。苏格兰㹴犬患膀胱癌的比例远远高于其他品种。它们对于这种癌症的遗传基因倾向使它们成为研究人员理想的"哨兵动物"，因为它们感染此种恶疾所需要的致癌物质比其他品种少得多。普渡大学的研究小组发现，接触化学物质越多，患膀胱癌的风险就越大：接触化学物质的实验组患膀胱癌的概率要比正常情况**高出**4—7倍。狗和人类基因组之间的相似性可能会引领研究人员在人类身上找到使人类容易患上膀胱癌的基因。

这项研究特别值得注意，因为它揭示了一个重要事实：我们在草坪和花园中使用的化学药剂混合物里面，那些所谓无害的惰性成分可能正是对我们造成伤害的元凶。每年有数十亿千克未经测试的化学物质进入我们的草坪和花园，虽然我们很容易指出一些众所周知的有害物质，如滴滴涕和草甘膦，但要准确地指出其他隐藏在我们脚底下的"罪犯"，却困难得多。

身体的负担

正如我们在第一部分中简要提到的那样，我们这些生活在工业化国家的人现在体内有数百种合成化学物质，它们来自食物、水和空气，构成了我们的"身体负担"。它们积聚在几乎所有器官组织中，包括脂肪、心肌和骨骼肌、骨骼、筋腱、关节和韧带、内脏还有大脑。这些化学物质如何滞留于我们体内取决于它们的化学性质。像汞这样的脂溶性毒素会散布在脂肪组织中，而像高氯酸盐这样的水溶性毒素（会进入供水系统）通常会在经过身体各个部位之后又通过尿液排出体外。许多毒素是脂溶性的，这意味着脂肪越多，毒素就越多。另一个坏消息是毒素会导致水分和脂肪滞留。这是因为当体内毒素过多时，自然就会产生炎症。而我们的身体为了消除炎症反应，则会通过保留水分来稀释脂溶性和水溶性毒素。

重申一下：绝大多数这些化学物质从来没有经过充分的健康影响测试，其中许多都来自塑料。塑料中的化学物质会被人体吸收，6岁以上的美国人中93%双酚A检测呈阳性，你也许知道，这是一种塑料中衍生出的化学物质，被证明会对我们的生理机能产生负面影响——尤其是对内分泌系统。存在于塑料中的其他一些化合物也被发现会影响激素分泌或对健康产生其他有害影响。

在美国，质谱法（mass spectrometry）是一种用于筛选170多种环境污染物的方法，包括有机磷农药、邻苯二甲酸酯类物质、苯、二甲苯、氯乙烯、拟除虫菊酯类杀虫剂、丙烯酰胺、过氯酸盐、磷酸二苯酯、环氧乙烷、丙烯腈等。借助尿液样本中18种不同代谢物的测试可以帮助确定你的身体负担状况如何，也就是你体内的化学物质的含量以及种类。我们正在努力让这些测试也适用于宠物。但即使没有这些专门的测试，科学家也有足够的证据显示，我们所有人和宠物，从未出生的胎儿到老年犬，都承受着普遍的有毒化学品污染。

普渡大学的一些研究人员还记录了一些狗尿液中含有的化学物质。这些狗被分为两组，区分条件是它们生活环境中的家庭草坪是否经过**化学处理**。结果表明，即使是不向草坪喷洒化学药剂的人家，他们的宠物（和他们自己）也可能会暴露在有害的化学物质中，因为他们会在社区和公园散步，或者从邻近草坪会有扩散过来的漂浮物。除草剂产生的水蒸气传播距离比你想象的要远得多——可以达到3 000米，尽管大多数水蒸气只会在200米范围内飘移，但这已经足够涵盖周围的几栋房子了。

在得州理工大学环境与人类健康研究所，科学家们记录了狗狗接触双酚A和邻苯二甲酸酯的来源，有些来源让人意想不到：玩具和训练设备，比如狗狗喜欢嚼的磨牙棒。这些物品是由塑料制成的，其中的化学物质也被归类为内分泌干扰化学物质（EDCs），因为它们具有破坏激素系统的能力。众所周知，这些化学物质也会对人类产生不利影响。比如由于一些激素的影响，女孩的青春期会提前。

给你的狗洗洗脚

狗狗的爪子就像潮湿的小擦地软布，会沾上各种过敏原、化学物质和其他污染物。记住，狗只会从鼻子和脚垫出汗。所以这些潮湿的小垫子可以收集大量刺激物。通常你只要为它们的四只脚进行一下简单快捷的浸泡清洗，就能大幅度减少它们舔咬脚爪的时间。根据狗狗的大小，你可以使用水盆或浴室的浴缸。

在水盆或浴缸里装满几寸深的水，足够覆盖狗狗的爪子就可以。我们最喜欢的清洗液是聚维酮碘（可以在药店和网上买到），这是一种有机的、无刺激性的溶液，安全、无毒、抗真菌和细菌。用水稀释聚维酮碘至冰茶的颜色（中等程度棕色）。如果溶液颜色太浅，就再加一点药剂；颜色有一点深就多加点水。只需让你的狗狗在溶液中站立2—5分钟。你不需要对它们的爪子做什么，这种溶液会很好地帮你解决问题。如果你的狗狗在水里很紧张，你和它说话或唱歌都不足以让它平静下来，那就给它一些零食奖励。然后拍干它的脚垫，让它去跑吧！这件事需要每两到三天重复一次。

室外积聚了化学物质的草坪是一种威胁，而我们在室内遇到的情况也并没有好多少。我们90%以上的时间都会在室内度过。除非你到门外去四处打滚，把脸埋在用大量化学药剂处理过的草坪上，否则室内环境在很多方面对我们而言都要比室外毒性更强。过去十年的大量研究，包括2016年由美国各机构联合发表的一项成为头条新闻的综合分析，都明确了家庭空气可能是一种有毒的"鸡尾酒"——其中的灰尘通常都含有对免疫、呼吸和生殖系统有毒的化学物质。另外这种有毒"鸡尾酒"中还含有挥发有机化合物——如甲醛，以及燃烧副产品——如烟灰和一氧化碳。实际上，挥发性有机化合物是我们室内空气毒性的主要原因。这些有毒物质与新购置车辆中发现的有毒物质相同（是它们产生了新车的味道）。挥发有机化合物不那么稳定，所以它们容易蒸发（变成气体），并可能与其他化学物质结合，产生其他化合物，当它们被吸入或通过皮肤吸收时，都有可能造成不良反应。它们存在于各种各样的产品中：古龙水、地毯黏合剂、胶水、树脂、油漆、清漆、脱漆剂和其他溶剂、木材防腐剂、泡沫绝缘剂、黏结剂、气溶胶喷雾剂、清洁剂、脱脂剂和消毒剂、防虫剂、空气清新剂、香薰机、存储燃料、手工艺用品、衣物干洗剂和化妆品。

即使你采取了一切预防措施——尽可能选择环保替代品，尽量减少这些会进入空气的化学物质——我们仍然建议你购置一个好的空气净化器。空气中的化学物质是家庭中最大的污染威胁之一——它们就在你鼻子底下悄无声息地毒害你（还会钻进你的鼻孔里）。有专门为雾霾、烟雾和颗粒物设计的空气净化器，也有的空气净化器专门用于净化化学品、气体和烟雾，或者是应对霉菌、病毒和细菌。有些净化器被设计用于处理上述所有问题。90%以上的微粒足够小，可以用高效空气过滤器（high efficiency particulate air filter，简称HEPA filter）有效去除。如果你或你的狗患有过敏或哮喘，空气净化器有助于减轻你们的症状。当然，经常更换家里的空调过滤网和每年清洁空调管道也会有所帮助。如果你还不想花钱买空气净化器，那么降低家中空气毒素含量最简单、最快捷的方法就是打开窗户，勤通风换气！

特别提示： 不必感到恐慌，要让自己和你的狗拥有更洁净的生活，你不一定需要立刻就把家里所有的东西换掉。你可以做一些简单的事情来减少对化学品的接触。等你用完家里的洗衣液，就改用无香味的环保洗衣液吧。沙发和狗窝，还有经过化学处理的衬垫，可以在上面盖一条有机棉的毯子，或者用天然纤维布料包裹住它们。让你感到有问题的地毯，使用带高效空气过滤器的真空吸尘器吸一吸。室内空气不好，就保持房间通风，打开窗户，在厨房、浴室和洗衣房等地方使用排气扇。这些操作简单、花费很少而且有效果。

让我们来看看其他一些严重的家庭污染制造者和它们在我们日常生活中的来源，这将帮助你了解可以关注什么地方，需要在何处做出改变，比如你用什么来打扫房间、在花园里喷洒什么、如何布置和装饰房间以及要带回家什么样的日用消费品，包括个人护理产品。

根据世界卫生组织、美国环境保护署和美国环境工作组等组织公布的数据和其他多种研究结果，以下是部分常见的家庭污染源。

气溶胶喷雾

建筑材料（墙壁、地板、地毯、乙烯百叶窗和家具）

一氧化碳

清洁材料（洗涤剂、消毒剂、地板和家具亮光剂）

干洗衣物

加热系统或设备

手工艺用品（胶水、黏合剂、橡胶泥和油性记号笔）

绝缘泡沫

草坪和花园化学品

铅

霉菌

樟脑丸、樟脑晶体

涂料（特别是具有抗真菌特性的涂料）

个人护理产品

农药

塑料

胶合板、刨花板

聚氨酯、清漆

氡

房间除臭剂、空气清新剂，还有香薰蜡烛

合成纤维织物

自来水

烟草、烟雾

木材防腐剂

塑料无所不在：使生活充满臭气

塑料无所不在。从汽车到电脑，从浴缸到宠物玩具再到瓶子，再到衣服、厨房用具和储物容器，塑料的泛滥程度几乎无法估量。过去10年里的塑料产量超过了整个20世纪的产量。全世界使用的塑料有一半是一次性的，也就是说，只使用一次就会被扔掉。大多数人都没有意识到，塑料的典型气味，尤其是那种软塑料咀嚼玩具的气味，正是化学品混合物的标志。其中对健康危害最大的是我们已经提到过的：双酚A、聚氯乙烯、邻苯二甲酸酯和对羟基苯甲酸酯类。

尽管消费者一直在推动从产品中去除双酚A，尤其是那些儿童会接触到的产品（如吸管杯和婴儿奶瓶），但双酚A仍然潜伏在我们的生活中。狗玩具里就充满了这种化学物质，这几乎是众所周知的事情。任何带有"香料"（fragrance）字样的产品也可能会有这种问题。根据美国联邦法律，任何标注为"香料"的产品成分都不需要向美国环境保护署、美国食品药品监督管理局或任何监管机构披露其具体内容。

有趣的是，邻苯二甲酸酯类物质也可能隐藏在"香料"的标签成分里，因为添加这种物质的目的也是增加香味，并且为产品中其他成分提供"润滑"效果。邻苯二甲酸酯类物质不仅存在于普通的塑料制品中，还会被投放到香水、护发啫喱、洗发水、肥皂、头发定型喷雾、沐浴露、防晒霜、除臭剂、指甲油和医疗设备里。它们也会被用在宠物护理产品和宠物玩具里面。在首批此类研究中，纽约卫生部的生物化学家于2019年开始测量宠物猫和狗接触21种邻苯二甲酸酯类物质代谢物的情况。他们记录了广泛的相关污染接触情况，其中一种邻苯二甲酸酯类物质的检测水平仅仅比美国环境保护署建议的对人类"正常"的水平低两倍。

有毒的玩具、咀嚼物和狗窝

以下成分常见于宠物玩具及咀嚼物中。

- ▶ **邻苯二甲酸酯类物质：**我们要再次强调，这一大类化学物质经常被添加到聚氯乙烯制成的宠物玩具中，以软化乙烯基，使其更有弹性，更耐嚼。邻苯二甲酸酯类物质闻起来像乙烯基物质。成分表上的"对羟基苯甲酸甲酯""对羟基苯甲酸乙酯""对羟基苯甲酸丙酯""对羟基苯甲酸异丙酯""对羟基苯甲酸丁酯"和"对羟基苯甲酸异丁酯"等词和此类物质有关，但大多数玩具都没有标明它们的成分。这并不是多么复杂的科学：狗狗玩耍和咀嚼乙烯基或软塑料玩具时间越久，就会有越多的邻苯二甲酸酯类物质渗出。这些毒素可以在环境中不受约束地散发，被狗的牙龈和皮肤吸收。结果就是狗狗的肝脏和肾脏受损。

- ▶ **聚氯乙烯（PVC）：**通常被称为"氯乙烯树脂"，这是一种相对坚硬的塑料，但它内部通常填充有像邻苯二甲酸酯类物质这样的软化剂。PVC也含有氯，所以随着时间的推移，当狗咀嚼PVC制成的玩具时，氯会释放出来，并化合成二噁英。这是一种臭名昭著的危险污染物。它会导致动物罹患癌症，免疫系统受损，还与生殖和发育问题有关。

➤ **双酚 A：**这是聚碳酸酯塑料的基材，广泛用于各种塑料制品，其中也包括你家附近宠物商店的塑料制品。它也存在于狗粮罐头的内衬中（人类食品的内衬中也有）。在 2016 年密苏里大学的一项研究中，双酚 A 被证明会扰乱犬类内分泌系统。另外它还会破坏犬类的新陈代谢。

➤ **铅：**我们都知道铅是一种有毒物质，尤其会伤害神经和胃肠道系统。任何了解铅的人都会害怕铅中毒。但是人们没有意识到，尽管美国从 1978 年就开始禁止含铅油漆，但它**仍然**存在于我们的生活中。除了几十年前油漆过的旧房子，铅还可能通过进口商品进入宠物的生活，比如网球或其他宠物玩具、进口陶瓷食品和上了铅釉的喝水碗，以及被铅污染的水。

➤ **甲醛：**你可能是在五年级的生物课上第一次闻到甲醛的气味（希望只是很少量）。这是一种由来已久的防腐剂。但它也是一种确定的致癌物，会通过口、鼻和皮肤被吸收。它应该被密封在那些保存标本的罐子里，而不是出现在生皮咀嚼玩具上，但它在那些咀嚼玩具中的确很常见。

➤ **铬和镉：**几年前，消费者事务部的实验室测试让沃尔玛陷入了困境，当时毒理学报告显示，这家大型连锁企业销售的宠物玩具中含有高浓度的这两种化学物质。过多的铬会损害肝脏、肾脏和神经，并可能导致心律失常。镉含量过高会破坏关节、肾脏和肺部。

➤ **钴：**2013 年，Petco（美国最大的宠物用品零售商）召回了受钴辐射污染的不锈钢宠物碗，这让人们重新认识到无毒饮食容器的重要性，以及不锈钢碗有必要经过第三方进行污染物检测。

➤ **溴：**这种阻燃剂经常存在于家具的泡沫层中，也包括狗窝的泡沫层。溴中毒会导致胃部不适、呕吐、便秘、食欲不振、胰腺炎、肌肉痉挛和颤抖。

回收那些"吱吱"叫的东西!

狗不知道它们喜欢的那些发声玩具的"吱吱"声中所蕴含的毒性。实际上,许多狗在面对它们的玩具时都有一个迫切的念头,那就是赶快把那个发出"吱吱"声的东西找出来。如果它们兴高采烈地把玩具拆开,给你撒了一地的聚酯填充材料,你可以将它们回收,做成毒性小得多的DIY玩具。把这些填充材料用纸包住,塞进一只旧棉袜里,袜口打好结,再把袜子埋在一堆废纸团中,你就能再次看到狗狗的欢乐和兴奋了!(而且没有添加邻苯二甲酸酯和PVC[1]!)

关于阻燃剂的说明:化学阻燃剂在我们日常使用的许多产品中都很常见。根据法律要求,它们被添加到各种各样的家庭用品中,如家具、织物、电子产品、电器、床垫、床上用品、衬垫、靠垫、沙发和地毯。然而问题是,阻燃剂并不只会待在原来的地方。它们会从产品中挥发出来,污染室内灰尘。灰尘又会在狗(和婴儿)玩耍的地板上积聚。正如我们在第一部分中强调的那样,2019年俄勒冈州立大学的一项研究显示,阻燃剂可能是猫甲状腺功能亢进症流行的罪魁祸首(1980年,200只猫中有1只被诊断为甲状腺功能亢进;今天是10只里就有1只)。完全避免使用阻燃剂几乎是不可能的,但你可以采取一些简单的预防措施来减少接触,比如在你的狗和喷洒过阻燃剂的产品表面之间加一条有机织物床单或毯子作为保护层。

关于跳蚤和蜱虫杀害的说明:严格来说,这必须用到**杀虫剂,不是吗?**杀虫剂可以防止跳蚤和蜱虫等害虫侵扰和感染我们的宠物。但杀虫剂有毒吗?如果它们能毒死害虫,它们会不会毒害宠物?许多包装说明书上都有警告:如果此类产品与人类皮肤接触,请采取毒物控

---

1 这里指的是原先包裹填充材料的玩具表皮。　　　　　　　——译者注

制手段，但它们又宣称直接应用于你的狗的皮肤上是完全安全的。近年来，这样的一些产品受到了严格审查，因为它们的副作用已经引起了美国兽医协会和美国环境保护署的警惕。2019年对Bravecto和其他含有异噁唑啉的跳蚤和蜱虫药品进行的审查显示，**三分之二的狗主人报告有异常的副作用**。有时我们必须使用这些药物，但有一些安全的方法可以尽量减少这些强效化学品的使用，这有助于降低狗狗的化学品耐受性和化学负担（第10章将评估你的狗承受的相关风险）。环境科学家强烈要求寄生虫消杀剂的使用应该回归到"合理范畴"，而不是像现在这样过度使用广谱消杀产品——这种产品势必会损害动物身体和所处环境。毕竟，如果你为了杀死这些虫子而给你的狗喷上毒药，那么不仅是你和你的狗，任何与你们玩耍的人也都同样容易受到伤害。除了为你的狗采取更保守的局部或口服化学除虫药方案，我们还将在本书第三部分讨论相应的解毒策略。

关于全氟烷基物质（PFAS）的说明：全氟烷基物质和多氟烷基物质被使用在各种消费产品中，从地毯到食品包装纸和不粘锅，都有它们的存在。它们耐水、耐油、耐热，自20世纪中期以来，其用途迅速扩大。可以想见，这些物质在环境中无处不在，在狗的粪便中也能大量检测到。这些毒素不仅会影响生长、学习和行为，还会干扰身体的激素和免疫系统，增加患癌症的风险——尤其是肝癌。我们在本书第三部分中提供的解毒策略将帮助你最大限度地减少PFAS接触。

关于空气清新剂的说明：超过80%的北美人在使用某种空气清新剂——喷雾剂、香薰机、除味凝胶和蜡烛。但你知道这些产品里有什么吗？大多数人认为空气清新剂在销售前会经过安全测试，但令人震惊的是，这些产品并没有测试要求。化学品公司不需要专门的许可证，就能将这些产品售卖给消费者，供其家庭使用（只有不到10%的成分被披露在标签上）。这些人工合成的气味主要由挥发有机化合物组成，它们飘浮在空气中，当这些看不见的颗粒物接触到皮肤或被吸入，就会进入你和你的狗的血液。研究表明，即使是每周只使用一次

（例如，在浴室里喷洒除臭香氛），也会使人们罹患哮喘和其他肺部疾病的概率增加71%。

许多用于配制这些空气清新剂的化学物质——苯、甲醛、苯乙烯和邻苯二甲酸酯——都是已知的致癌物，激素干扰物和可刺激神经系统、呼吸系统和引起过敏反应的广泛刺激物。大多数香薰机用的药剂还含有萘，它会导致动物患肺癌。研究表明，**宠物体内化学物质的平均含量通常是人的两倍**，这再次警示了我们伴侣动物的极端脆弱性。

如果你以为像过去一样使用老式的无味蜡烛会好些，看看这个：绝大多数蜡烛是由石蜡制成的，这是一种石油副产品，是在将原油提炼成汽油的过程中产生的。加热后，石蜡会向空气中释放各种毒素，如乙醛、甲醛、甲苯、苯和丙烯醛，所有这些都会增加患癌症的风险。只要同时点燃几支石蜡蜡烛，就可能会导致室内的空气污染超过美国环境保护署的标准。而且多达30%的蜡芯含有重金属（铅），所以几个小时的燃烧在空气中产生的重金属就会远远高于可接受的水平。石蜡混合物通过燃烧释放的有毒化学物质简直令人眼花缭乱（而且还都很拗口）：丙酮、三氟氯甲烷、二硫化碳、2-丁酮、三氯乙烷、三氯乙烯、四氯化碳、四氯乙烯、氯苯、乙苯、苯乙烯、二甲苯、苯酚、甲酚、环戊烯。我们用不着费心去逐一定义这些物质的化学作用。

解决办法：不要购买任何在标签上注明"香料"或"内含～～"之类的文字作为营销宣传的产品。用100%蜂蜡、大豆蜡或植物蜡制成的无味蜡烛代替石蜡蜡烛。检查新蜡烛芯是否含有铅，方法是用一张纸擦拭蜡烛芯——如果它留下灰色的铅笔痕，那么烛芯中就含有铅。你还可以在家里的一个房间中喷洒知名公司的适合狗狗的（犬类友好型）纯精油，为你的宠物留下一条逃生路线，让它可以躲到没有所谓的自然香氛的地方去。或者用炉子里的小火煨一点橘子皮和肉桂。还有（让我们一起来）：打开窗户！

影响空气质量的不仅仅是来自香味产品和废气中的挥发有机化合物。森林火灾、城市污染、雾霾、二手烟和受潮的房屋中产生的真菌毒素都会影响你和宠物的呼吸系统以及整体健康。识别和消除空气污染源很重要。如果你住在空气质量很差的城市，就买一台室内空气净化器；或者如果你的房子受潮，就进行真菌毒素测试。这些都很简单。

你的水质有多差？

不幸的是，这个问题并不容易回答。水的外观和味道并不能充分说明它的质量。通过饮水公司或厨房、冰箱的过滤系统，你可以让自己随意喝上纯净的水，但狗狗喝的是什么？自来水中可能含有多种毒素。如果你的水来自公共供水系统，你可以通过查阅当地社区的年度水质报告来确认水的质量。在www.nrdc.org网站上查看美国自然资源保护委员会（Natural Resources Defense Council，简称NRDC）的报告《自来水里有什么？》（What's On Tap?），并向你的自来水公司（每月向你收费的公司）索要一份年度水质报告。该报告将列出检测到的污染物、这些污染物的潜在来源以及这些污染物在供水中存在的浓度水平。

我们都听说过始于2014年密歇根州弗林特市的可怕的水危机。铅污染了供水系统，但污染水的物质往往不那么明显。2020年，伊利诺伊大学厄巴纳-香槟分校的研究人员发表了一篇论文，对水中的"人为污染物"问题发出警告。这些污染物最终进入了我们的供水系统。它们来自我们人类自身的行为——农业和畜牧业排出的废水、消杀药剂和治疗药物被释放到污水中。这篇论文特别指明了内分泌干扰化学物质（或"异种雌激素"，这类环境化学物质在人体内会产生类似于激素的作用）非常容易渗入供水系统，对人类和非人类（咳咳，也就是我们的狗）都造成伤害。总之，在你的家人——包括你的宠物——饮用自来水之前，应该清除饮用水中的微塑料、重金属和化学污染物。

我们强烈建议在家中使用过滤系统。有些过滤器必须手动注水，如滤水壶。而其他过滤器，如水龙头过滤器和水槽下系统，可以直接连接到管道。一些过滤器旨在产生水质更清澈、味道更好的水，而另一些则可以自动清除影响健康的污染物。许多过滤器会使用一种以上的过滤技术。根据装置的设计和过滤介质，过滤器可以减少多种类型的污染物，包括氯、氯化副产物、铅、病毒、细菌和寄生虫。

鞋子带来的污染

正如我们将在本书第三部分所建议的，把鞋子放在屋外是最简单的防污染手段，而且是免费的。它可以让你的宠物（和你自己）避免接触有害物质——从草坪化学品、沥青和石油副产品中的致癌物、人行道上的粪便，到致病性（有害）细菌、病毒、有毒的灰尘和化学物质。你在现实世界中走了那么多路，你的鞋底会把什么东西带回家，这并不需要太多的想象力。即使是一双漂亮的马诺洛（Manolo）、汤姆福特（Tom ford）或耐克气垫鞋，它也会把看不见的毒素带进你的房间。实际上，你的鞋子可能比你的马桶毒性更强！所以，当你抓到你的狗在舔马桶里的水的时候，想想它还在地板上舔了什么东西，毕竟你在做饭的时候难免会掉落一些食物残渣。

环境中的化学物质会导致体重增加吗？

2006年，加州大学欧文分校的布鲁斯·布隆伯格博士（Dr. Bruce Blumberg）创造了"致肥物质"（obesogen）这个词，用来描述那些会让我们发胖的化学物质。这为我们敲响了警钟，并引发了一系列关于化学物质导致肥胖现象的科学研究。当时布隆伯格博士的团队发现，他们正在研究的一种化学物质能够让老鼠发胖。这让他怀疑，对于我们的减肥难题，是否会有另一种解释。研究证实了他的怀疑。从那时起，在人类和动物中进行的大量研究已经确定了暴露在某些环境化学物质中与较高的体重指数（Body Mass Index，简称BMI）之间的密切联系。

致肥物质通过破坏脂肪代谢的正常发展和平衡导致肥胖——你的身体产生和储存脂肪的过程会受到它们的干扰。它们可以对体内的干细胞进行重组，使其发育为脂肪细胞。你的身体对饮食选择会做出何种反应，如何处理热量——这些都会因为接触到致肥物质而发生改变。它们中的许多成分会对我们的激素系统产生影响。致肥物质最有害的后果之一是它们的影响会被传递给我们的后代。

这一点已经得到证实：致肥物质的影响是可以遗传的——主要通过表观遗传作用。致肥物质对我们身体造成的破坏可以遗传给我们的子女、孙辈，甚至更多人。环境致肥物质的相关科学研究很复杂，但有足够的证据表明，它们在我们的日常生活中无处不在，我们所接触的许多化学物质都符合环境致肥物质的标准［例如，化学农药、双酚A、全氟辛酸（PFOA，特氟龙的成分之一）、邻苯二甲酸酯类物质、多氯联苯、多溴二苯醚、对羟基苯甲酸酯类和空气污染物］。

噪声、光和静电污染

烟雾缭绕的天空是空气污染的明显标志，但我们忽略了其他形式的污染，它们同样潜伏在我们的生活中：过多的噪声和光线。这些都是现代社会不可避免的弊病。它们是社会文明取得的成就，但它们也带来了负担，破坏了我们喜欢遵循的自然节律——24小时太阳日[1]。简单地说，太多噪声和光线对健康有害——尤其是在身体需要避光和安静的时候。光污染是一个古老的问题，相关记录可以追溯到19世纪末，那时就有人记述了迁徙的候鸟撞上灯塔的事件。但在过去的一个世纪里，光污染骤然加剧。我们现在每天接触噪声的程度也远远超过了前几代人。噪声不需要很大就会使人神经衰弱，电视（和其他屏幕）的嗡嗡声，还有城市生活中其他普遍的背景音（警报器、割草机和鼓风机、垃圾处理器、雷达、飞机），都扰乱了我们身体的自然节奏。

噪声污染在科学界受到了密切关注。最近的研究表明，住在机场

---

1 我们常说的24小时指的是太阳日，即太阳离开子午线上的一个地点再返回同一地点所用的时间。　　　　　　　　　　　　　　　　　　　——编者注

附近的人患心血管疾病的风险会增加——这不属于任何与空气污染相关的心血管疾病风险。发表在《英国医学期刊》（*BMJ*）上的一项研究发现，生活在噪声最严重地区（机场附近）的人患中风、冠心病和心血管疾病的风险更高，即使在调整了诸如种族、社会剥夺、吸烟、道路交通噪声和空气污染等混杂因素后也是如此。此外，人体对噪声的生物反应是剂量依赖性的，即受影响的程度和承受噪声的量有关。在经历过最高强度噪声的人群中，有2%的患病风险也最大。

> 　　我们生活中的声音是一种震动空气的机械波。它的频率或音调是用赫兹（Hz）来衡量的。1赫兹被定义为每秒1个完整的震动波周期。人类听到的频率在20—20 000赫兹，狗听到的频率在40—45 000赫兹。（猫能听到的频率高达64 000赫兹。）狗和猫能听到的声音距离要比人类远得多。声音的强度或响度是以分贝（dB）来衡量的。在100分贝环境里，听力损伤会在瞬间发生。长时间暴露在85分贝以上的环境中也会受到损害。

　　你可能会认为，暴露在持续或高强度的噪声中造成健康损害的原因是噪声导致的睡眠中断，但事实证明，噪声和健康损害之间的联系要直接得多。慢性噪声（长期持续的某一频率的噪声）会给身体带来持续压力，进而导致血压升高和心率加快，并刺激身体分泌应激激素皮质醇，造成内分泌紊乱，并加剧全身的整体炎症。这些研究是否可以应用在犬类的健康问题上，目前还在调查中，但我们怀疑这些严重的风险也会由我们的毛孩子承担，尤其是狗狗们天生就会通过听觉线索来评估环境，那些不自然的、消耗身体健康的声音——低音音箱、立体声新闻广播和音频节目中持续不断的聒噪——这些对犬类而言都无法变成可以充耳不闻的背景音。我们知道，狗狗经常会对响亮的声音、音高骤然变化或突然响起的噪声极为敏感，这样的敏感性可能会导致异常的恐惧和焦虑等行为问题。狗对噪声的敏感和恐惧情绪之间的关系早就有文献记载，对于各个品种的狗都是如此。不过，品种、年龄和性别不同的狗，对于噪声的反应确实存在差异（年长的雌性狗可能具有最高的敏感度）。

在2018年的一项研究中，一组来自英国和巴西的动物行为科学家揭示了噪声和潜在身体疼痛之间的联系。研究人员认为，当噪声使狗狗紧张时，它们的肌肉或关节会增加额外的压力，造成可能无法确诊的疼痛。（而此时狗狗的肌肉关节很可能已经发炎，这又导致了进一步疼痛。）这种疼痛与响亮或突然的噪声有关，而且疼痛会导致犬类对噪声更加敏感，并开始躲避曾经出现过噪声的环境，比如对当地公园或某一个吵闹的房间产生敌意。这项研究还表明，对噪声敏感的狗狗很可能已经在承受疼痛的折磨，急需得到治疗以缓解身体的痛苦。

狗（以及猫和马）的外耳结构（耳廓）使其对声音的接收比人类灵敏得多。听力损失和噪声引起的压力在许多物种的研究中都有明确的记录，包括实验室动物。强烈的声音会导致应激激素分泌和血压升高，长期暴露在噪声中，即使在环境恢复正常后的数周内，血压依旧会不正常地升高。狗也会受到噪声的负面影响。在一项研究中，爆炸声会增加心率和唾液中的皮质醇水平，并引发焦虑的情绪。据报道，持续的85分贝的环境噪声会使犬类产生焦虑。一项名为"脑干听觉诱发反应"（BAER）的精准测试被用来测量在背景噪声经常达到100分贝的设施中狗的听力损失。研究中的14只狗在6个月内都丧失了听力。关于噪声对狗的恐惧和焦虑基线水平的影响，我们就只能想象了。

狗的噪声恐惧症可能与基因、激素和生命早期的社会化不充分有关。对噪声敏感的狗在紧张情况过去之后可能需要多出4倍的时间才能平静下来，而且可能在受到噪声影响的整个过程中会释放大量的应激激素。另外还有动物研究表明，只要暴露在极低水平的电磁场中，犬类的行为就会发生变化。我们建议创建无噪声、无电磁波、无"垃圾照明"的环境。我们将在本书第三部分向你展示如何完成此操作。（提示：每晚关掉所有持续不断的噪声源和电磁源，包括电视、电脑和路由器。）

在光线方面，对轮班工人的研究揭示了在一天中错误的时间暴露在光线下就会对身体造成伤害。上夜班的人可能认为他们可以"训练"自己的身体在晚上保持清醒，在白天睡觉，但研究表明事实并非如此。轮班工作与肥胖、心脏病、多种癌症（乳腺癌、前列腺癌）、较高的早死率甚至智力低下都有关系。这些不利影响的根源就是光线和生物昼夜节律之间的关系。我们之前提到过的萨特旦安达·潘达教授，在人类和动物的生物钟方面有着广泛的研究，尤其是关系到基因、微生物群落、睡眠和饮食模式、体重增加风险以及免疫系统的研究。

他最重要的发现之一是揭示了眼睛中的光传感器如何保持身体其他器官的时间节律。下丘脑的视交叉上核是大脑中与情绪和压力相关的特殊部位，也是所有哺乳动物生物钟的所在地。它直接从眼睛的视网膜接收输入信号，并负责"重置"生物钟。这就是为什么暴露在清晨的阳光下有助于重置你的生物钟，为什么在清晨走出户外，沐浴在阳光下能够帮助你重新校准生物钟。

潘达教授认为，宠物整天被困在窗帘紧闭的家里，会患上抑郁症，因为这样会让它们的大脑无法制造和分泌适当的神经化学物质，以维护神经突触的健康。他的研究表明，动物的生理功能是由直接进入眼睛的光信号调节的。这些光信号在大脑中会触发一系列化学信号，进而激发身体的各种功能。当狗狗早上跑出户外时，光线会向大脑发出信号，释放视黑素（一种对光敏感的蛋白质），让狗狗醒来。当狗狗在黄昏时再次来到户外时，光线会向大脑发出信号，释放褪黑素——一种"睡眠"激素——让狗狗为睡觉做好准备。潘达说："眼睛有专门的细胞——'蓝光感应视黑素神经元'。这种细胞连接大脑中与抑郁、快乐和褪黑素的产生有关的部位。实验表明，如果动物在白天时没有将这些蓝光传感器激活，它们会情绪低落。"

同样，过度暴露在明亮的合成光线下，也会让犬类受到不利影响。据潘达教授说："即使是健康的实验室老鼠，经过三到四天的持续光照后，也会生病。如果你观察它们的血液、皮质醇、炎症水平、激素，就会发现一切都不正常了。"潘达教授进一步指出，这些动物变得更不耐受葡萄糖，而且很快就出现了糖尿病的早期迹象。所以这不仅仅关系到情绪和行为的问题，它还与新陈代谢和免疫机能有关。

潘达认为，作为犬类的照管者，我们有责任让我们的狗狗每天至少两次到户外去，调节它们的生物钟。我们建议将这些重要的光感应昼夜节律散步与亚历山德拉·霍洛维茨博士提倡的"嗅闻"活动结合起来，让狗狗至少每天凭自己的心意嗅闻一次。**我们强烈建议你创建一个昼夜节律——在早上和晚上睡觉前分别为你的狗狗设置几分钟的嗅闻活动时间。**这些散步不是为了有氧运动，而是为了大脑健康，提供昼夜节律调节、神经化学调节和能够增强幸福感认知的嗅觉刺激。

> 哺乳动物身体的每一个细胞都有一个生物钟，驱动5%—20%的基因以24小时的昼夜节律的方式表达，这种节律与睡眠习惯的变化有关。因此，这种节律也驱动了生物在许多方面的日常时间性特征——既包括行为方面，也包括生理方面。生理上的日常节律包括血糖平衡、激素释放和免疫反应等过程。行为节律包括睡眠—苏醒模式以及进食、排便和运动时间。这些行为和生理的日常时间已经进化到能够提前根据环境变化做好准备，如进食的营养吸收和光—暗周期。打乱这些生物节律会增加健康风险，引发糖尿病、肥胖和癌症等问题。

狗和人类的昼夜节律以及睡眠模式有所不同，但规则是相同的：人和狗都需要充足的夜间睡眠，并遵循一定的模式来控制我们的节律，这反过来会影响我们的一切——从激素分泌到新陈代谢再到免疫功能。承受反节律光线会造成不良的睡眠习惯，进而可能会导致机能障碍，产生严重的生物学后果——我们在科学和医学领域才刚刚开始了解这一点。

"泥巴狗"喜欢在泥土里打滚，喜欢在真正属于大自然的开阔草原上奔跑。它们和"脏狗"不一样——后者承受着现代生活的重压。现在，我们将要开始进入实践环节了。有了对科学原理的理解，找到解决方案就很容易了。

➤ 我们生活在一个充满有害因素的海洋中，而我们的宠物往往会承受更多"身体负担"，因为它们离地面更近，又不能像我们一样采取许多预防措施来减少或减轻这些因素。

➤ 研究表明，猫和狗尿液中的大量化学残留物都超过了健康阈值。你需要"绿化"你的家，在各方面减少与化学物质的接触。

➤ 有一些化学物质存在于明显的地方，比如草坪护理使用的清洁剂和除草剂。但也有一些会出现在意想不到的地方，比如香薰蜡烛和空气清新剂、会释放出化学残留的家具（包括宠物的窝！它们不一定会有异味）、水源、跳蚤和蜱虫药以及各种各样的塑料，包括流行宠物玩具中的塑料。

➤ 狗对过量噪声、反生物节律的光线和电磁污染特别敏感。过度暴露在人造光下会对狗的新陈代谢、免疫功能、情绪和行为产生不利影响。早上要拉开窗帘，晚上要关掉灯、电脑、路由器和电视。

➤ 每天两次出门嗅闻——一次在清晨，一次在晚上——是为狗狗重置生物钟的好方法。

➤ 总结第一部分和第二部分内容，以及为第三部分内容做准备，做好5个R是有帮助的：

1. **减少加工食品**。（Reduce processed food.）
2. **修改进食时间和频率**。（Revise meal timing and frequency.）
3. **加强运动**。（Ramp up physical exercise.）
4. **用营养补充剂补充食物中缺乏的营养**。（Refill deficits and deficiencies with supplements.）
5. **重新考虑环境影响：压力，接触的毒素**。（Rethink environmental impacts：stress，exposure to toxins.）

我们开始吧！

PART **3**

[第三部分]

养育一只永生狗

❼ 健康长寿的饮食习惯

打造一只更好的食碗

药食同源。
——中国谚语

2020年平安夜，贝克尔一家迎来了一个美妙而意外的礼物：荷马（Homer）。我们得到消息，一只12岁的峡谷型依马尔公犬的主人在当地一家养老院去世，于是它无家可归了。不过荷马没有漂泊太长时间。尽管平安夜荷马拒绝了我请它吃的所有小块生蔬菜，但圣诞节那天，它接受了我的邀请，吃了一口蒸胡萝卜和一片苹果。从那时起，它每天都在尝试新的食物。现在它对几个月前嗤之以鼻的食物充满了热情。这让它的味蕾、微生物群落和营养摄入都得到了改善。为了照顾狗狗"敏感的胃"，我们以渐进的方式慢慢让它戒掉了超加工狗粮。现在它正在享受一系列对健康有积极影响的真正的食物[1]。它枯槁干燥的皮毛变得水润而有光泽，掉毛情况好了很多，腹部胀气消失，鼓胀的腹部也不见了，呼吸和动作都有明显改善（它不再那么僵硬，耐力也更好了）。

这些关于恢复健康和重拾活力的悲喜交集的故事在长寿的狗狗中屡见不鲜，而原因只有一个：新鲜食物以**惊人**的方式改变了它们。25年过去了，目睹这些革命性的变化，我仍然会由衷地感到惊叹。与荷马依偎在一起，知道它宝贵的生命因为**真正的食物**简单而不可思议的力量变得更好，而且几乎肯定会得到延长，这是一种灵魂上的满足。简单一句话，这是我们能给狗狗的最好的礼物。

---

1 真正的食物（real food）是指自然生长、成熟，来自土地、海洋或天空的，未经加工或人工转化，不是实验室合成的食物。
　　　　　　　　　　　　　　　　　　　　　　　　　　　——编者注

你想和你的狗狗一起度过以下两种生命旅程中的哪一种？

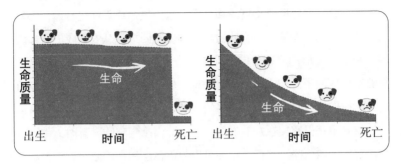

十有八九，你会选择左边，这意味着你们一生都很快乐，但有一天，"噗"的一声，在沉睡的夜晚，就像一直稳健地发出"嘀嗒"声的时钟，在发条松开之后骤然停顿下来。当然，人生难免有起伏，失败和成功常常交替出现，随着时间推移，身体发生退行性改变，逐渐吞噬生命、摧毁灵魂，导致认知和行动能力渐渐丧失，生活质量随着岁月的流逝而不断下降——我们不应该有这样的变化。直到生命结束的那一刻之前，你们都活得很健康，那不是很棒吗？你不想让你的狗也这样过一生吗？这就是我们写这本书的原因。

欢迎来到实操部分。你可能在想：**快告诉我该怎么做！** 先舒一口气，奖励自己一下。到目前为止，你已经获得了大量科学知识，而接下来要做的就是把所有这些信息付诸实践。记住，一切细节都不重要，重要的是你基本了解了怎样的一些改变会改善狗狗的整体健康（和幸福！）以及其中的道理。同样重要的是，我们将指导你根据具体情况、时间、预算和意愿做出改变。那样，你可能会比现在的大多数医生和兽医更了解如何以优良的习惯提高哺乳动物的身体效能。如果你还没有开始根据你所读到的书中内容改变生活中的一些事情，现在机会来了。

当你把这些建议付诸实践时，你和你心爱的狗狗就会有更大概率长久地享受高质量的生活。我们提供了大量实操方法，并附上了科学提示来解释其中的原因。这很重要。如果不知道**原因**，要有效地对生活习惯做出改变，并将这些改变固定下来会有相当的难度。只有当你明白了**为什么**，再遵循**实践方法**才会水到渠成，并在实际行动中获得乐趣和回报。**这个目标确实充满雄心，但也是可以实现的：养育一只永生狗，让它尽可能活得健康和快乐，直到生命终点。**这样做，你作为一名忠诚的宠物家长也会收获许多健康的回报，从看得见的身体改善，到那些无形却又无价的好处，如增强信心和自尊、感觉更年轻、能够掌控你的生活和未来。简单来说，你会更健康，更快乐，更有行动力。你们的成功将孕育出更多的成功。当你开始看到你的狗狗从简单的改变中获得实实在在的好处，并为此而感到欢欣鼓舞时，你可能会决定再多做一些。我们知道你可以为你自己和你的宠物这样做。每一名家庭成员都会因此得到巨大的回报。最重要的是，你不必一次执行我们的所有建议。就从最简单、让你感觉最有意义的事情开始吧。

在我们的社交媒体上，最受欢迎的话题莫过于超级食物和营养补充剂。在一篇关于苏格兰㹴犬的文章中，我们分享了一些数据，这些数据表明，每周至少食用三次任何种类的蔬菜，就可以降低70%的移行细胞癌（transitional cell carcinoma，简称TCC）的患病风险。TCC是一种常见于大龄小型犬（如苏格兰㹴）的膀胱和尿道的癌症。每周至少食用三次橙黄色蔬菜和绿叶蔬菜可分别降低约70%和90%罹患TCC的风险。宠物家长们渴望获得这些信息。我们能够站在家长的角度，和关注健康的读者分享改变生活的科学知识，这让我们感到非常荣幸。

最重要的是，添加这些简单易得的长寿食物会对狗狗的健康产生深远的影响。你可以将这些食物添加到你目前所喂的任何食物中。这样，你不需要完全改变狗狗的生活习惯，就能让它的状况得到明显改善。**少量长寿食物就能有效地优化狗狗当前的膳食，为狗狗提供强大的抗衰老营养和辅助因子。**每一个小的改变都是迈向最佳健康和长寿的一步。

也许正是因为这本书，你第一次有了带着你的狗狗踏上健康和幸福之旅的念头。我们认识的许多健康爱好者曾为此感到羞愧或难过，因为在他们看到我们Facebook上的栏目之前，从来没有想过自己竟然给狗狗吃了那么多"快餐"。然后他们又开始变得急不可耐，想要把所有他们认为应该做的事情都立刻做好，这让他们变得异常焦虑，因为他们害怕自己可能会忘记什么。

许多 2.0 的宠物家长（以及科学家和研究人员）都熟悉本书第一部分和第二部分概述的长寿原则和科学原理，并且正在寻找对犬类的生活方式进行全面改革的方向。我们的目标是为每一位狗主人提供一套完整的选项，让你可以按照菜单选择改变生活方式的办法——保持一种让你和你的狗都感到舒适的节奏。我们可以通过一个简化的方案来做到这一点，这就是永生狗公式：

> ➤ 饮食和营养（**D**iet and nutrition）
> ➤ 适量运动（**O**ptimal movement）
> ➤ 遗传基因倾向（**G**enetic predispositions）
> ➤ 压力和环境（**S**tress and environment）

我们会列出很多清单和概念（例如，你可以和你的狗狗分享的长寿食物、你绝对不应该喂的食物、作为抗焦虑药物的安全草药、营养补充剂使用索引），并帮助你为自己和狗狗的生活量身定制方案。你可以把它看作为你的狗狗定制的生活方案！无论你对宠物的健康有怎样的目标，我们都会从我们认为最重要的地方开始：从真正的食物中获得生命支持和滋养。

饮 食 和 营 养

到目前为止，我们已经清楚地阐述过，**所有延长寿命的良好改变都是从食物开始的**。健康状况的转变最终会改善生物在这个星球上的体验。生物的死亡时间也取决于饮食和营养，无论是狗还是人。通过良好的营养，我们可以维持理想的体重，培养微生物群落，维持新陈代谢、排毒和全身生理功能。它会影响到健康的每一方面，能够推动我们去做更多呵护健康的事情，比如睡个好觉、锻炼身体、管理压力和焦虑、应对生活中不可避免的挑战，包括接触可能产生不利影响的东西——尽管我们并不想这样。

狗狗的最佳饮食取决于几个变量，比如它的年龄、健康状况和当前的饮食状况。我们非常支持为狗狗提供更多新鲜的食物。但这意味着什么？

增加狗碗里的营养

人们在给毛孩子喂食时会受到时间和金钱的限制。你想要把一切最好的都给你的狗，但现实条件也必须加以考虑。研究表明，87%的养狗人已经把比以往更丰富的食物添加到狗狗的食碗里。我们喜欢这种变化，但我们认为，要确保人们的良好意愿得到真正好的结果，我们还应该确保重要的长寿食物被放进狗狗的碗中。

在下一章中，我们将为你提供狗粮标准的评估。其中包括你目前可能正在采用的食物，以及你会考虑购买的新鲜食物品牌。如果你发现自己想要升级到更新鲜的食物，选取新的食物品牌，你不需要进行一步到位的彻底改变。有许多方式可以让狗碗中的营养更加丰富，不过为了让操作变得简单，我们将分成两个步骤讲解如何制订狗狗的营养方案：（1）介绍长寿食物，以及（2）评估和改变狗狗的日常饮食。如果需要的话，在制订实际方案以前，你可以先完成我们布置的宠物食品评估作业（不要担心，这不是代数作业）。

<h2 style="text-align:center">引入长寿食物</h2>

不管你现在用什么喂你的狗，或者将来会用什么喂你的狗，我们建议每个方案的起点都应该是让狗狗10%的热量来自长寿食物。这个10%的量不是我们随意制定的。我们确定从10%开始，是因为没有任何兽医和兽医营养师会反对这个比例。兽医有一个10%**规则：狗摄入的热量中，10%可以来自营养不完备的食物，这样不会导致"营养失衡"。**这10%的热量在许多狗狗的碗里都来自淀粉和糖做成的零食，这些都是真正的垃圾食品，让狗狗吃下它们完全没有必要，有时甚至让人感到羞愧。我们希望说服你，把那些糟糕的垃圾食品、那些

会带来生理压力的零食（它们对你的狗没有任何营养价值，只会对健康产生负面影响）换成长寿食物，这样才能最大限度地利用狗狗的饮食习惯，让10%的热量发挥益处。

我们并不是说真正的零食不重要，但我们确实希望你重新考虑你提供的零食的类型，以及何时让狗狗吃零食和为什么给它们吃零食。稍后，当我们讨论狗的昼夜节律时，我们也会讨论吃零食的时间，但现在我们想让你考虑重新定义零食的概念。首先，我们希望你不要把零食当作**零食**，而是把它们看成对身体的**药物治疗**，可以**滋养**狗狗全身细胞的食物。想象一下，为身体提供如此优质的长寿食物，这些全新的健康食品可以培养健康的器官功能、微生物群落、大脑和表观基因组。为了实现这个目标，就需要用长寿食物来替代工业生产的超加工零食。这与我们人类自己对待零食的方法类似——我们在下午不再吃糖果，而是吃一把坚果或蔬菜棒，配上自制的鳄梨沙拉酱。小的改变可以产生大的影响。

我们知道，当你把这些长寿食物递到狗狗面前，你的狗狗可能会哀怨地盯着你，好像你的健康食品新方案有点委屈它了。你也许会从它的目光中看到那种穿透灵魂的拷问："我的Pup-Peroni[1]去哪了?!"但必须说明的是，你的狗每天摄入的10%卡路里来自"错误的"食物，这确实会破坏它的健康，让它没办法像你期待中那样活得长长久久。我们发现，很多注重健康的人都认为狗粮对狗狗的健康没有影响，但就像我们可以用一块巧克力蛋糕来破坏最健康的一餐，即使是最好的健康饮食也会被糟糕的碳水化合物所影响。**我们想要鼓励你，将你的狗每天摄入的10%的灵活热量中的一部分或全部发挥有益的作用：在细胞水平上强化和滋养你的狗。**

值得庆幸的是，大多数长寿食物（尤其是新鲜蔬菜和水果）的热量都很低，它们在热量方面真的可以忽略不计，但即使是很小的一口，对健康也有很大好处。长寿食物营养丰富，所以不需要吃很多就

---

1 一家专注于提供狗狗零食的美国品牌。 ——编者注

能获得巨大的健康收益。最重要的是，它们可以作为零食，也可以直接添加到狗狗的正餐里，所以我们也称它们为**食物伴侣**（可以将它们覆盖在碗里的其他任何食物上）。如果你不经常给你的狗狗零食吃，那么你可以使用长寿食物作为核心长寿食物伴侣（CLTs），把它们混合到你现在喂狗狗的任何食物中。

一些长寿食物最好作为食物伴侣喂给狗狗，而不是健康零食，因为它们很难被用作训练狗狗时的小奖励（比如芽苗——它们很细很软，如果你把它们放在零食袋里，很容易把零食袋弄脏）。我们列出了最方便作为零食的长寿食物清单（请见第230页）。你可以把所有这些建议食品切成豌豆大小的小块，分配好，作为一整天的诱惑/奖励。是的，你没听错：无论你养的狗是迷你澳大利亚牧羊犬还是卡斯罗犬，我们都推荐豌豆大小的"零食"（把长寿食物变成训练奖励）。大型犬只是需要吃得更多些。如果你有一只习惯将垃圾食品当零食的口味挑剔的狗，你会很难说服它立即吃下四分之一颗抱子甘蓝。你可以从轻炖或略微蒸煮的小块内脏开始（同样是豌豆大小。请参阅第218—219页的清单，其中列出了狗**喜爱**的各种营养丰富的内脏）。大多数狗不会拒绝熟的鸡肝和鸡心。下次你烹饪内脏时，放一些胡萝卜进去，因为很多**超级挑剔**的狗喜欢鸡肉味的胡萝卜。随着时间的推移，你可以逐渐缩短蔬菜烹饪的时间，直到狗狗习惯生胡萝卜。

如果你白天不在家，狗狗就不会有"零食需求"，你可以在狗狗现在的食物中添加长寿食物作为配料。（如果你的狗很挑剔，可以直接把配料和食物混在一起，把新的"健康食品"藏在它的日常饮食中。）10%规则的优秀之处在于，这些附加的东西并不需要营养均衡——它们是"额外的"，可以发挥长寿的魔力。如果你的狗狗对你那天选择的食物完全不感兴趣，不要绝望。下一餐只准备更少量清淡的长寿食物，并把食物**切碎**。在食物中加入自制长寿骨汤（请见第226—227页）也有助于让狗狗尝试新的口味。有时候，老味蕾需要几个月的时间才能苏醒过来，所以要坚持下去。我们建议你创建一份"永生狗生活日志"，在其中记下狗狗的日常生活、喜欢/不喜欢什么，还有健康问题。这份日志可以是一个简单的老式笔记本，也可以是你存储在电脑中的一个电子文档。记录下狗狗每天的生活变化，比如什么时候吃过心丝虫药片，哪一天有过腹泻，什么时候开始吃下新的食物或营养补充剂，等等。这会给狗狗带来很多好处。

长寿食物在减少氧化应激方面能够发挥强大的作用，同时，它们还能对表观基因组产生积极的影响。这最终会影响狗狗根本性的DNA表达。核心长寿食物伴侣（添加在食碗中）每天都在调整健康的天平，稳定地为狗狗的身体提供解决自由基问题的抗氧化剂、延长寿命的多酚、有益的植物化学物质以及关键的辅助因子，它们沿着食物链传递进狗狗的身体，对狗狗的表观基因组不断传递健康的信息。

从狗狗的角度出发：如果你的狗狗很胖，需要减肥，你可以用核心长寿食物伴侣替换它10%的食物（拿走它10%热量的狗粮，用长寿食物代替）。如果你的狗很瘦，你可以把核心长寿食物伴侣**添加**到它的食物中。

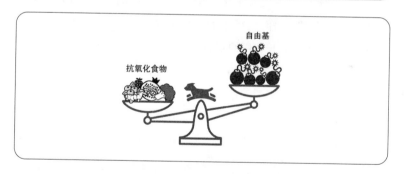

10%核心长寿食物伴侣（CLTs）：将长寿食物以CLTs的形式添加到你目前（或未来将）给你的狗狗喂食的任何品牌的食物中。正如我们所阐述的那样，世界各地的兽医都同意，狗狗每天摄入的热量中有10%可以来自其他食物（可以作为零食，也可以作为正餐），而不必是营养完备和均衡的"狗粮"。为了狗狗的健康，我们修改了受到普遍认同的"10%零食规则"，用CLTs代替超加工的零食。我们称之为

"10%核心长寿食物伴侣规则"：用超级长寿食物取代目前那些没有任何实际健康益处的超加工食品。

有很多种方法可以制订膳食计划，确定食碗中应该放些什么。不要太纠结于准确的食物比例，也不必马上做出任何决定。营养学不是一门精确的科学，你可以随时改变你的想法，改变比例，或者改变食物品牌，这取决于你关于饮食的哲学理念，以及什么最适合你和你的狗。在这一点上，我们只是想让你考虑一下，为狗狗制订的永生狗食物计划应该是什么样子。这意味着你不需要倒掉狗狗今天的晚餐。相反，你应该开始用长寿食物来丰富狗狗的食碗。在下一章中，你将学习如何评估狗狗的基本饮食，如果有需要，就通过选择不同类别或品牌的食物来提高狗狗饮食的质量、生物适宜性、新鲜度和营养价值。现在，我们希望你考虑一下狗狗的营养目标，在你学习了前两部分内容之后，我们相信你已经意识到自己被科学赋予了制订和验证计划的能力，能够用常识来强化你曾经凭直觉感觉到的东西。

这种赋能会让人感到非常欣慰，特别是你听到别人评价你说："你照顾你的狗甚至胜过大多数人照顾自己。"的确，造就非凡的健康身体是一项艰巨的工作。没有任何一种药物可以保证我们的狗狗一直充满活力，并且能延长它们的寿命。我们为我们的狗狗做的每一个决定都会对它们的健康产生影响，无论是好是坏。2.0狗主人会认识到，他们只能通过一个有限的渠道来主动创造幸福。我们也认识到，健康的定义对每个人都不一样。我们希望与你在这件事上达成共识，并提供实用的建议，以改善你的狗狗的生存质量。

核心长寿食物伴侣（CLTs）：
你可以每天和狗狗分享的超级食物

有一长串食物都有明显的长寿益处，可以和狗狗现在的食物混合在一起，或者作为零食，以各种促进健康的方式改善狗狗的营养状况。

新鲜蔬菜和低糖水果对狗狗来说非常重要，尽管它们只占狗狗饮食中的一小部分。在野外，狼和郊狼以草、浆果、野生水果和蔬菜作为重要的营养来源，这些食物不仅提供粗饲料（纤维素），还提供猎物的肉、骨骼和内脏中没有的各种营养物质。研究表明，如果狗粮中没有足够的植物营养物质，狗体内的健康微生物群落就会减少。植物提供的最重要的化合物是多酚、类黄酮和其他植物营养素。多项研究表明，在饮食中添加多酚可以显著降低氧化应激标志物，而多酚存在于丰富的饮食来源中。

　　人类从咖啡和葡萄酒中获得了大量的多酚，但我们不建议与狗狗分享你的早餐咖啡和晚餐酒。对我们来说，适量的咖啡和葡萄酒是这些抗衰老分子常见的微来源（对许多人来说，咖啡是一天膳食中唯一的抗氧化剂来源）。不过下面表格中列出的食物来源都是对狗狗友好的食物。你可以把它们添加到狗狗的碗里，或者在你愿意的时候和狗狗分享。

多酚类型

类别		典型代表	食物来源
黄酮类化合物	花青素	花翠素、花葵素、矢车菊素、锦葵色素	浆果、樱桃、李子、梅子、石榴
	黄烷醇	表儿茶素、表没食子儿茶素、表没食子儿茶素没食子酸酯（EGCG）、原花青素	苹果、梨、茶叶
	黄烷酮	橙皮苷、柚皮素	柑橘类果实
	总黄酮	芹菜素、白杨素、木犀草素	欧芹、芹菜、橙子、茶叶、蜂蜜、香料
	黄酮醇	槲皮素、山柰酚、杨梅黄酮、异鼠李素、高良姜素	浆果、苹果、西蓝花、豆类、茶
酚酸类	水杨酸	鞣花酸、没食子酸	石榴、浆果、胡桃、绿茶
木酚素类		芝麻素、开环异落叶松树脂酚二葡萄糖苷	亚麻籽（种皮）、芝麻
芪类		白藜芦醇、紫檀芪、白皮杉醇	浆果

虽然从生物学角度来说，健康的狗的饮食中并不需要添加太多粗饲料（蔬菜），但粗饲料在修复和维持消化系统和维护微生物群落健康方面发挥着关键作用。蔬菜提供益生元纤维素，在结肠中产生短链脂肪酸。它们还提供了生物体必需的可溶性和不可溶性纤维素，以保持健康的排泄和增强免疫力。许多植物营养素都可以促进身体的抗氧化能力。

我们在下面列出一些你的冰箱里可能有的蔬菜和水果，如果你把它们作为核心长寿食物伴侣（CLTs）加入到宠物的基础餐中，或者作为日常训练零食，它们可以为你的宠物增加很有价值的营养。**CLTs 必须是小块的新鲜食物，宠物可以生吃，也可以稍加烹饪（蒸熟是一个明智的选择）。**到了早上，你可以随意把昨晚做的一些熟蔬菜放进狗狗的碗里（只是要确保没有会引起狗狗肠胃不适的酱汁）。你可以把这些对狗狗有益的食物切碎，混合到狗狗的食物中，或者用稍微大块一点的食物作为训练零食。无论是用哪种方式，你的狗狗都将吃下更多的新鲜食物。再回头看看你扔掉的蔬菜：胡萝卜、芹菜、青豆和其他对犬类安全的蔬菜，头尾都可以切碎，加到狗狗的碗里。所有你给狗吃的新鲜食物（无论熟的还是生的）都应该切成小块，确保狗狗能一口吃下。每次只给狗狗吃一块，并在狗狗的生活日志中记录下哪些食物狗狗一吃就特别喜欢，哪些食物需要"再试一次"。

为了让这个列表更直观，我们举个例子，给你讲讲我们通常会为30磅重（约13.6公斤）的舒比（Shubie）准备多少好吃的东西——它是罗德尼9岁大的混血挪威伦德母猎犬。我们鼓励你让狗狗少量多次地吃下这些新鲜的、真正的食物，而不是将10％的灵活热量聚集成一大份。记住，它们都是超级食物，所以不需要大量喂食就能实现显著的效果。在大多数情况下，很难让你的狗吃太多的芹菜（除非你有一只不知饱饿的拉布拉多或金毛）。大多数这些超低热量的食品可以不用计算热量，如有例外情况，我们会做特别提示。我们的目标是提供多样性的新鲜食物——最好是多样到令人难以置信，以构建微生物群落，增加细胞内的营养素、抗氧化剂和多酚成分。另外，请尽可能购买有机食品和无农药食品。

长寿蔬菜

一些伞形科蔬菜（如胡萝卜、香菜、欧洲防风草、茴香、芹菜、欧芹）：这些宝贝蔬菜含有多炔类物质，这是一种不同寻常的有机化合物，具有抗细菌、抗真菌和抗分枝杆菌的功效，并且在对几种致癌物质进行解毒方面发挥着关键作用，对于致癌真菌毒素（包括黄曲霉毒素B_1）尤其有强力效果。饲料级宠物食品中的真菌毒素污染会造成严重的健康风险，一旦你的狗吃了它们，消除狗狗体内的真菌毒素会非常困难。食用这些蔬菜是促进身体代谢此类有毒污染物的好方法。生或熟的有机胡萝卜和欧洲防风草切片都是很好的训练零食。而香菜、欧芹和茴香可以切碎和狗粮混合在一起。研究表明，香菜可以与小球藻协同去除重金属（重金属残留也是商业宠物食品行业的一个问题），在45天内平均能自然结合体内**87%的铅、91%的汞和**74%**的铝！**

抱子甘蓝：癌症研究发现，包括抱子甘蓝在内的十字花科蔬菜对膀胱癌、乳腺癌、结直肠癌、胃癌、肺癌、胰腺癌、前列腺癌和肾细胞癌有积极的影响，部分原因是一种名为"3-吲哚甲醇"的生物活性化合物。除了能够提供纤维素以帮助构建肠道健康，抱子甘蓝还含有类黄酮、木酚素和叶绿素，同时还是维生素K、维生素C、叶酸和硒的良好来源。大多数的狗会喜欢用小火煮/蒸熟的抱子甘蓝。

黄瓜：绝大部分成分为水，不含热量。这种嚼起来脆脆的零食非常适合为你的狗狗补水，并提供维生素C和维生素K。它还含有一种名为"葫芦素"的抗氧化剂。葫芦素已被证明可以抑制环氧合酶-2（COX-2）的活性——这是一种促炎症酶，人类已经对它进行过充分研究。在实验室研究中，这种酶会诱导细胞凋亡。黄瓜还含有果胶，一种天然存在的可溶性纤维素，非常有利于微生物群落。

菠菜：这种绿叶蔬菜有抗炎的特性，并有利于心脏健康（谢谢你，维生素K）。菠菜中的植物化学物质可以减少我们对单糖和脂肪的欲望。菠菜是叶黄素和玉米黄素最丰富的蔬菜来源，在动物样本中可以防止与年龄有关的眼睛退化，它还含有硫辛酸——一种重要的抗衰老抗氧化剂；以及叶酸，一种重要的B族维生素，有助于DNA的产生。没有叶酸，身体就不能产生新的健康DNA。细胞生物学家和长寿研究者朗达·帕特里克博士（Rhonda Patrick, PhD）向我们强调："叶酸缺乏相当于让人处于电离辐射下，因为它们同样会导致DNA损伤。"最近，叶酸也被证明在保护DNA端粒方面发挥着作用。端粒是染色体末端的一种结构，会因为超加工食品等物质的摄入而缩短。如前所述，端粒长度随着年龄的增长而不断缩短。端粒越短，寿命越短，疾病发生的概率越高。叶酸具有高度热敏性，是加工宠物食品中最先被灭活的营养素之一。另外，菠菜富含草酸盐，这对一些从基因层面上容易患草酸膀胱结石的狗来说是个问题。我们每周都有两天会在舒比的碗里混进一大汤匙菠菜末。作为一名美食鉴赏家，它更喜欢蒸菠菜，最好还是温热的，再加一点辣椒粉和柠檬，也就是罗德尼的剩菜。

西蓝花芽：帕特里克博士称赞西蓝花芽"能够**非常**有效地抗衰老"，他这么说是有道理的！在现代社会，我们不断暴露在对我们身体造成压力的毒素中。从我们呼吸的物质（如苯——狗从城市废气中吸入的常见物质）到我们从食物中摄入的物质（如农药）。这些压力源会在细胞水平上影响我们的身体，最终破坏我们的线粒体，导致全身炎症，这两者都会加速衰老。人体应对这些压力的通道之一（Nrf2，一种先天免疫调节因子）控制着超过200个负责抗炎和抗氧化过程的基因。当这一通道被激活时，身体会抑制炎症，激活排毒功能，并促进抗氧化剂发挥作用。

那么西蓝花芽在其中起到什么作用？十字花科蔬菜——西蓝花、西蓝花芽、抱子甘蓝等——含有一种被称作"萝卜硫素"的关键化合物，可以有效激活Nrf2通道（比任何其他化合物都更有效）。在动物和人类研究中进行测试时，萝卜硫素减缓了癌症和心血管疾病生物标志物的产生速率，减少了炎症标志物，并显著地清除了体内的毒素，包括有害的重金属、真菌毒素和晚期糖基化终末产物（AGEs）！**这种芽苗是去除狗体内AGEs的最好方法！**而且是一种经济有效的方法，可以清除狗狗食用的超加工食品中有毒的副产品。西蓝花芽的萝卜硫素含量是成熟的西蓝花和其他十字花科蔬菜的50—100倍，因此在生物学意义上优于"成年"蔬菜。如果在当地的杂货店很难找到，自己发芽也很容易。在给狗狗的食物中，狗狗的体重每增加10磅（约4.5公斤），就可以添加几棵这种神奇蔬菜。

如何为你和你的狗狗培育芽苗

第一步

使用1夸脱（1升）的扩口玻璃罐，这让你有足够的空间可以添加水和培育芽苗。加入1—7大汤匙的发芽种子（每1大汤匙能产出1杯芽）。

用一块纱布盖住罐口，用橡皮筋或玻璃罐环固定住。我们喜欢带有内置纱网的专用发芽盖，因为它们能让冲洗种子变得超级容易。

给种子消毒：在罐子里装满过滤水，覆盖种子，上面再留出2.5厘米深的水。加入杀菌溶液——我们用一大汤匙苹果醋加一滴洗洁精作为杀菌溶液。静置10分钟，然后用清水冲洗得非常干净（我们会冲洗多达7次）。

第二步

种子洗干净后，加入新鲜的过滤水，将种子完全覆盖，在种子上方留出至少2.5厘米深的水。浸泡8小时或一整夜。

第三步

8小时后，把罐子里的水倒掉。（我们将倒掉的水用来浇室内植物！）透过盖子加入新鲜的过滤水，旋转晃动罐子，冲洗种子。

把水排干，将罐子以一个角度斜放好，让剩余的水可以排出去。每天至少两次冲洗和沥干种子（早晚各一次），连续3—5天。

第四步

到第三或第四天，你的芽苗就长成到可以吃的程度了。把罐子放在阳光充足的窗台上几个小时，芽苗就会出现漂亮的叶绿素的颜色。打开盖子，冲洗干净，去掉种皮，倒干所有多余的水分。把芽苗放入冰箱储存，5天内食用完毕。

大约一天以后，种子开始顶破种皮。开始发芽了！

最后一步

现在把芽苗切碎加到狗粮里！从20磅（约9公斤）重的狗狗加一茶匙开始。芽苗也可以冷冻起来，添加到你的沙拉和冰沙中！

蘑菇：蘑菇是益生元纤维素的天然来源，对滋养肠道有很大作用。另外，它还含有多种促进长寿的物质，包括多酚、谷胱甘肽（蘑菇是这种营养素最丰富的膳食来源），以及促进谷胱甘肽产生的物质——硒和硫辛酸。蘑菇还能提供大量的多胺，包括亚精胺，这是一种能增加细胞自噬的化合物，在百岁老人体内含量很高。在动物样本中，亚精胺有改善认知能力并保护神经的作用，这可能是由于该化合物对线粒体健康的影响。药用蘑菇，包括香菇、舞茸（灰树花）、平菇、灵芝、猴头菇、云芝、虫草、口蘑和杏鲍菇，实际上都是亚精胺的最佳来源。亚精胺是一种强大的长寿分子。习惯于食用亚精胺的动物也不太可能发生肝纤维化和患上肝癌，哪怕它们体内有相关的易感基因。最令人印象深刻的是，亚精胺可以**大大延长寿命**。"这是一个令人惊叹的增长……差不多有25%"，得州农工大学生物科学学院助理教授刘乐源（Leyuan Liu）说，"就人类而言，这意味着美国人的平均寿命可能超过100岁，而不只是大约81岁。"

蘑菇的β-葡聚糖能够拯救我们免疫系统的健康。葡聚糖是一种特殊的免疫调节化合物，可以控制炎症，保持胰岛素处于稳定的低水平状态。最近对胰岛素抵抗型肥胖犬类的研究揭示了补充β-葡聚糖的力量：实验狗的讨食行为减少，食欲也有所下降。所有食用蘑菇中都含有β-葡聚糖。除了帮助狗狗保持免疫系统平衡和减少炎症，它们还能对免疫抑制的狗狗发挥积极作用，增强狗狗对疫苗的体液免疫反应。至于癌症，每天吃18克蘑菇（约1/8—1/4杯）的人，与不吃蘑菇的人相比，癌症风险降低45%。对于狗来说，脾脏血管肉瘤的生存时间中位数是86天，但是把添加云芝作为唯一的治疗方式以后，狗的生存时间**超过了一年**。药用蘑菇对我们的健康非常有益。有一种蘑菇，我们一直都在生活中的各个领域用到它，但它却鲜为人知，那就是白桦茸（Chaga）。白桦茸是一种奇怪的蘑菇，因为它的纹理类似于木质树皮（所以这种特殊的营养食品不像一般的蘑菇那样，能够进行快炒或者嫩煎）。它坚硬的质地使它很适合冲泡成富含营养的茶或者炖成汤。我们会在所有需要大量纯水的东西中加入小块的白桦茸：从洗澡水（贝克尔医生）、蜂鸟喂食器（罗德尼发现，它可以减少细菌的生长）到自制的康普茶和我们正在发芽的种子浸泡水。自从我们发现这种绝妙的饮料以来，冰箱里就一直都有新鲜的白桦茸茶。它有微妙的香草味，无论是做冷饮还是热饮都很可口（对人类来说）。也可以用白桦茸茶取代普通水，为超级营养的冻干或脱水狗粮补充水分。白桦茸的药用特性使它成为一种护理狗狗爪子的清洁液，冬天可以用来洗净狗狗爪子上的路面化雪盐，夏天可以平复狗狗脚垫的灼痛（用冷却的白桦茸茶水浸泡棉球，直接涂抹在疼痛处）。

　　蘑菇的特别之处在于它们的每一种都有独特的药用价值，所以你可以根据狗狗的需要来选择喂什么类型的蘑菇。对于一般的健康狗狗，可以尝试牛肝菌、白口蘑、香菇、云芝、舞茸、灵芝、蟹味菇和平菇。云芝和白桦茸是强有力的抗癌斗士；猴头菇是益智蘑菇，也就是说它能滋养中枢神经系统。除了谷胱甘肽，蘑菇还含有另一种很难从其他地方获得的抗氧化剂：麦角硫因，又名ergo。一些人将其命名为长寿维生素，因为在研究中，这种分子被证明可以增加抗炎激素，减少人体的氧化应激因子。麦角硫因只存在于一种食物中：蘑菇。**切碎的药用蘑菇是极好的犬类配餐食材。**你也可以做药用蘑菇汤，并把它添加到狗狗的食物中（用它来泡发脱水和冷冻干燥食物，而且它可以洒在干食物上，成为一种很棒的"汤汁"）。在夏天的几个月里，蘑菇汤冰块也是一种清爽的享受。脱水蘑菇也是很好的食材。

自制长寿药用蘑菇汤

　　向锅中加入1杯切碎的新鲜蘑菇（或1/2杯干蘑菇）和12杯纯净水（或自制长寿骨汤）。如果愿意的话，还可以将1/2茶匙新鲜生姜和姜黄根磨碎放入汤中。小火煮20分钟，晾凉后打成泥状，倒入冰块盒中冷冻。狗狗每10磅（约4.5公斤）体重对应一份（30克），融化混合到食物中，可以有效提供麦角硫因。

所有对人安全的蘑菇对狗也安全。所有对人有毒的蘑菇对狗也有毒。你可以把煮熟的或生的蘑菇和你的狗狗分享，作为零食或食物伴侣均可。我们发现大多数狗狗并不介意蘑菇和它们的食物混合在一起，但如果你的狗狗不吃蘑菇，也可以使用补充剂形式的蘑菇（参见第8章）。总之，一定要想办法让这些神奇的小东西进入你的狗狗的肚子。

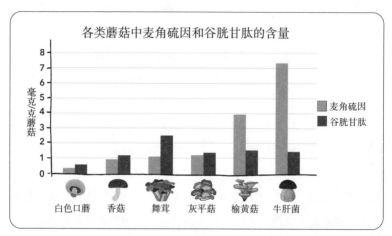

摘自米歇尔·D.卡拉罗斯（Michael D. Kalaras）等人，《蘑菇：抗氧化剂麦角硫因和谷胱甘肽的丰富来源》（*Mushrooms: A Rich Source of Antioxidants Ergothioneine and Glutathione*），《食品化学》（*Food Chemistry*），2017年10月，第429—433页。

修复微生物组

正如我们在本书第一部分中所描述的，生活在我们体表和体内的微生物群落，尤其是在我们和狗狗肠道中大量繁殖的细菌，是影响健康的关键——以至于有人说肠道就像"第二个大脑"。通过肠道和大脑之间神奇的双向连接，大脑会接收肠道内发出的信息，同时中枢神经系统又将信息传回肠道，以保持消化系统的最佳功能。这种反复的信息传输使控制饮食行为和消化成为可能，甚至能够实现宁静的睡眠。肠道还会发出激素信号，向大脑传递肠道炎症带来的饱胀感、饥饿感和疼痛感。

的确，肠道对我们的整体健康有着重要的影响：我们的感觉、我们的睡眠质量、我们的能量水平、我们的免疫系统机能、我们的疼痛程度、我们的消化和新陈代谢的效率，甚至我们的思维方式，都和肠道的状态有关。研究人员正在研究某些肠道细菌菌株在肥胖、炎症、功能性胃肠道疾病、慢性疼痛和包括抑郁症在内的情绪障碍中所发挥的潜在作用。这项研究也延伸到了兽医学领域。科学家们发现，通过食用"清洁"、易消化的食物（低浓度的农药、污染物、晚期糖基化终末产物，对肠道屏障有负面影响的化学残留极少），以及吃更多的益生元和益生菌食物，可以减少压力导致的腹泻，对抗肥胖和炎症，并支持强大的免疫系统——所有这些都会影响我们狗狗的衰老过程。

你可能听说过益生菌食品（"生命食品"）。它们包括各种发酵食物——如开菲尔[1]、酸菜和泡菜等，这些食物能够产生有益细菌。另外我们也可以通过补充剂摄入益生菌。**益生元**是肠道细菌生长和活动所需的食物，应该说是肠道细菌的首选食物。它们主要由难以消化的纤维素组成。与益生菌一样，它们可以通过某些富含益生元的食物摄入。当肠道细菌代谢这些不可消化纤维素时，会产生短链脂肪酸——这种生物活性分子对身体的能量需求是有益的，甚至能够直接满足身体的能量需求。

显然，我们都想要吃下肠道最重要的合作者——健康的肠道细菌，好支持肠道中的微生物群落以及这些微生物形成的内部网络。这个网络与我们全身的生物机能息息相关。**嗜黏蛋白阿克曼菌**（Akkermansia muciniphila，简称 Akk 菌）是犬类世界的头号明星益生菌之一。这种细菌已经被证明可以保护肠道黏膜和支持胃肠道健康，因而有促进整体健康、延缓衰老的作用。同时它还能防止腹泻和肠易激综合征等胃肠道疾病。人们还在研究把它作为一种对抗宠物肥胖的药剂。Akk 菌最喜欢的食物是富含菊粉的蔬菜（如芦笋和蒲公英）和

---

1 开菲尔（Kefir）是以牛乳、羊乳或山羊乳为原料，添加含有乳酸菌和酵母菌的开
菲尔粒发酵剂，经发酵酿制而成的一种传统酒精发酵乳饮料。　　——编者注

香蕉。研究表明，狗体内的Akk菌越多，它们就会越年轻。更多富含菊粉的食物意味着更多Akk菌，对于狗狗会有很大益处。我们建议以天然食物的形式喂给狗狗益生元纤维素（如菊粉），而不是以补充剂的形式：含有多种成分的天然食物要比单一的补充剂能提供更大的好处。很多狗都有肠道问题，喂食滋养微生物群落的食物可以治愈和修复发炎的、缺乏生物机能的肠道。除了培养健康的肠道，这些构建微生物群落的食物还有**很多**表观遗传方面的好处。

你可以与你的狗狗分享的
构建微生物群落的核心长寿食物伴侣

————

- **莴苣、菊苣和紫莴苣：** 菊苣家族的所有成员都可以作为基础食物的配料。这些绿色蔬菜富含益生元纤维素，可以为狗狗肠道中的有益细菌提供营养。

- **蒲公英：** 你和你的狗狗可以吃掉蒲公英的所有部分——花、茎、叶和根。蒲公英富含益生元纤维素，对肝脏和血液有净化作用。蒲公英比羽衣甘蓝更有营养，富含维生素（维生素C、维生素K、β-胡萝卜素）和钾。现在你的小区里有个免费的药箱了！（要确保它们没有被喷过农药。）你也可以在许多杂货店找到新鲜的蒲公英绿叶。

- **秋葵和芦笋**不仅富含益生元，还有很多维生素。芦笋更是少数天然含有谷胱甘肽的食物之一。谷胱甘肽是身体需要的一种基本化学物质，是大脑喜爱的主要内部抗氧化剂和解毒剂。这两种蔬菜都可以生切成薄片，作为完美的训练食物，也可以蒸熟后加入狗狗的正餐。

- **十字花科蔬菜，如西蓝花和芝麻菜：** 除了富含有益于肠道的纤维素外，十字花科蔬菜还含有维生素、抗氧化剂和抗炎物质。尤其是西蓝花，它含有两种超级分子：二吲哚甲烷（DIM）和萝卜硫素，可以自然地提高谷胱甘肽的水平。DIM帮助身体调节激素的健康平衡，清除可能破坏生理系统的异种雌激素（异种雌激素不是真正的雌激素，而是各种环境化学物质，在身体内会产生类似于雌激素的作用）。对狗的研究还表明，DIM有抗肿瘤/抗癌活性。萝卜硫素针对犬类骨癌和膀胱癌能够发挥一定作用，相关的研究结果令人印象深刻。要点：萝卜硫素的魔力只有在吃西蓝花时才会显现。狗和人都不能从补充剂中享受到这种营养素的益处，因为它降解得太快了。这种神奇的分子会刺激狗狗体内的细胞凋亡（健康、正常的细胞死亡）。在身体需要杀死坏的癌细胞时，这是至关重要的。小块的西蓝花和切碎的西蓝花茎是很好的训练食物。或者，你可以把晚餐吃剩下的煮熟的西蓝花（不加酱）放到狗狗的碗里。如果你的狗从来没有吃过西蓝花或抱子甘蓝，略微一煮可以减少它们在肠道内产生的气体，直到狗狗的身体适应这些新的蔬菜。

十字花科蔬菜会导致甲状腺功能减退吗？你可能听说过十字花科蔬菜摄入过多（比狗狗的自然摄入要多得多）会导致甲状腺功能减退（甲状腺素水平低）。实验室对啮齿类动物的研究发现，这是由于蔬菜中的代谢物硫氰酸盐取代了一部分碘被甲状腺吸收，而碘是生成甲状腺素所必需的矿物质。甲状腺的功能因此才受到影响。值得庆幸的是，更多动物研究最终表明，增加十字花科蔬菜的摄入量似乎不会增加甲状腺功能减退的风险，除非同时伴有碘缺乏。只要你的饮食营养全面，就没有理由害怕这类蔬菜！

➤ **豆薯：** 这种酥脆的蔬菜吃起来像苹果和土豆的混合体，是训练零食的最佳选择。豆薯富含益生元纤维菊粉和维生素C。

➤ **耶路撒冷菊芋（洋姜或鬼子姜）：** 这种多节的块根蔬菜，和球花形状的球菊芋（球蓟、朝鲜蓟）没有关系，它来自向日葵家族，富含菊粉。一些营养学家认为，在根茎类蔬菜中，洋姜是无名英雄，因为它有多种功能，而且富含益生元。

➤ **发酵蔬菜：** 无论是从商店买的还是自制的发酵蔬菜，都是狗狗丰富的益生菌来源。现在的问题是如何让狗狗吃下这些酸涩的混合食物。如果你的狗狗可以接受，每天将狗狗每10磅（约4.5公斤）体重对应四分之一茶匙的发酵蔬菜混合在正餐食物中。切记发酵蔬菜中不要有洋葱。

永生狗长寿水果

牛油果： 这种表面凹凸不平，果肉呈奶油状的绿色水果富含大量维生素C、维生素E和钾，以及大量的叶酸和纤维素。牛油果富含与橄榄油中相同的健康单不饱和脂肪酸——油酸，它能支持大脑功能，对任何年龄的身体维持最佳健康状态都很重要。最新研究表明，牛油果还对皮肤、眼睛甚至关节健康有益。牛油果还含有对心脏有益的植物甾醇，如β-谷甾醇。

青香蕉： 香蕉能提供钾，但完全成熟时，它们的糖含量也很高。（一根中等大小的香蕉含有14克糖，也就是3.5茶匙！）另一方面，未成熟的热带水果果糖含量较低，而且主要存在形态为抗性淀粉——这也是喂养狗狗微生物群落的好食材。此外，它还会提供抗氧化、抗癌和抗炎症的单宁，以及有助于防止氧化应激的类胡萝卜素。所以，找一些最绿的香蕉，把它们切成豌豆大小的方块，作为狗狗的训练零食吧。

覆盆子、黑莓、桑葚、蓝莓： 浆果是益生元纤维素的绝佳来源，富含包括鞣花酸在内的多酚物质。阿拉斯加大学费尔班克斯分校的克里亚·邓拉普博士（Kriya Dunlap，PhD）和她的同事们发现，在饮食中添加富含抗氧化化合物的水果，可以有助于维持身体的抗氧化水平，防止运动引起的氧化损伤。她的研究集中在雪橇犬身上，这些狗在剧烈运动中很容易肌肉损伤。但给狗狗喂食蓝莓之后，它们运动后的血浆中抗氧化剂总量更高，这能更好地保护它们免受氧化应激的有害影响。在新鲜蓝莓还没上市的时候，我们会用很多冷冻蓝莓作为训练零食。不过要预先警告一下：每天狗狗每两磅（约0.9公斤）体重对应超过一颗蓝莓，也就是说，4.5公斤重的狗每天吃5颗蓝莓就会拉出深蓝色便便——不过这种便便完全没有问题。为了防止蓝色便便出现，可以让狗狗吃几颗蓝莓，然后再吃其他长寿食物作为当天的健康奖励。

草莓：这些红色宝石有着超乎寻常的优秀品质，因为它们含有一种人们还不熟知的抗衰老秘密——"漆黄素"（非瑟酮），是研究人员长期以来一直在进行研究的一种植物化合物，其抗氧化和抗炎症特性尤其受到关注。最近，科学家们发现它还能杀死老化细胞——这些僵尸细胞是早衰的标志。发表在《衰老》（*Aging*）杂志上的一项细胞研究表明，漆黄素消除了大约70%的老化细胞，而对健康的正常细胞没有伤害。提醒一下，细胞老化是指细胞失去分裂能力，但没有死亡，导致它们不断积聚并使周围的细胞发炎。在一项引人注目的研究中，接触漆黄素的老鼠比对照组的老鼠寿命长10%，而且即使是在更老的年纪，与衰老有关的问题也比较少出现。这些发现促使梅奥诊所赞助了一项正在进行中的临床试验，研究人类补充漆黄素后，与年龄相关的功能障碍会受到怎样的直接影响。除了保护心脏和神经系统外，漆黄素还产生了禁食带来的所有积极效果〔包括降低雷帕霉素机械靶蛋白，增加腺苷-磷酸活化蛋白激酶（AMPK）和促进细胞自噬〕。你可能读到过一些信息，建议不要给狗吃草莓。这是因为狗可能会吃太多**绿叶草莓梗**，导致胃部不适。这种可能性很罕见。而且去掉草莓梗就可以消除肠胃不适的风险。请选择无农药或有机草莓。

石榴：石榴已被证明有助于保护细胞，尤其是心脏。心脏病被认为是狗的第二大死因。瓣膜性心内膜炎和扩张型心肌病是其中最常见的，在老年犬中尤为多发。氧化损伤导致的细胞死亡可能直接引发一连串事件，最终导致心力衰竭。在《兽医学应用研究期刊》（*Journal of Applied Research in Veterinary Medicine*）上发表的一项研究中，科学家发现，给狗喂食石榴提取物对心脏和健康有不可思议的保护作用。石榴还含有一种被称为"鞣花单宁"的分子，我们的肠道微生物会将其转化为尿石素A。尿石素A已被证明能使蠕虫体内的线粒体再生，使它们的寿命延长45%以上。这些令人鼓舞的研究结果促使科学家们又在啮齿动物身上测试了他们的发现，得到了相似的效果。与对照组相比，实验组中年龄较大的老鼠表现出线粒体自噬（受损线粒体自我破坏）增加的迹象，并且老鼠也表现出更好的跑步耐力。如果将这种又酸又脆的水果混合在狗粮中，你会惊讶地发现有许多狗都会毫不犹豫地吃掉它们——大约狗狗每10磅体重吃一茶匙。如果你的狗不喜欢这种水果，请继续阅读下面的内容。你一定会找到它们喜欢的东西。

强大的蛋白质

沙丁鱼： 你知道沙丁鱼是以撒丁岛命名的吗？撒丁岛是意大利的一个岛屿，那里曾经发现过大量的沙丁鱼，而且住在那里的人往往能活得既长寿又健康。撒丁岛就是那种被称为"蓝色地带"的长寿区域。与世界其他地区相比，这里超过100岁的人口多得超乎想象。沙丁鱼虽是小鱼，但营养丰富，富含ω-3脂肪酸、维生素D和维生素B_{12}——这些都是长寿的关键因素。记得要购买包在水中的沙丁鱼（或者新鲜沙丁鱼，如果你能买到的话）。狗狗每20磅（约9公斤）体重吃一条沙丁鱼，每周吃两三次就可以了。

蛋： 无论是鸡、鹌鹑还是鸭子，它们的蛋都是天然的营养武器，富含维生素、矿物质、蛋白质和健康脂肪。鸡蛋还富含胆碱，这是一种对大脑中神经递质乙酰胆碱的产生至关重要的营养物质，有助于大脑功能和记忆。蛋能够以多种方式为狗的身体服务，因为蛋类蛋白质的氨基酸结构符合狗的生理需求。生蛋、半熟蛋、全熟蛋（蒸熟或炒熟的）都可以，狗狗都喜欢。选择散养禽类的蛋可以获得最多的营养。一个鸡蛋大约含有70卡路里热量。30磅（约13.5公斤）重的舒比每周都要吃几次鸡蛋。

内脏： 肝、肾、肚、舌、脾、胰、心……我们很多人无法理解它们的吸引力，但狗狗喜欢所有这些。散养牲畜的器官是富含 α-硫辛酸的美味佳肴，是很好的训练零食，生吃、冻干、脱水或者煮熟并切成小方块，都很适合狗狗。狗狗总是想从你那里得到更多的内脏作为奖励，但它热量很高。所以要使用"爪子原则"来衡量每天的摄入量：你的狗的**一只**爪子的大小，与之宽度和长度（以及除去毛发以外从爪背到肉垫的厚度）相当的一块内脏，是最健康活泼的狗狗每天合理的内脏摄入量。你把肉块切得越小，狗狗能吃到的机会就越多！你可以和狗狗分享的其他健康蛋白质有沙丁鱼、鳕鱼、阿拉斯加大比目鱼、鲱鱼、淡水鱼、鸡肉、火鸡、鸸鹋、野鸡、鹌鹑、羊肉、牛肉、野牛、麋鹿、鹿肉、兔子、山羊、袋鼠、短吻鳄（如果你的狗狗对其他蛋白质食物过敏）和煮熟的野生鲑鱼。所有精瘦、干净、未腌制的肉类都是很好的训练狗狗的食物。**不要**和狗狗分享的肉类：咸肉、火腿、腌肉、腌鲱鱼、熏肉、香肠和**生**鲑鱼。

小零食：
狗狗的新鲜"药品"清单

富含抗氧化物质的食物	
富含维生素C	柿子椒
富含辣椒素	红柿子椒
富含花青素	蓝莓、黑莓和覆盆子
富含β-胡萝卜素	哈密瓜
富含柚皮素	樱桃番茄
富含安石榴苷	石榴籽
富含多炔类物质	胡萝卜
富含芹菜素	豌豆
富含萝卜硫素	西蓝花

抗炎症食物	
富含菠萝蛋白酶	菠萝
富含ω-3脂肪酸	沙丁鱼（需要低嘌呤饮食的狗狗不可食用）
富含槲皮素	蔓越莓（口味挑剔的狗狗不喜欢）
富含葫芦素	黄瓜

超级食物	
富含胆碱	全熟煮鸡蛋
富含谷胱甘肽	口蘑
富含锰	椰子肉（或不加糖的椰肉干）
富含维生素E	生葵花籽（将它们和其他各类种子发芽，就能得到含有丰富叶绿素的微型绿色蔬菜，这是狗狗草食的升级版本！）
富含镁	生南瓜子（每次喂一粒南瓜子，就是大小完美的训练零食，狗狗每10磅体重最多喂1/4茶匙南瓜子，分散在一整天中）
富含硒	巴西栗/鲍鱼果（每天将一颗巴西栗切成小块，分几次喂给大型犬；或者让几只较小的狗分享一颗）
富含叶酸	绿色菜豆
富含漆黄素（非瑟酮）	草莓
富含3-吲哚甲醇	羽衣甘蓝（或自制羽衣甘蓝片）
含异硫氰酸酯	花椰菜

有利于排毒的食物	
含芹菜素	芹菜
富含茴香脑	茴香
富含岩藻多糖	紫菜（及其他海藻）
富含甜菜碱	甜菜根（有草酸问题的狗狗不可食用）

对肠胃有益的食物	
富含益生元	豆薯、青香蕉、冬笋、芦笋、南瓜（都是长寿食物拼图中优质的拼图板）
富含猕猴桃碱	猕猴桃
富含果胶	苹果
富含木瓜蛋白酶	木瓜

香草促进健康

香草和香料在世界各地的许多文化中有着悠久而丰富的历史，不仅用于食物的调味，还被用于治疗和预防疾病。一些植物拥有更丰富、更多样化的生物活性物质，即使只摄入少量，也会对各种器官系统和生化机能产生深远而积极的影响。使用药草（它们很多就在你的厨房香料抽屉或花园里）是一种简单而经济的方法，可以直接为你的狗狗提供强大的植物药剂。

如果你已经有一段时间没有查看过烹饪香料是不是过期了，我们建议还是应该用新鲜的材料，最好是有机的。在给狗狗的饭食"调味"时，**狗狗每10磅（约4.5公斤）体重对应的香草量是干香草瓶朝狗狗的食碗里抖一下**，这是一个很好的规则。如果你用健康香草给狗狗的食物调味，最糟糕的事情是，如果香草放得有点多，你会发现你的狗狗不像你那样喜欢香草（香菜），所以开始时还是要少用一些烹饪香草，直到你了解了狗狗的喜好。在喂食前将香草混入食物中。狗狗每20磅（约9公斤）体重可以对应每天四分之一茶匙的新鲜香草，记得要切碎。干燥的香草比新鲜的香草更有效。不过我们发现狗狗通常对这两种形式都很容易接受，只要你把它们混合到狗狗的食物中。

欧芹：不再是扔掉的配菜，这种草本植物（伞形科蔬菜）有很多理由被夸赞。它含有一种生物活性化合物，通过激活谷胱甘肽硫转移酶（GST）来中和致癌物，防止氧化损伤，GST刺激谷胱甘肽的产生（谷胱甘肽是清除体内晚期糖基化终末产物所需的物质）。在动物样本中，欧芹的挥发油可以提高血液的自由基抑制能力，并有助于中和致癌物质——包括高温加工食品产生的苯并芘。

姜黄：姜黄素是印度香料姜黄（Turmeric）中最活跃的多酚类物质。现在探索姜黄素功效的医学文献不断涌现，已有数千篇相关论文发表。姜黄素被证明有助于提高脑源性神经营养因子（BDNF）的水平，改善认知。2015年的一项研究表明，与神经退行性疾病（包括认知障碍、疲劳乏力、焦虑等）相关的生化通道会直接受到姜黄素的影响，姜黄素也因此能对狗狗的神经起到保护作用。

姜黄是一种万金油，它的用途可以写满整整一本参考手册。例如，在2020年，得州农工大学的研究人员展示了姜黄为患有葡萄膜炎的犬类减少眼部症状的前景。葡萄膜炎是一种眼部炎症，会导致疼痛和视力下降。我们两个都用这种神奇的根茎来应对狗狗从头部到尾部各种原因引起的炎症。它是我们最喜欢的常备药草之一。植物学家詹姆斯·杜克（James Duke）发表了一篇综合论述，涉及超过700项姜黄的研究。他得出结论："在治疗几种慢性衰弱疾病方面，姜黄似乎优于许多药物，而且几乎没有副作用。"当姜黄与迷迭香合用时，对犬类乳腺癌、肥大细胞瘤和骨肉瘤细胞系的治疗有协同作用，与化疗药物合用有叠加作用。

迷迭香：这种药草被认为是"生活的调味品"，因为它含有桉叶油醇，一种能促进大脑产生乙酰胆碱并减缓认知能力下降的化合物。它还能提高狗的BDNF水平。迷迭香的抗氧化和抗炎作用主要归功于它的多酚类化合物——包括迷迭香酸和鼠尾草酸，这两种物质都有抗癌作用。此外，鼠尾草酸可以预防人类和狗常见的白内障，所以对眼睛健康也很有意义。

香菜：香菜是一种强大的香草宝石，含有大量植物营养素形式的抗氧化剂。另外它还含有活性酚类化合物、锰和镁。难怪香菜会被用作助消化、抗炎和抗菌的药剂，还被当作控制血糖水平、降低胆固醇和抑制自由基的武器。还有研究表明，香菜可以通过尿液自然地帮助身体清除铅和汞，这也是我们建议定期食用香菜解毒的原因之一。

孜然： 孜然对健康有很多好处——它能促进消化，还有抗真菌、抗细菌和抗癌的功效。

肉桂： 从一种南亚乔木的卷皮中提取，是最受欢迎的超级香料之一，以其胶原蛋白构建效能而著称。胶原蛋白是人体内最丰富也是最重要的蛋白质之一，对防止狗的关节衰老尤为重要。肉桂还有更多好名声——帮助平衡血糖和抗氧化，保护心血管系统，管理氧化应激，减少炎症反应，减少血液循环系统中的脂肪。肉桂醛是肉桂中的一种活性成分，目前正在动物身上研究它预防神经退行性疾病的能力，包括阿尔茨海默病。在一项临床研究中，仅仅两周时间，肉桂就改善了实验狗的所有心脏参数。如果你在狗狗的食物中加入少许肉桂（抖一下调料瓶），一定要和其他食物完全混合在一起，这样狗狗就不会吸入细肉桂粉了。

丁香： 除了富含锰（一种重要且难以获得的矿物质，能让狗的肌腱和韧带保持良好的工作状态）之外，丁香还含有抗氧化剂丁香酚，它能防止自由基造成的氧化损伤，其效果超过维生素E五倍。丁香酚对肝脏尤其有益。在一项动物研究中，患有脂肪性肝病的大鼠被喂食含有丁香油或丁香酚的混合物饲料，这两种物质都能改善肝功能，减轻炎症，减少氧化应激。丁香具有清除自由基的特性，含有抗氧化剂，可以减缓衰老迹象和减少炎症。针对丁香抗癌和抗菌特性的研究结果也很有前景。整个丁香有让狗狗窒息的风险，所以在喂食前要把它们磨碎，狗狗每20磅（约9公斤）体重对应一小撮的量。

可以从你的香料柜或花园中分享给狗狗的其他健康草本植物

罗勒： 除了支持心脏健康，罗勒还有助于通过降低皮质醇水平来管理身体的压力负荷。

牛至： 牛至具有抗菌、抗真菌和抗氧化作用，还含有大量的维生素K！

百里香： 百里香中含有百里香酚和香芹酚，它们具有高效的抗微生物特性。

生姜：众所周知，生姜素是一种对抗恶心的药草，它还能通过控制动物体内的氧化应激来延缓衰老，并起到保护神经的作用。

危险警告：哪种烹饪香草是狗不能吃的？不要给狗狗喂食韭菜（葱家族的一种）和肉豆蔻（肉豆蔻是肉豆蔻素的丰富来源，哪怕只有少量摄入，也可能会导致神经和胃肠道症状）。

长寿饮品

几千年来，人类通过食用植物提取物、果汁以及植物和药草的浸泡水来增加自身的营养摄入。虽然我们很多人会做果汁或冰沙，但大多数人都不会想到在食物中加入浓缩药用汤汁。但在犬类世界里，药草茶是一种价格低廉、富含多酚的调味剂（"汤汁"），它为每一餐都添加了有益长寿的因素。冷却茶尤其是一种经济有效的方式，可以直接将植物的最佳药用特性传递给你的狗。花草茶是天然脱咖啡因的。绿茶和红茶应该去除咖啡因。如果可能的话，请购买有机茶。

所有的茶都可以用一般模式浸泡（我们建议先用三杯非常热的纯净水泡一袋茶），等到冷却后加入狗粮。或者可以向狗狗的颗粒狗粮中加入温茶，用具有治疗作用的茶水浸泡狗粮。这样就能创造出一种超级美味的汤汁，并增加水分。（狗狗一生都不适合吃低水分的干粮，茶在这方面很有帮助！）如果你喂狗狗脱水或冻干的食物，在喂之前用茶或我们的自制长寿骨汤（请见第226—227页）重新泡发它们。将不同的茶混合在一起，或者将一种特定的茶用于特定的目的，这些都是可以的。以下是科学研究发现的一些宝藏茶。

无咖啡因绿茶：如果你有健康意识，那么你一定已经知道绿茶对你有好处。绿茶中所包含的健康生物活性化合物具有强大的抗炎、抗氧化和促免疫作用，所以它在医学和非专业文献中都得到了广泛报道和讲述。长期以来，它已经被证明可以改善大脑功能，预防癌症，降低心脏病的风险，并促进减脂。多项研究得出了相同的结论：喝绿茶的人可能比不喝绿茶的人活得更久。因此，很长一段时间以来，绿茶提取物一直被用于宠物食品，作为治疗肥胖和肝脏炎症，支持抗氧化，甚至是应对犬类辐射暴露的一种药物，这完全不足为奇。

无咖啡因红茶：和绿茶一样，红茶富含多酚。茶多酚是一种天然化学物质，有很强的抗氧化作用，能够帮助身体清除细胞和组织中的自由基，具有抗癌和抗炎的效果。绿茶和红茶的区别在于红茶经过氧化处理，而绿茶没有。制作红茶时，要先将茶叶卷起来，然后将其暴露在空气中，触发氧化过程。这种反应使叶子变成深棕色，并使味道增强变浓。红茶和绿茶中多酚的种类和含量不同。例如，绿茶含有大量的表没食子儿茶素没食子酸酯，从技术上讲，它是一种儿茶素，有助于限制自由基，保护细胞免受损伤。红茶富含茶黄素，这是一种由儿茶素生成的抗氧化分子。这两种茶在保护心脏和促进大脑功能方面有相似的作用。两者都含有镇静氨基酸L-茶氨酸，可以缓解压力，舒缓身体。

蘑菇茶：对狗狗来说都是健康安全的。狗狗最有可能喜欢的两种蘑菇茶是：

➤ **白桦茸茶：**如前所述，白桦茸是一种药用蘑菇，可以制成茶。白桦茸的提取物富含抗氧化剂，可以抗癌、改善免疫力、缓解慢性炎症、降低血糖和胆固醇水平。更多关于这种茶的研究正在进行中，尤其是关于它对学习和记忆的影响。

➤ **灵芝茶：**灵芝制成的茶在东方医学中有数个世纪的使用历史。这种茶的健康益处来源于多种分子，包括三萜、多糖和肽聚糖，可以增强免疫系统，对抗癌症，改善情绪。

宁神茶：恐惧、焦虑和不安是犬类最常见的一些应激行为，有很多花草茶可能帮助狗狗缓解这些问题：甘菊、缬草、薰衣草和圣罗勒。所有这些都可以先煮熟，再冷却，然后添加到狗粮中。

排毒茶：在排毒茶专区，我们有蒲公英、牛蒡和牛至叶。不用细谈这些茶丰富的健康益处，我们只是想说，和你的毛孩子一起享受香茶绝不会有错。而且你不必为此费多大力气。实际上，在你的花园里还有许多其他类型的常见植物，可以为你的狗制成美妙的茶汤，包括玫瑰果、薄荷、柠檬马鞭草、柠檬薄荷、柠檬草、椴树花、金盏菊、罗勒和茴香。

特别提示： 你可以将药草茶包加入到骨汤中，做成高效的微量营养素协同溶液。再将骨汤倒入冰块盒中冷冻，然后按照狗狗每10磅（约4.5公斤）体重对应每天使用一个冰块。

自制长寿骨汤

这种骨汤配方与传统配方不同，传统配方可能含有高组胺，会对一些狗产生有害影响。

锅中放入一只散养的有机全鸡（或剩下的鸡肉，或生鸡架，都可以），加入过滤的纯净水，没过鸡肉，并加上：

1/2杯切碎的新鲜香菜（有效结合重金属）；

1/2杯切碎的新鲜欧芹（一种天然的血液解毒剂）；

1/2杯切碎的新鲜药用蘑菇（提供谷胱甘肽、亚精胺、麦角硫因和β-葡聚糖）；

1/2杯十字花科蔬菜，如西蓝花、卷心菜或抱子甘蓝（这些食物具有肝脏排毒所需的高含量硫）；

4瓣生蒜，切碎（其中的高含量硫能够刺激谷胱甘肽的产生，用于肝脏排毒）；

一大汤匙未经过滤的生苹果醋；

1茶匙粉色喜马拉雅矿盐。

盖上盖子，小火慢炖4小时，关火。如果有需要，此时可以加入4个茶包。将茶叶浸泡在肉汤中10分钟，然后丢弃茶包。剔下骨头上残留的肉，丢弃骨头。将肉、蔬菜和汤水打成泥，直到它们变成细腻的肉汁。冷冻成小块（用冰块托盘就很好）。拿出一块［大多数标准托盘是1盎司（约30克）/份，或两大汤匙/份。狗狗每10磅体重对应每天一块］，解冻到室温，或者在加入狗粮之前重新加热。

相信常识：我们为什么会害怕这么多食物？

我们在互联网上找到的关于"可以"和"不可以"喂给狗狗什么食物的错误信息让我们感到震惊。什么食物对狗来说是真正有毒的？欧洲宠物食品工业联合会（FEDIAF）发布了关于宠物食品毒性的最准确的、有科学依据的信息。值得注意的是，它的网站上只列出了**三种**对狗和猫有毒的食物：葡萄（和葡萄干）、可可（巧克力）和葱家族成员（包括洋葱、香葱和高剂量的**大蒜提取物**，这意味着大蒜补充剂不行，不过新鲜的大蒜是可以的）。

将欧洲简短的禁止清单（三种食物和一种补充剂）与美国防止虐待动物协会（ASPCA）、美国养犬俱乐部（AKC）和其他数十个网络平台提供的大范围清单进行比较——这些平台声称可以识别"对宠物有毒的食物"，你会感到头晕目眩。网上绝大多数禁止食用的食物都包括了**对狗真正有毒**的食物（欧洲宠物食品工业联合会列出的三种食物和一种补充剂），有特殊身体情况的宠物应避免食用的食物，以及可能造成窒息危险的食物。例如，患有胰腺炎的狗在恢复期应该避免所有煮熟的脂肪和高脂肪食物。许多网站将鸡蛋、种子和坚果列为"有毒"食物，因为这些食物含有较高的健康脂肪，会加剧胰腺炎。但鸡蛋、种子和坚果（不包括夏威夷果，它们不含可识别的毒素，但其极高的脂肪含量会导致狗狗恶心）本身对狗是无毒的。它们是健康而且有营养的食物，可以也应该被喂给健康的狗。同样，许多营养丰富的食物，包括生杏仁、桃子、西红柿、樱桃和一大堆其他非常健康的水果和蔬菜，都被列为"有毒"，因为如果它们的核没有被清除，或者动物吃了整个果子，而不只是切碎的果肉，就会有窒息的危险。

不幸的是，**真正具有系统毒性的食物（欧洲宠物食品工业联合会列出的四种）与"不适用于各种疾病"和有窒息风险的食物被放在一起，形成了一张长长的清单，让狗主人们对它们全都避之唯恐不及。**而这种恐惧其实没有什么真正的道理。许多常识（比如在给狗狗吃杏之前先把核去掉）和经常被引用的研究（比如毒性研究）都支持一种截然不同的犬类营养判断方法。如果你自己进行研究，你可能会和我们一样，在广泛地阅读过文献综述之后得出结论：**永远不要给任何狗喂葡萄（或葡萄干）、洋葱、巧克力以及夏威夷果。就是这样。除此之外，相信常识。**欧洲人就是依靠常识赢得了胜利。

以下是一些关于**犬类食物的错误信息**，我们可以一次性彻底解决它们。

➤"牛油果和大蒜是有毒的。"假的。牛油果的皮或核确实对人和狗都不适合，因为它们含有一种叫作"甘油酸"（persin）的物质，会导致肠胃不适，但牛油果肉对你和你的狗是安全健康的。我们每天都要往舒比的漏食玩具里面塞进一块橙子片大小的牛油果（约40卡路里热量）。后文有关于大蒜的说明。

➤"不要给狗喂蘑菇。"假的。对人安全的蘑菇对狗也安全。蘑菇对人类有很大的药用价值，对狗狗同样也有很大的药用价值（当然，毒性也是一样）。狗狗每25磅（约11公斤）体重对应一大汤匙蘑菇是一个很好的开始！

➤"迷迭香引起癫痫。"混淆概念。迷迭香**精油**和桉树**精油**（你可以在健康食品商店买到这两种强力挥发性芳香油）含有大量樟脑成分，如果**癫痫病人食用这种化合物**，会增加癫痫发作的可能性。（我们都同意：不要给有癫痫病的狗狗喂食大量迷迭香精油。）而在你健康的狗狗的食物中加入一小撮新鲜迷迭香或少许干迷迭香以及其他香草（这种添加量**非常小**），能够对狗狗产生积极的健康效果，同时即使是对最敏感的狗狗，也不足以产生负面影响。

➤ "核桃是有毒的。"伪科学。生的、无盐的英国核桃（以及杏仁和巴西果）肯定会让狗窒息，所以在喂食前要把它们切碎成小块。半颗核桃可以切成四粒完美的训练食物，供一只50磅（约23公斤）重的狗一整天食用。再重复一次：唯一对狗有风险的坚果是夏威夷果，它会让狗狗恶心。花生可能含有一些真菌毒素，但它们对狗没有先天毒性。如果你的院子里有一棵黑核桃树，不要让你的狗吃树皮（它会导致神经系统症状）或包裹着核桃坚果的绿色厚果皮，因为这些外皮上生长的真菌毒素有时会导致狗狗呕吐。

关于大蒜的注释： 大蒜在兽医中名声不好，因为它是葱属的一员。洋葱中的硫代硫酸盐含量是大蒜的15倍，这种化合物会导致狗吃了洋葱后患上亨氏小体贫血症。2004年的一项研究表明，大蒜中的药用化合物大蒜素对动物的心血管健康有好处，尽管在研究期间实验犬被喂食了高浓度的大蒜素，但没有报告说出现贫血（这就是为什么你看到许多商业宠物食品中含有大蒜，而兽医对大蒜也没有意见）。以下是根据狗狗体重推荐的每天**新鲜**大蒜的剂量，你可以选择喂食这种药用香料（我们不推荐大蒜补充剂药丸）。

➤ 10—15磅（约4.5—6.8公斤）——0.5瓣

➤ 20—40磅（约9—18公斤）——1瓣

➤ 45—70磅（约20—32公斤）——1.5瓣

➤ 75—90磅（约34—41公斤）——2瓣

➤ 100磅（约45公斤）及以上——2.5瓣

🐾 长寿小提示 🐾

▶ 10% 规则：狗狗每日摄入的 10% 的热量可以来自健康的人类食物，同时又不会"打破营养平衡"。

▶ 你不需要一夜之间就彻底改变狗狗的饮食习惯。从微小而简单的改变开始，把碳水化合物、高度加工的零食换成对狗友好的新鲜水果和蔬菜等长寿食物。或者在狗狗的碗里加入一点长寿食物，将它们和你一直给狗狗吃的东西混在一起。那些不太好看的蔬菜边角碎料不用扔掉，都可以放进狗狗的碗里。

▶ 简单方便的长寿零食包括：切碎的生胡萝卜、苹果、西蓝花、黄瓜、浆果、杏、梨、豌豆、菠萝、李子、桃子、欧洲防风草根、樱桃番茄、芹菜、椰子、石榴籽、生南瓜子、蘑菇、煮熟的鸡蛋、南瓜、抱子甘蓝，还有切成丁的肉类和内脏，等等。

▶ 要改善狗狗的微生物组，自然而有效的方法是提供富含益生元的蔬菜，如芦笋、青香蕉、秋葵、西蓝花、耶路撒冷菊芋和蒲公英绿叶。

▶ 茶、香料和药草是狗狗长寿药的绝佳来源。

▶ 两种可以尝试的自制食谱是长寿药用蘑菇汤（请见第211页）和长寿骨汤（请见第226—227页）。

▶ 与许多都市传说相反，对狗来说真正有毒的食物并不多。葡萄（和葡萄干）、洋葱（和韭菜）、巧克力和夏威夷果绝对不能给狗狗吃。还要避免肉豆蔻。

❽ 健康长寿的营养补充习惯

安全有效的补品指南

健康就像金钱，直到失去它，我们才会真正意识到它的价值。

——乔希·比林斯

2011年，一只名叫Pusuke（菩施康）的公柴犬在日本的家中去世，年龄是26岁。这只混血柴犬在前一年被吉尼斯世界纪录认定为全球最长寿的狗。Pusuke的主人把它的长寿归功于每天两次的维生素，还有主人充分的爱和大运动量。我们可能永远都不会知道维生素对Pusuke的长寿有多少贡献（以及它具体吃了些什么样的"维生素"），但许多其他传闻也都讲述着类似的事情。好消息是，科学最终找到了所有这些逸事的证据。这些证据表明，如果使用得当，营养补充剂是强有力的工具。在过去的十年中，越来越多的犬类研究数据汇集在一起，记录了某些补充剂的作用。它们确实能够预防和治疗疾病、损伤，并且延长寿命。我们会在这里为你去芜存菁。今天有很多很好的补充剂配方，是由那些和你一样爱狗的人开发出来的，他们愿意尽一切可能来分享这些长寿秘诀。我们要补充的是，许多涉及犬类的研究又进一步让我们了解了人类的健康。

如果你还没确定自己想要什么就走进商店，那么面对任何一个出售营养补充剂的货架都会让你头晕目眩。在那里，有无数配方、品牌和健康声明都在不遗余力地向你兜售自己的产品，弄得你更加茫然无措。你会遇到一些从未听说过的东西，甚至连它们的发音也搞不清楚。（ashwagandha[1]？phosphatidylserine[2]？）与此同时，你还会看到一些诱人的说辞，比如"添加~，让你的狗狗茁壮成长"，或者"临床

---

1 南非醉茄，也被称为印度人参和冬樱花。   ——译者注

2 磷脂酰丝氨酸。   ——译者注

（或'科学'）验证可以做到X、Y和Z"，或者放出终极诱饵："通过服用～，狗狗的寿命可以延长30%或更多！"

营养补充剂市场是庞大的，也充满了令人困惑的地方。但有了正确的知识和一份值得信赖的推荐名单，它就可以发挥出神奇的效能。宠物营养补充剂的业务已经爆发，并有望成为一个价值10亿美元级别的行业——我们这里说的只是**营养补充剂**，而宠物食品行业的规模已经接近1 350亿美元。2019年，全球宠物营养补充剂市场规模为6.376亿美元，预计2020—2027年将以6.4%的复合年增长率增长。

推动这个市场的力量是什么？在过去10年里，是婴儿潮一代和千禧一代的消费者推动了普遍的健康运动和自我关爱文化。实际上，对于千禧一代而言，宠物可以成为孩子的替代品。他们已经迅速取代了他们的长辈，成为高质量营养补充剂的主要推动力量。据估计，如今有近57%—65%的美国家庭养宠物，甚至可能更多。美国宠物产品协会下属的贸易组就给出了更高的统计数字——将创下历史新高。千禧一代正在成为养宠物大军的主力，他们照顾宠物的方式很可能会像照顾他们的孩子，尽管他们还没有孩子——2018年的人口出生率是32年来最低的。

2018年，美国交易控股公司（TD Ameritrade）对1 139名千禧一代的宠物主人进行了调查，其中近70%的人表示，如果可能的话，他们会请假照顾宠物。近80%的受访女性和近60%的受访男性认为他们的宠物是自己的"毛孩子"（Fur Baby）。拥有医疗保险的宠物数量增加了18%，从2017年的180万只增至2018年的200多万只。所有这些都增加了对兽医的需求。美国劳工统计局预测，到2028年，兽医和兽医技术人员的工作岗位将增长近20%。

对于千禧一代来说，上几代人认为是奢侈品的产品现在已经被认为是必需品。就连风险投资家和企业买家也无可避免地参与到这股淘金热中来。他们举办峰会，吸引致力于开发长寿产品和营养补充剂的初创企业。（25—34岁的养狗人特别倾向于为他们的宠物购买营养补充剂。总体来说，养狗的人在他们的毛孩子身上花的钱是养猫人的

4倍。在宠物营养补充剂方面，估计犬类产品的购买额要占到总销售额的78%。）

虽然营养补充剂的一般目的是帮助填补饮食方面的营养缺失，但有时人们会以极端的方式使用补充剂，这反而可能会对身体不利。过犹不及这句话没有错。抗氧化剂就是一个很好的例子。虽然它们是控制自由基的关键，但通过营养补充剂摄入过多合成抗氧化剂会妨碍身体固有的抗氧化和解毒机制。在特定信号的存在下，我们的DNA会激活身体内部产生的（内源性）保护性抗氧化剂，这种自然刺激产生的抗氧化系统比任何营养补充剂都要强大得多。

大自然已经发展出自己的生物化学程序，无论人、狗还是其他动物，都会在高氧化应激状态中产生更多保护性的抗氧化剂。细胞并不完全依赖于外部食物中的抗氧化剂，而是有自己的先天能力，可以根据需要生成抗氧化酶。

人们已经发现了几种开启抗氧化和解毒通道的天然化合物。这些通道通常涉及一种叫作Nrf2的特殊蛋白质，我们在第7章提到过它。一些科学家称这种蛋白质为衰老的"主调节器"，因为它会激活许多与长寿和抑制氧化应激有关的基因。在这些天然的Nrf2触发化合物中，有来自姜黄的姜黄素、绿茶提取物、水飞蓟素（水飞蓟，也称为"奶蓟"）、假马齿苋属提取物、二十二碳六烯酸（DHA）、萝卜硫素（包含在西蓝花中，并非营养补充剂）和南非醉茄。这些物质中的每一种都能有效地激活身体先天产生的关键抗氧化剂，包括最重要的解毒剂之一——谷胱甘肽。在兽医领域有研究表明，有明显衰老迹象以及有肝病的犬类体内，谷胱甘肽水平平均较低。谷胱甘肽在解毒化学中也是一个强大的因素，它能与各种毒素结合，使它们的毒性降低。它是我们建议你考虑的补充剂之一。另外还有上面列出的其他补充剂，其中一些会促进身体自行产生谷胱甘肽。

食物的协同作用

整体大于各部分之和

营养补充剂并不是对抗不良饮食习惯的灵丹妙药或保险策略。与营销宣传中鼓吹的内容相反，它们也不是长生不老的秘密。从现实出发，我们建议你还是要先纠正狗狗的饮食结构，然后再考虑添加营养补充剂。因为营养补充剂不是达到最佳健康状态的捷径。但有时，为了让狗狗摄入足够的活性物质，以改变身体的健康状况，补充剂的确是唯一的途径。例如，让狗狗吃一卡车的苹果或羽衣甘蓝来获得足够量的槲皮素是不现实的；而补充剂可以提供浓缩的、足以产生治疗效果的黄酮类活性物质。但首先还是要让狗狗尽量从食物中获取所需的大部分营养。拉布拉多**什么**都吃，但吉娃娃就没有那么好的胃口。如果狗狗的确需要营养补充剂，那就要给它们服用。只是并非所有狗狗在任何时候都需要这种高剂量的营养补充。

我们可以写一本百科全书，介绍所有对特定品种狗狗有益的营养补充剂，还有适合于各种具体医疗条件和生命阶段的营养补充剂，但已经有很多人在这样做了，网上也有很多可信的信息能够挖掘。不过目前还没有一份明确的抗衰老/长寿营养补充剂协同作用列表，所以我们为你做了这项工作。在每个类别中，我们都列出了一些我们真正喜欢的补充剂，当然，还有许多其他补充剂也都很棒。请查看www.foreverdog.com，了解关于补充剂更深入的讨论。

这份清单被分解为核心要素和可选择的附加项两部分，其中核心要素是每位养狗人都应该考虑为狗狗使用的；而附加项则要根据你的狗狗的特殊情况（例如，年龄、品种、健康状况、生活环境）和其他特殊需求而采用。我们建议你评估所有与狗狗生活方式相关的核心因素，然后再根据狗狗的身体需求添加你认为合适的其他补充剂（参见第9章）。你的预算也应该考虑进来。对于一些人来说，购买大量额外的补充剂（以及每天都记住逐一使用它们）是不可能的，这没关系。我们将针对这个棘手的问题为你提供所需的指导信息。你可以据此为狗狗制订具体方案。

我们也在www.foreverdog.com上保留了一个持续更新、不断发展的列表。因为营养补充剂行业不受监管（不会像美国食品药品监督管理局批准药品那样），不同的品牌之间存在质量差异，并非所有的宠物营养补充剂都是用人用等级的原材料制成的。公司易手，产品就可能停产。这是一个动态的领域。说不定某一天，就会有某个大型研究改变了某种补充剂的形象，或者有一种值得考虑的新补充剂进入市场。但不管怎样，与之相关的基本原则不太可能很快改变。如果你的狗有任何确诊病症，正在服药，或计划做手术，那么在使用新的营养补充剂方案前，请咨询你的兽医。

间歇的力量

为什么我们推荐"间歇疗法"作为
大多数营养补充剂的使用方式

每天服用相同的营养补充剂意味着身体有足够的时间来调整，以适应一次又一次重复摄入等量的化学分子，逐渐产生耐受性和抗药性。而改变品牌和服用频率可以优化身体对补充剂的反应。因此，我们建议以每周为单位，服用几次营养补充剂。有一天忘记服用或跳过一天也没关系，不必为此而惊慌。你的狗狗每天在同一时间需要的唯一药物是它用来控制病情的处方药。营养补充剂不需要严格的时间表。你要让它们悄悄向狗狗的表观基因组传递长寿信息——表观基因组是围绕在狗狗DNA周围的第二层化合物，可以通过关闭或打开基因来修改基因表达，就像DNA的一份参考手册。

最核心的基本需要

我们在第3章中讲了很多关于AMPK、mTOR和细胞自噬的内容，因为这些与特定细胞的清洁活动以及寿命有关。理想情况下，我们希望促进mTOR的抑制通道，这样细胞自噬就可以在体内发挥它的魔力。再次简要说明一下，mTOR基本上是身体的生物"调光开关"，用于开启或关闭细胞的自噬行为，也就是细胞整理房间、回收废物的活动。我们还想激发那些抗衰老的去乙酰化酶基因和AMPK的作用。AMPK是身体的抗衰老分子，负责管理重要的细胞清洁，通常被称为"新陈代谢的守护者"。事实证明，结合我们的策略，你就能做到这一点。

最大限度地发挥抗衰老，延年益寿的作用

- ➤ 限时喂食
- ➤ 运动
- ➤ 白藜芦醇
- ➤ ω-3脂肪酸
- ➤ 姜黄素
- ➤ 二吲哚甲烷
- ➤ 石榴（含有鞣花酸）
- ➤ 水飞蓟
- ➤ 肌肽
- ➤ 漆黄素（草莓中含有）
- ➤ 灵芝蘑菇

白藜芦醇

白藜芦醇是延年益寿工具箱中的一件秘密武器。杰克·佩里是得克萨斯州奥斯汀的一名退休水管工,他两次打破养猫的吉尼斯世界纪录,被载入猫的历史。第一次纪录是1998年,那时他的猫是一只斯芬克斯和德文卷毛的混血,名叫雷克斯·艾伦爷爷(Granpa Rex Allen),活到了34岁;第二次是2005年,是一只名叫奶油泡芙(Creme Puff)的混血虎斑猫,活到了38岁。(这是猫平均寿命的两倍多!)他的养猫秘密?除了给猫吃市面上的猫粮和家里做的鸡蛋、火鸡培根和西蓝花之外,他还做了一些明显不同寻常的事情:每隔两天,他会用一支眼药瓶小滴管装满红酒,喂给他的猫,以"促进血液循环"。葡萄酒中少量的白藜芦醇对猫的寿命会有很大影响吗?杰克认为会的。虽然我们**不支持宠物饮酒**,但对于有充分研究的白藜芦醇,我们是认可的。(你可能听说过白藜芦醇。它是天然存在于葡萄、浆果、花生和一些蔬菜中的一种多酚。正是它赋予了红酒健康的光环。)很明显,我们不会喂狗吃葡萄,但可以将有安全来源的白藜芦醇提供给我们的狗狗。

作为宠物营养补充剂的白藜芦醇提取自虎杖的根部。这是一种富含抗氧化剂的药材,广泛用于传统的日本和中国医药。

白藜芦醇刚刚开始在狗的世界里引起轰动,被证明有抗炎症和抗氧化的作用,能够抗癌和有益于心血管,并增强神经功能,帮助提高狗的警觉性,以及降低各种精神相关疾病的风险——包括抑郁症、认知能力下降和痴呆症,都在它的作用范围之内。

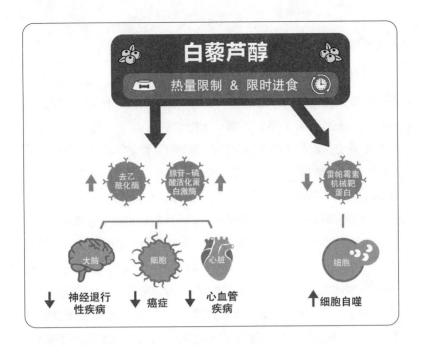

剧量：虎杖对犬类的剂量范围是每天5—300毫克/千克体重，高剂量范围对血管肉瘤的疗效正在研究中。针对犬类的非处方剂量实际浓度很低。在动物身上进行研究的一种中间健康剂量是每天100毫克/千克体重，分散放在食物中。

姜黄素

你在寻找营养补充剂中的"瑞士军刀"吗？如前一章所述，姜黄素既是一种可用于一系列健康状况的治疗剂，也是天然的抗炎剂。该化合物可以对与神经退行性疾病相关的生化通道产生作用，可能对应解决的问题包括认知障碍、疲劳乏力、焦虑等。它也是一种有效的抗氧化剂、激素和神经化学调节剂、脂肪代谢的帮手、对抗癌症的战士以及和基因组发生广泛联系的朋友。它富含纤维、维生素和矿物质。每天在狗粮中添加新鲜的姜黄是个好主意，但大多数人发现添加超浓缩的补充剂更有益处。

剂量：每天两次，每次50—250毫克（大约狗狗每磅体重对应每天两次，每次2毫克）。

益生菌

　　市面上有多种犬用益生菌配方。请使用CFU值（菌落形成单位[1]）更高，且由不同益生菌混合而成，并经过第三方验证其可行性和效力的产品。我们建议轮流使用不同品牌和类型的益生菌：不同的土壤（或原生孢子）和不同的细菌菌株都有不同的属性，有助于狗狗的肠道微生物多样化。你还需要添加一些第221页提到的富含益生元的食物给狗狗，以达到黄金终点："后生元"（postbiotics）。后生元需要丰富的多酚，这些多酚必须在饮食中提供，而且对高温敏感，这是超加工宠物食品缺乏益处的另一个原因。发酵蔬菜和无添加的开菲尔（见第213页编者注）是益生菌的极佳食物来源，但许多狗无法忍受它们刺鼻的味道。如果你的狗愿意吃它们，就可以将它们作为益生菌的食物来源。如果不行，可以轮流使用各种不同的犬用益生菌（不同品牌和类型）来滋养狗狗的胃肠道微生物群落。请按照每个产品包装上的具体说明进行操作。益生菌和消化酶的混合物对许多狗也非常有益。

　　益生元食物＋益生菌（发酵食品或营养补充剂）＝后生元[2]，后生元现在被认为对狗的健康和生活有益。

必需脂肪酸（EFAs）

　　为了实现细胞膜的结构和功能，所有脂肪酸都是必不可少的，尤

---

1 指在活菌培养计数时，由单个菌体或聚集成团的多个菌体在固体培养基上生长繁殖所形成的菌落数量，称为菌落形成单位。因为只有活性细菌才能培养成菌落，所以此数值可以指代活性细菌的数量，优于以往单纯的"菌落数"。 ——译者注

2 换句话说，后生元是益生菌在益生元食物环境中产生的多种维生素和其他微量营养物质。
　　　　　　　　　　　　　　　　　　　　　　　　　　　——译者注

其是在大脑中。(研究表明，血液中ω-3脂肪酸含量最高的人比含量最低的人有更好的记忆力和更大的大脑。)对狗来说，科学结论也**很明确**：鱼油能改善皮肤、行为、大脑和心脏健康；让幼犬更聪明，并减少炎症和癫痫。如果没有脂肪酸，细胞就会解体。因为包裹和保护细胞内部的细胞膜就是一层脂质膜。在线粒体中，脂质膜对于能量的产生同样是必不可少的。如果线粒体没有双层膜结构，就没有电荷分离的存储空间，也就没有办法进行化学反应来产生能量。

如果把身体内所有脂质细胞膜放到一起，它们的体积肯定会吓你一跳。所以狗狗对必需脂肪酸的要求非常高，而且它们必须通过饮食获得这些脂肪酸，如果饮食中缺乏此类物质，狗狗也无法制造它们——这是你要应对的一个挑战。如果你喂狗的食物是经过加热处理的，食物中的必需脂肪酸含量就会受到影响，这正是我们建议额外补充脂肪酸的原因。

ω-3脂肪酸是营养界的一名超级巨星，所以我们需要给狗狗的食物中添加这种脂肪酸的补充剂：二十碳五烯酸（EPA）和二十二碳六烯酸（DHA）。这些是给狗狗补充ω-3脂肪酸的首选形式，通常来自鱼类和海洋生物的油脂（鲑鱼、磷虾、鱿鱼、贻贝等）。它们已被证明可以减少炎症和促进大脑再生（包括增加犬类的脑源性神经营养因子）。而真正的超级英雄是海洋生物油脂中含有的脂质生化调节剂——消退素（resolvin）。这些化合物能阻止炎症的发生，并解决已有的炎症。其他类型的健康油脂和脂肪（包括大麻籽油、奇亚籽油和亚麻籽油）并不含有消退素、DHA和EPA。还有一个问题，那就是这些脆弱的化合物在加热后会失活。

由于宠物食品会经过高温脱脂和进一步加工，加工后的食品中所含的必需脂肪酸大部分会被破坏。而且，如果你以为你选的袋装狗粮添加了足量的ω-3和ω-6脂肪酸，那么你要知道：一旦你打开袋子，袋子里的ω脂肪酸就很容易分解。所以给狗狗的食物中添加稳定的、高质量的补充剂有助于解决这个让人崩溃的食品问题。这也是为什么我们总会建议你在一般性的宠物饮食中添加额外的ω-3。(提示：把狗粮放在冰箱里，可以减缓活性脂肪酸的降解。）EPA和DHA需要从海洋中获取，植物性食物中这些成分的含量对狗狗来说是不够的。海洋来源的ω脂肪酸是最具生物可利用性的，可以持续供给狗狗营养，并且能够由第三方检测污染物。

关于鱼油补充剂的困惑（和负面新闻）在于鱼油的形式。许多研究表明，鱼油补充剂的人工精制形式——脂肪酸乙酯比自然产生的甘油三酯和磷脂形式脂肪酸更便宜，但这种人工精制补充剂会迅速氧化并消耗掉体内的抗氧化剂（这不是补充鱼油的目标）。当你购买鱼油时，要确保它是甘油三酯或磷脂形式。我们会轮换使用鲑鱼、磷虾、凤尾鱼、贻贝和鱿鱼等各种来源的ω脂肪酸。如果你的狗狗遭遇了罕见的情况——对海洋油动物油脂过敏，那么素食来源的高DHA微藻油可以是一个选择（不是微藻粉，它无法达到提供DHA和EPA的要求）。

如果你的狗狗吃的是未经高温处理的新鲜食物，而且这些食物也没有在货架上放置一年，那么你只需要补充少量的ω-3。如果你的狗狗每周有三次能得到富含脂肪的鱼，如沙丁鱼或煮熟的鲑鱼作为核心长寿食物伴侣，那你就根本不需要再喂它补充剂了！

剂量：根据认证兽医营养师唐娜·拉蒂提克医生的讲解，EPA和DHA应对狗狗各种疾病（包括肾病、心血管疾病、骨关节炎、过敏性皮肤病和炎症性肠病）的抗炎作用已经得到评估，相应使用剂量范围为50—220毫克/千克体重。对于患有骨关节炎的狗狗，建议使用最高剂量（如果没有从商业狗粮中获得额外的ω脂肪酸的话）。如果你的狗狗身体健康，同时不吃任何其他来源的ω-3脂肪酸（如沙丁鱼），应该考虑长期持续为它补充每千克体重75毫克的剂量。这些剂量是根据每粒补充胶囊或每毫升补充剂液体中EPA和DHA的毫克数计算的。我们建议将打开包装的ω-3补充剂储存在冰箱里，在30天内用完。或者购买胶囊，并把胶囊藏在肉丸中。（或者刺穿胶囊，把油脂挤进食物里。）

注意：鳕鱼肝油是鳕鱼肝脏的油（不是鳕鱼身体的油）。鳕鱼肝油富含维生素A和维生素D，但不含ω-3脂肪酸。一些食谱要求用鳕鱼肝油作为脂溶性维生素的来源。我们不建议你在狗狗的饮食中添加鳕鱼肝油，除非它是具体某个食物配方中的一种成分，或者你的狗血液检查显示维生素A和维生素D水平很低。

许多美国人和生活在北半球的人维生素D水平较低，一些犬类品种的体内维生素D水平也较低。即使采用了强化饮食，有时可能还是无法完全解决这一问题。给狗狗补充额外的脂溶性维生素（特别是维生素A和维生素D）会很快产生毒性作用，所以，除非是已经让你的兽医为你的狗狗检测过维生素D的水平，否则绝对不要给狗狗补充维生素D。研究表明，北方的犬种（"雪狗"）需要更多维生素E和维生素D、ω-3脂肪酸和锌，这样可以帮助它们避免营养性皮肤病。但人们一听到这种说法，就很容易立刻为自己的狗狗补充这些营养，却不知道这有可能会导致灾难。如果你认为你的狗缺乏某种特定的矿物质，请让你的兽医检查后再补充。

槲皮素

当我们第一次在 Planet Paws 上写这篇文章时，这种宝藏营养素就在互联网上引起了轰动。它帮了很多宠物家长的忙，他们的狗狗有严重的过敏症状——耳朵有酵母菌感染，眼睛有泪痕/发红，皮肤发痒/有鳞片，打喷嚏（还有其他环境过敏原症状）。兽医认为槲皮素是自然界的苯海拉明，因为它对解决狗狗的过敏问题有帮助。槲皮素是一种重要的膳食多酚，存在于多种食物中，几乎每天都会被我们摄入。作为一种天然存在的多酚类黄酮，它常见于不同的水果和蔬菜，如苹果、浆果和绿叶蔬菜。槲皮素具有强大的抗氧化、抗炎症、抗病原体和免疫调节能力。相关的生物活性研究已经确定了它具有许多用途，除了其天然的抗组胺（抗过敏）特性，这种植物化学活性物质还有可能被用于预防或减缓退行性疾病的恶化。

　　槲皮素除了具有抗氧化和抗炎症的特性外，还被证明有助于控制线粒体过程——这可能对整个细胞和组织都会有影响。新的科学研究表明，槲皮素补充剂可能对神经退行性疾病有特别有益的影响：在模拟阿尔茨海默病的小鼠样本中，槲皮素可以减少与这种疾病相关的斑块蛋白不良堆积。它还能抑制体内晚期糖基化终末产物的形成。额外的好处：这种分子还可以减少僵尸细胞。

　　剂量：将你宠物的体重（磅数，每磅约为0.45公斤）乘以8，就能得到它每天应该摄入槲皮素的毫克数。（例如，一只50磅的狗每天应该摄入400毫克；一只125磅的狗每天应该摄入1 000毫克——相当于吃124个红苹果或217杯蓝莓）。重要提醒：无论你给你的宠物吃多少，每天都要把补充剂分成两份，在不同时间给狗狗服用。为了达到最佳效果，将胶囊或粉末藏在它们的食物或零食中。如果你的宠物状态很差，你可以把这种特殊补充剂的剂量加倍。

特别提示：杏仁酱是更新鲜的"药包"

　　如果要寻找一种优秀的食材用来包裹药丸，让狗狗更容易吃下去，那么少量的有机生杏仁酱（每茶匙33卡路里热量）将远胜于超加工半湿狗粮，而且也很容易获取。我们可以用食品加工机把新鲜的有机杏仁搅碎。杏仁中含有木酚素和类黄酮，除了降低氧化应激外，杏仁还能显著降低身体内C反应蛋白的水平。生的有机葵花籽也可以被磨碎，自制成一种富含维生素E的包裹料，将药丸和药粉藏在里面。这是专门为挑食的狗狗准备的。你也可以用一个小肉丸、新鲜的奶酪（被证明可以构建狗的微生物群落）或一块100%的纯南瓜（剩下的南瓜可以冷冻在冰块托盘中以备将来使用）。花生酱可能被真菌毒素污染，一些品牌的花生酱含有对狗有毒的木糖醇。

烟酰胺核糖（NR）

如果你向任何一个在抗衰老生物技术领域工作的人提问，最有希望延长寿命的分子是什么，这种美妙的物质肯定会被提及——烟酰胺核糖（NR）。它是维生素B_3的一种替代形式，也是烟酰胺腺嘌呤二核苷酸（NAD+）的前体。NAD+是一种明星分子，在哺乳动物体内的许多关键过程中充当辅酶，包括细胞能量产生、DNA修复和去乙酰化酶（与衰老有关的酶）活性。如果没有NAD+作为辅酶，这些过程就不能发生，生命也就不存在了。它非常重要，身体的每个细胞都有它。但越来越多的证据表明，NAD+水平会随着年龄的增长而下降——科学家现在认为这一变化是衰老的标志。较低的NAD+水平也会导致许多与年龄相关的疾病，如心血管疾病、神经退行性疾病和癌症。

例如，一项对衰老小鼠的研究表明，口服补充烟酰胺单核苷酸（NMN，另一种更大的NAD+前体分子），可以防止与年龄相关的遗传变化，并改善能量代谢、身体活动和胰岛素敏感性。要提高NAD+的水平并不容易，因为如果将NAD+作为补充剂，那么它的生物利用度会很差，但NR是提高NAD+自然水平的好方法。动物研究表明，补充NAD+前体NMN或NR可恢复NAD+水平，并减缓与年龄相关的身体衰退。我们咨询的大多数抗衰老专家都承认，他们会每天服用NR或NMN。有趣的是，当我们在实验中给比格犬服用NMN时，我们自己也开始服用它——它还能降低血脂和胰岛素水平。

剂量：剂量范围很大，很多产品的建议剂量为每天300毫克（狗狗的剂量是大约每磅体重2毫克）。动物研究表明，更高的剂量（每天每千克体重32毫克）能带来更大的好处，但由于这种补充剂太昂贵了，在你能负担得起的时候，就从狗狗每磅体重2毫克开始吧。

益智物质：有时被称为"智能补充剂"，是一种通过预防或减缓认知衰退来增强大脑功能的化合物。研究表明，出现认知障碍的人缺乏必要的维生素和营养物质。正是这些维生素和营养物质能起到保护大脑的作用，防止认知能力下降。动物实验也有同样的结果。科学家发现，特定的营养物质在细胞活动中发挥重要作用，是维持最佳认知功能所必需的。研究表明，长期的压力会加速认知能力下降，损害记忆功能。一些益智物质含有被认为是适应原的成分，这意味着它们可以帮助你的身体应对压力，从而提高认知功能。

猴头菇

这种益智蘑菇有广泛的认知增强作用，包括作为一种强有力的适应原（帮助身体适应非特异性压力、维持身体健康的物质）。研究还表明，在动物实验中，猴头菇使抑郁和焦虑行为得到改善。此种蘑菇中的一种有益多糖被证明对治疗和预防溃疡等胃肠道问题有效果，并能够减少动物的神经系统损伤和退化。我们特别喜欢猴头菇，因为它可以帮助有较高退行性脊髓病风险的犬类，保护它们的神经细胞髓鞘。它是一种强有力的胃肠道保护剂，可以改善肠道的免疫系统，帮助肠道抵御通过食物摄入的病原体。将新鲜的猴头菇作为核心长寿食物伴侣是非常合适的，只要你能找到它们；如果不能，或者你的狗不吃它们，可以考虑补充剂，特别是对7岁以上的宠物。

剂量：在日本的一项认知研究中，人类每天服用3 000毫克，效果良好。也就是说，狗狗每50磅体重每天可以摄入1 000毫克。

谷胱甘肽

我们已经介绍过人体产生的这种重要氨基酸，它在致癌物质的解毒过程中起着关键作用。谷胱甘肽有助于清除超加工食品中的有害晚期糖基化终末产物，中和自由基，并消解工业和兽医毒素。它还可以帮助保护狗狗免受重金属的伤害。在狗的肝脏中，由谷胱甘肽产生的排毒通道活动可以解除胆汁中产生毒素的60%（胆汁是狗的肝脏清除多余物质的主要载体）。这就是谷胱甘肽被称为主要抗氧化剂的原因。谷胱甘肽还能恢复其他抗氧化剂的作用，增强它们抗炎症的能力。它是数十种酶的辅助因子，这些酶的作用是中和有害的自由基。在研究中，患病的狗狗体内谷胱甘肽含量都比较低。因此，使用混合的药用蘑菇作为核心长寿食物伴侣是理想的选择，但如果你的狗不吃蘑菇，直接补充谷胱甘肽是一个好主意，特别是随着狗狗年龄的增长，这一点就会变得更加有必要。

剂量：谷胱甘肽的剂量需求因人而异，会有很大的变化，不过大多数医生建议健康的人每天摄入250—500毫克，或狗狗每磅体重每天2—4毫克。可在两餐之间给狗狗加一个添加了补充剂的肉丸，或者加在零食中喂给狗狗。

　　有应对狗狗痴呆症的药物吗？有，而且是有效的。低剂量丙炔苯丙胺（司来吉兰）是唯一被美国食品药品监督管理局批准的治疗犬类认知功能障碍的药物。它最著名的作用是刺激多巴胺的产生。多巴胺是一种重要的神经递质，涉及情绪、愉悦感以及大脑的奖励和动机机制。多巴胺还有助于控制身体动作。在兽医学中，司来吉兰被用于阻断一种物质的酶活性，这样可以减缓神经化学物质多巴胺的分解。司来吉兰可以增加神经营养因子，以此强化现有神经元，并支持新神经元的生长。它还是一种强大的抗氧化剂，可以分解有害物质。这有助于防止组织损伤，进而防止动脉硬化、心脏病发作、中风、昏迷和其他炎症。如果你想试试这种药，跟你的兽医谈谈。我们建议，如果狗狗被诊断有犬类认知障碍，就要尽早使用这种药，将它与改变狗狗生活方式的行动结合起来。早在20世纪80年代，医生就已经知道司来吉兰的长寿功效。甚至在那时已经有一些动物研究表明，司来吉兰实现了可测量的寿命延长。

需要自己定制的治疗计划

如果你在家里或院子里使用了很多化学物质，那就应该在狗狗的饮食中添加SAMe。如果你使用驱除心丝虫、跳蚤或蜱虫的药物，就要给狗狗喂服水飞蓟。

SAMe： S-腺苷蛋氨酸（SAMe）是一种自然分子，在狗的肝脏中被制造出来，作为甲基供体，参与对各种化合物进行的解毒活动（通过对有毒物质甲基化而解毒）。它的另一项必要功能是通过甲基化修复狗狗的DNA。同时它还是许多关键生物分子的前体，包括肌酸、磷脂酰胆碱、辅酶Q10（CoQ10）和肉碱。身体需要这些化学物质来应对疼痛、抑郁、肝病和其他疾病。SAMe也参与了许多蛋白质和神经递质的生成，自20世纪90年代以来，它被批准为一种营养保健品（因为在食物中不存在SAMe，所以有时补充SAMe是可取的）。大量的双盲研究已经证明了它对缓解抑郁和焦虑的功效。人类临床试验表明，它与非甾体抗炎药物一样有效，是减轻疼痛和消肿的好选择。在犬类领域，兽医会用SAMe治疗癌症、肝脏问题和犬类认知功能障碍综合征。

一种很受欢迎的犬类SAMe品牌报告称，在分别服用4—8周后，狗狗的问题行为（比如拆家）减少了44%；相比之下，安慰剂组的问题行为减少了24%。其他有记录的益处包括：活动和玩耍时精力的显著改善、警觉性的显著提高、睡眠问题减少、定向障碍减轻。另一项对实验室犬类进行的无关研究显示，狗的认知过程得到了改善——包括注意力和解决问题的能力。兽医处方品牌的SAMe有许多，你也可以在普通商品柜台上购买到这种补充剂。狗狗每千克体重服用15—20毫克，每日一次。这种补充剂最好不要加入到大量的食物中。放在一个肉丸里，在两餐之间喂给狗狗——这样的吸收效果最好。

乳蓟（又名牛奶蓟、洋白蓟）：（水飞蓟素）是肝脏排毒的首选药草。想要清除草坪化学物质、空气污染和兽药在狗狗体内的残留吗（包括杀跳蚤和蜱虫的药、心丝虫药和类固醇）？这是添加到宠物饮食中的最重要的药草之一，这种毒素清洁明星来自一种开花草本植物，以解决肝脏问题而著称，可以作为家用净化药剂，帮狗狗排除各种毒素。排毒是一个非常重要的过程，不仅对人类是这样，对我们的宠物也是如此。不能适当排毒的狗将会承受严重的免疫并发症风险。乳蓟是排毒的首选方式。根据马里兰大学医学中心的发表成果："早期的实验室研究表明，乳蓟中的水飞蓟素和其他活性物质可能有抗癌作用。这些物质显现出可以阻止癌细胞分裂和繁殖、缩短癌细胞寿命以及减少肿瘤血液供应的功能。"

剂量：每10磅体重服用1/8茶匙的水飞蓟散药草。这种药草应采取短时间内集中喂服的方式，以获得最大疗效。给宠物服用过驱除心丝虫的药，或是在你的公寓使用草坪化学品后，连续一周，每天给它服用一次。要清除狗狗体内其他药物残留，也可依照服用除心丝虫药的方式处理。乳蓟广泛存在于许多宠物专用产品中。如果你要购买人用药品给狗狗使用，请先咨询你的兽医。

所有年龄阶段的额外关节支持——对于从关节损伤的幼犬到罹患关节退行性疾病的老年犬，青口贝是一种长寿食物，可以为肌肉骨骼系统补充营养。

青口贝（也被称为"翡翠贻贝"，green-lipped mussel，简称GLM）是犬类非甾体抗炎药物的天然替代品，在体内可以发挥与非甾体抗炎药物类似的作用。顾名思义，这种补充剂来自新西兰海岸的青口贝。它的壳周围有一条明亮的绿色条纹，壳内有一个独特的绿色唇边。青口贝长久以来一直都是毛利人的食物。根据科学家的记录，生活在沿海地区的毛利人患关节炎的比例要远远低于内陆的毛利人。经临床证明，青口贝提取物可以缓解犬类骨关节炎（OA）的症状。例如，在2006年，一项对81只患有轻度至中度退行性关节疾病的狗进行的双盲、安慰剂对照研究发现，长期（8周或更长时间）补充含125毫克青口贝提取物药片的狗获得了明显的益处。2013年发表在《加拿大兽医研究期刊》（*Canadian Journal of Veterinary Research*）上的一项研究报告称，与常规饮食相比，富含青口贝提取物的饮食可以显著改善患有骨性关节炎的犬类步态。喂食富含青口贝食物的狗，血液中也吸收了高水平的EPA和DHA。研究人员得出结论，青口贝提取物对患有骨性关节炎的狗有明显的益处。冷冻干燥的青口贝可以作为狗的零食，粉末状的补充剂也很容易获得。

剂量：狗狗体重每磅对应15毫克（33毫克/公斤）每天，分别加入正餐服用。

因为压力和焦虑问题，狗狗需要得到的额外支持（除了行为矫正和日常运动治疗以外）：

L-茶氨酸是一种主要存在于茶中的镇静氨基酸。它能促进大脑产生α波，从而减少焦虑和噪声恐惧症，有利于培养放松而又专注的心态。兽医可以开具相关的处方药品，不过L-茶氨酸在人类健康食品商店也普遍有售。减少狗狗焦虑的最有效剂量是1毫克/磅体重（2.2毫克/公斤），每天分两次给狗狗食用。

南非醉茄是一种生长在印度、中东和非洲部分地区的常绿小灌木，是一种著名的"适应原"。它能够支持大脑功能，降低血糖和皮质醇水平，帮助对抗焦虑和抑郁症状。这些都能帮助身体更好地应对压力。它还被证明有助于改善老年犬的肝功能。剂量：23—45毫克/磅体重（50—100毫克/公斤），每日分两次食用。

假马齿苋是一种印度草药的主要材料。大量的临床研究发现，它可以增强记忆力——让狗学习得更快，记忆更持久——并减少压力、焦虑和抑郁。一些动物研究甚至表明，它的抗焦虑功效与苯二氮平（如阿普唑仑）相当，但不会让你的狗狗犯困。世界各地的医生都在他们的认知退化患者支持方案中加入了假马齿苋，因为它被证明是一种记忆增强剂。

剂量：每日11—45毫克/磅体重（25—100毫克/公斤），分批加入正餐食用。使用低剂量有利于提高认知水平；使用高剂量可以解决焦虑。

红景天是另一种"适应原"草本植物，能够强化身体处理压力的能力。几项研究发现，红景天补充剂可以改善情绪，减少焦虑感。

剂量：1—2毫克/磅体重（2—4毫克/公斤）每天，分批加入正餐服用就可以了。

在生命早期（青春期前）切除卵巢或睾丸的狗：如果狗在出生后的第一年就接受了绝育手术，木酚素可以帮助平衡体内剩余的激素。木酚素是植物雌激素，也就是模拟体内雌激素的植物化合物，它能够向肾上腺发送反馈，停止产生过量的雌激素。（这本来就不是肾上腺的工作！只是在性器官被切除以后，肾上腺会代偿性地额外分泌这些激素。）木酚素的来源有很多种，包括亚麻籽皮（不要与亚麻籽混淆，亚麻籽中木酚素含量不高）、十字花科蔬菜和云杉松节（HRM木酚素）。兽医经常使用木酚素作为治疗库欣病（肾上腺激素分泌过多）的辅助药物。肾上腺分泌的激素中，主要的一种是皮质激素，它会导致皮质醇的过量产生。而碱性磷酸酶（ALP）水平显著升高是常规血液检查中皮质醇可能过高的常见线索，应该进一步检查。在一些"犬类激素平衡"产品中，木酚素经常与褪黑素和二吲哚甲烷结合使用，以降低皮质醇，帮助缓解绝育手术后会超负荷工作的肾上腺压力。每天每磅体重服用1—2毫克（每公斤体重服用2.2—4.4毫克）木酚素。

对于超加工食品占食物总量50%以上的狗：根据研究，不必怀疑，你的狗狗体内晚期糖基化终末产物（AGEs）水平一定是较高的。如果它不吃有机食品，它的血液中可能含有可检测到的农药残留，甚至重金属和其他污染物（如多溴二苯醚、邻苯二甲酸酯类物质），所以你需要一种方法来帮助狗狗从体内清除掉它们。以下是在这方面我们喜欢的宝藏营养。

肌肽是一种蛋白质，在体内会自然少量产生，已被证明有助于防止身体吸收和代谢AGEs和ALEs（高级脂质过氧化终产物，另一种你不想让身体中积累的超加工食品副产品）。肌肽具有天然的抗氧化保护作用，还有螯合重金属的能力和解毒能力，能够消解ALEs和AGEs这两种有害物质产生的活性分子——**它能够抑制这些有毒分子的形成。**

剂量：我们建议体重低于25磅（约11公斤）的狗每天服用125毫克，体重不超过50磅（约23公斤）每天服用250毫克，体重超过50磅每天服用500毫克。这种保健品可以在当地的健康食品店或网上买到。

小球藻是一种单细胞淡水药用藻类，能吸附食物和环境中的污染物，尤其是重金属。你可以用香菜配合小球藻，以此来增强它的超能力，香菜可以去除超加工狗粮和产业化种植农产品中的草甘膦残留。小球藻是一种人类补充剂，对狗狗很有效，它的形状有小片和粉末两种。你可以将小球藻小片藏在肉丸中，或者将粉末混合在食物中。

剂量：体重低于25磅的狗每天服用250毫克，体重不超过50磅每天服用500毫克，更大的狗狗每天750—1 000毫克。

化学排毒补充剂

➤ 清除兽医用药和杀虫剂：
  ➤ 乳蓟（水飞蓟）、S-腺苷蛋氨酸（SAMe）、谷胱甘肽
➤ 清除真菌毒素、草甘膦和重金属：
  ➤ 槲皮素、小球藻

慢性感染的狗狗

橄榄叶提取物： 从橄榄植物叶子中提取的精华——并非来自橄榄果实——效果与橄榄油一样，甚至可能更有效，因为它含有一种被称为"橄榄苦苷"的活性成分，被认为有助于抗炎症和抗氧化。橄榄苦苷对维持狗狗的健康血糖水平有好处，它所含的多酚可以延长动物脑细胞的寿命，并通过AMPK/mTOR信号通道诱导细胞自噬，此外，它还可以防止一些常见的病原体和寄生虫。橄榄苦苷具有强大的抗菌和抗寄生虫特性，可以预防和治疗肝病和减轻动物中毒的症状。它对神经退行性疾病的有效性正在研究之中。它也会杀死衰老细胞并刺激Nrf2（相关作用请见第208页，"西蓝花芽"条目）。这种强效的多酚

有强大的诱导细胞凋亡、抑制异常细胞生长的能力，因此正被用于许多恶性癌症的试验。

剂量：你购买的相关人体药草产品中应该至少含有12%的橄榄苦苷。体重25磅以下的狗每天两次125毫克，50磅以下每天两次250毫克，更大的狗每天两次500—750毫克。使用6—12周来帮助控制难以愈合的感染疮口（特别是复发性的皮肤、膀胱和耳部感染），并刺激细胞自噬，然后停药3—4周，再重新开始。

我们最喜欢的老年犬营养补充剂

泛醇辅酶Q10（Ubiquinol）是辅酶Q10（CoQ10）的活性形式。辅酶Q10是一种脂溶性的、类似维生素的抗氧化剂，人体需要它来支持和维持细胞线粒体内的天然能量生产，帮助线粒体发挥最佳水平的作用。心脏和肝脏的每个细胞比身体其他部位含有更多线粒体，因此也含有最多的辅酶Q10。辅酶Q10是美国最受欢迎的人类营养补充剂之一，被推荐给心脏病患者，用于治疗和预防与年龄相关的心脏病。在兽医界，犬类心脏病处方中也会有这种补充剂，以减缓充血性心力衰竭的恶化。在最早评估患有二尖瓣疾病（MVD）的犬类研究中，辅酶Q10显著改善了小型犬的心脏功能。二尖瓣疾病是小型犬最常见的心脏病。我们也推荐它作为预防手段，滋养老化的线粒体，降低心血管疾病的可能性。仅仅通过饮食不可能获得足够的辅酶Q10。泛醇辅酶Q10（生物利用度更高的辅酶Q10）是一种更昂贵的补充剂，但更容易被吸收。

剂量：每天一次或两次，每次狗狗每磅体重1—10毫克不等，这取决于你的健康目标。每天一次的剂量足以维持线粒体健康和心脏健康。对于有心血管疾病的动物，每天服用两次。注意：油基的泛醇辅酶Q10制剂被认为比粉末状的常规辅酶Q10更有效，更容易吸收。油基泛醇辅酶Q10以软胶囊或滴液瓶的形式出售，而结晶辅酶Q10则以胶囊、片剂或粉末的形式出售。特别提醒：如果你买的是纯辅酶Q10，为了保持健康，建议使用更高剂量的辅酶Q10，并搭配一茶匙椰子油，以达到最佳吸收效果。

我（贝克尔医生）在2004年认识了艾达（Ada），当时它还是一只幼犬。我为它制定的第一个健康目标是打造一个钢铁般的肠道，因为健康的肠道意味着健康的免疫系统。从基因上讲，艾达的比特斗牛犬DNA倾向于表达特应性皮炎（类似于湿疹的过敏样症状）——这是我想要避免的。在我的宠物医院里，我整天都在帮助那些走投无路、不顾一切地想要避免让宠物安乐死的主人。像许多功能性医学医生一样，我是患有不治之症的宠物们的最后一站：过敏、癌症、肌肉骨骼问题和器官衰竭都是我经常会见到的问题。我最不想做的事情就是晚上回家看到一只可怜的狗狗被剧烈的瘙痒折磨，但我知道，要解决这个问题，就需要一个主动干预表观遗传的计划——我喜欢这样称呼这种治疗方式（这是一个值得另写一本书的题目）。

正如我们在前两部分中解释的那样，我们的狗携带的DNA可能会表达，也可能不会表达，这取决于狗狗所处环境对它们体内表观遗传因素的影响。我很清楚，作为艾达的监护人，我有强大的力量来控制它的瘙痒基因，或者任其"自然发展"，直到它表现出自己的遗传性特应性（瘙痒）倾向。我的目的是通过主动干预降低艾达表达特异反应性DNA的可能。我从为它创造健康的微生物群落开始，同时还要采取措施对这些有益微生物加以保护。我没有按照一般习惯给它驱虫。相反，在最开始的三个月里，我每个月都检查它的粪便样本，以确认它没有寄生虫。它来到我身边的时候，吃的是百分之百的超加工狗粮。我立刻开始给它使用不同品牌和种类的益生菌，每顿饭都增加一点。我太忙了，没有时间亲手为它制作全部食物，但我用各种营养完备的生食品牌喂养它，每顿饭轮流使用不同的蛋白质种类（和品牌）。我有两个巨大的冰柜，里面储存着各种小袋狗粮。于是它开始轮流食用牛肉、鸡肉、火鸡、鹌鹑、鸭子、鹿肉、野牛、兔子、山羊、鸸鹋、鸵鸟、麋鹿、鲑鱼和羊肉（以及每种配方对应的各种蔬菜），这让它的营养状况和体内微生物群落很快就得到了良好的发展。

艾达每天都接触健康的土壤（我住在森林里），大部分时间都在户外活动。我的生活方式非常"绿色"，所以它接触到的家庭和环境化学物质很少。除非有生命危险，否则我坚决不给它服用抗生素。（那时我就知道，即使只是短期服用抗生素，狗的肠道微生物群落也需要几个月才能恢复。）它患上了不可避免的"幼犬脓皮病"，许多幼犬在来自母体的抗体减弱、自身免疫系统开始发挥作用时，都会患上腹部和身体痤疮。于是许多幼犬都会在这个时候第一次接受其实并无必要的抗生素。为了让它的痘发出来，我每天两次将聚维酮碘轻轻拍在它的痘痘和脓疱上。在那段时间里，我还用橄榄叶作为补充剂，喂了它一个月。它和大多数小狗一样，因为吃了不该吃的东西而腹泻了几次。我没给它用肠胃抗生素就治好了它的腹泻。[甲硝唑（灭滴灵）是治疗胃肠道问题的最常用抗生素，它能有效治疗腹泻症状，但同样能有效地造成微生物失调，这往往是导致特应性反应的第一步。]通过每天三次空腹服用活性炭，以及几顿煮熟的无脂火鸡和罐头南瓜，加上榆树皮粉（Slippery Elm），它的"饮食不谨慎"问题总算是及时得到了解决。

艾达进入我的生活时已经接种了两种幼犬疫苗。我没有按照习惯给它注射更多疫苗，而是想先确定它是否有足够的免疫能力来长期抵御威胁生命的病毒。一项名为"抗体滴度测试"的简单血液检查显示，它确实已经有了保护自己的力量。给它注射更多的幼犬"加强针"不会有任何好处，也不会"加强"任何事情。即使在16年后，它的滴度测试仍然显示出它最初接种的幼犬疫苗具有保护性免疫能力。

我根据它生命不同阶段的具体需求为它量身定制了补充剂。当它还是幼犬的时候，我想保护它的肌腱和韧带（这是这个品种的另一个遗传弱点）。当它到中年的时候，我希望它的免疫系统有更强的活性。随着它逐渐年长，我想保护它的器官功能，让它的器官能一直健康工作。现在它已经是一只年老的狗了，我照顾它的重点是减缓认知能力下降和处理它身上的一切不适。17岁的它还需要对眼睛的护理。对我来说，医学既是一门科学，也是一门艺术。这种艺术需要随着时间的推移，根据患者的具体健康需求，同时考虑到基因因素，为患者定制动态变化的健康方案，而不是开出一个"适用于所有人的生活"的标准方案。随着狗狗身体的变化，你的补充剂方案也需要发生变化。

什么是功能性医学兽医

功能性医学认为食物和生活方式是治疗的主要方式，而不是将药物干预作为管理慢性疾病的第一或唯一选择。功能性医学兽医努力在疾病发生前识别和消除生活方式和环境中的不良因素对生命造成的损害。我们针对不同的动物定制动态的健康方案，目的是帮助它们保持更好的、持续的健康状态，获得高于平均水平的生活质量，以及高于平均水平的寿命。这与传统的医学方法不同，传统的医学方法是等到症状已经出现，警告我们身体有病或发生退化的时候，我们才会对疾病和衰退进行被动式的应对治疗。在第377页有一个包含功能性医学的专业动物组织列表。

关于狗狗的营养补充剂，我们可以单独写一本百科全书，这方面有很多相关品牌，还有很多临床验证可以改善健康的有益保健品和草药。其他兽医也尝试过这样做，但最重要的是，要明智地评估一只狗狗适合使用哪种补充剂。不要在食物中添加过量的药片，确保你知道你给狗狗吃的是什么，为什么要给它吃，以及不要花很多钱。和人类一样，不同的动物在不同的时间阶段，出于不同的原因需要不同的支持。与功能性医学兽医或注重健康理念的兽医合作，或者向有意识主动预防疾病发生的兽医咨询意见，这些都是非常有意义的行动。**我们也鼓励宠物监护人成为知识渊博的人，这样才可以更好地守护你的宠物。**

这个行业的变化也很快。例如，近年来，用于狗的大麻二酚（CBD）产品充斥市场。CBD是一种在普通（毒品）大麻和工业大麻（汉麻）中发现的化合物。大多数CBD产品，尤其是那些以油和酊剂的形式为狗设计的产品，是从工业大麻而不是普通大麻中提取的，后者还含有四氢大麻酚（THC，一种毒品），这种化合物使普通大麻可以影响到精神状态。CBD被描绘成一种健康补充剂，被吹捧为对身体有多种有益作用的万能药——它可以起到消炎、镇定神经系统、治疗疼痛和焦虑的作用，甚至可以预防和辅助治疗癌症。虽然我们的确亲自体验过使用这种草药可以帮助我们的狗应对一些特定问题，但我们在市场上看到的犬用CBD产品最大的问题（除了质量控制和效力问题以外）是一种被误导的假设，即它可以处理所有原因造成的身体疼痛和改善所有行为问题。而实际上它不能。CBD和许多其他草药产品可能在某些情况下对你的狗有益，甚至有治疗作用，但我们在这里列出的补充剂都属于"健康"类别，即只要你愿意，就可以在日常使用这些补充剂。它们可以逐步改善狗狗的健康状况，延缓狗狗的衰老。如果你的狗遭遇了某种特定的健康威胁，许多营养方案有可能发挥巨大的作用，尤其是根据你的狗狗特定的医疗问题和生理情况定制的方案。现在已经有健康公司开始根据狗狗的特定体质、DNA测试结果和特定问题提供定制的营养补充方案了。

如果你的狗狗身体不适或正在服药，和你的兽医谈谈，讨论一下你想开始使用的营养补充剂。在你的狗狗手术前或开始服用新处方药之前，一定要告诉你的兽医，它在服用什么补充剂。营养补充剂可以混在食物中，也可以藏在一个小肉丸中，或一小块杏仁酱或新鲜奶酪中。（你也许还不知道，研究表明含有益生菌的新鲜奶酪对我们狗狗的微生物群落是多么有益！）永远不要强迫狗狗咽下松散的粉末，这会破坏它对你的信任，还会带来窒息的危险，让狗狗感觉非常不好。

➤ 选择符合时间阶段、不走极端的正确的补充剂组合，这样最有利于狗狗的自然生理机能，能够帮助它们应对饮食、其他生活因素、年龄以及基因方面可能产生的问题。但并不是所有的狗狗都会一直需要额外补充营养。

➤ 你需要为狗狗考虑的满足基本需求的核心营养补充剂（剂量和喂食细节请见前面章节）：

　➤ 白藜芦醇（虎杖）

　➤ 姜黄素（尤其是你的狗狗不吃姜黄的话）

　➤ 益生菌（尤其是你的狗狗不吃发酵蔬菜的话）

　➤ 必需脂肪酸（EPA+DHA，如果你的狗狗无法每周吃2—3次富含脂肪的鱼的话）

　➤ 槲皮素

　➤ 烟酰胺核糖（NR）或烟酰胺单核苷酸（NMN）

　➤ 猴头菇（适用于7岁以上的狗）

　➤ 谷胱甘肽（如果你的狗不吃蘑菇的话）

➤ 治疗性营养补充剂：

　➤ 如果狗狗接触了大量化学物质（如草坪护理产品、家庭清洁剂），可以考虑喂食S-腺苷蛋氨酸（SAMe，参见第242页的方框中文字）。

　➤ 如果给狗服用驱除心丝虫、跳蚤和蜱虫的药物，需要再给狗狗补充乳蓟（水飞蓟）。

　➤ 对于需要额外进行骨关节支持的狗狗，可以添加青口贝。

　➤ 对于那些需要额外支持来应对压力和焦虑的狗狗，可以添加L-茶氨酸、南非醉茄、假马齿苋和红景天。

　➤ 对于青春期前绝育的狗，需要补充木酚素。

　➤ 对于食谱中加工食品超过50%的狗，需要补充肌肽和小球藻。

　➤ 对于患有慢性感染的狗，在感染暴发时需要补充橄榄叶提取物。

　➤ 对于老年犬，需要补充泛醇辅酶Q10。

❾ 个性化饮食治疗

宠物食品评估和永生狗的新鲜食物比例

你吃的食物可能是最安全、最有效的药物，也可能是最慢性的毒药。

你能在多大程度上改善狗狗的健康，取决于三个因素：你对生活方式有多么看重（基本上等同于你在狗狗生命历程中的付出，你为狗狗的健康做出的努力）、狗狗的基因和你的家庭预算。虽然我们不能改变构成狗狗遗传结构的DNA，但我们常常可以通过改变饮食以及其他生活环境，从表观遗传学角度影响它们的酶通道。我们对表观遗传学的观点是，所有的狗狗都要吃东西：它们应该吃对它们的基因组健康表达有积极贡献的食物。

在改变任何生活方式和饮食习惯之前，与兽医进行探讨和确认是很重要的，在过渡到更健康的生活方式的过程中，要确保狗狗没有需要首先处理的潜在问题。

强大变革的前奏

生活中微妙的影响会变成不知不觉的习惯。我们要做的就是开始思考如何改变不健康的旧行为模式，开启新的、更健康的习惯。首先评估狗狗现在的饮食，决定你是否想要做出任何重大的改变。我们建议慢慢改变食物和零食，以避免肠胃不适。从原则上来说，规划是很重要的。

记住，我们规划的目标是减少代谢压力和炎症，激活AMPK和长寿通道，帮助狗狗的身体清除积聚在器官和组织中的毒素，并重新平衡微生物组。

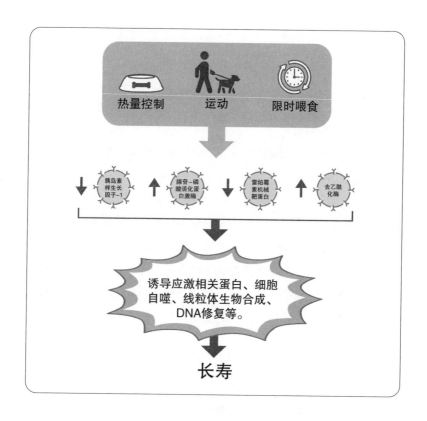

本章中的内容首先假设你现在可能习惯于喂狗狗一些加工食品或超加工食品。即使你没有，也请继续阅读，确保你已经根据永生狗的标准评估了你采用的食谱或食品品牌。该标准会提供具体方法，帮助你评估目前喂给狗狗的食物（以决定你是想继续现在的食谱，还是开始改善狗狗的基础饮食），并为你提供新鲜食物品牌的模板，让你现在或未来任何时候都可以在狗狗的食谱中纳入适当数量的新鲜食品。

从改变食物开始

为了简单起见，我们将引入健康食品的方法分成两步。第一步是引入长寿食物，把它们作为零食和核心长寿食物伴侣（CLTs）。第二步是改变狗狗的日常饮食——如果这种改变是有必要的，同时你也愿意和能够进行这种改变。分两步改善食谱的原因很简单：这对你和你的狗狗来说都不会是沉重的负担。任何类型的食物转换，只要速度足够缓慢，对你的狗来说都不会有很大的压力，并且还能让你有时间进行研判，完成宠物食品评估，逐步发现狗狗真正的味觉偏好——这会是一个愉快的过程。

到目前为止，你可能会认为，因为你的狗没有拒绝它的食物，就说明它**喜欢**那些食物。其实你会发现，你的狗从小就在调整自己的食物偏好，让自己喜欢上某些东西，或者不喜欢某些东西，就像你一样。只是它们从来没有机会发现和享受多种多样营养美味的食物。通过试错和大量尝试新食物，你将开启一段持久愉快的旅程，在这段旅程中，你们的尝试常常会迸发出神奇的火花，你会发现你的狗拥有多么惊人的鼻子和多么复杂的味蕾。世界上到处都有能够在真正意义上拯救生命的食物，它们正等着你和你的狗狗一起去发现！

第一步：核心长寿食物伴侣（CLTs）的引入

10%**核心配料规则**：新鲜的添加食物可以通过CLTs的形式添加到你目前喂给狗狗的任何品牌食物中。10%规则的好处在于，这些添加食物本身并不需要营养均衡——它们被认为是"额外的"，根据兽医营养学家的说法，这意味着你的狗每天总热量摄入的10%并非必不

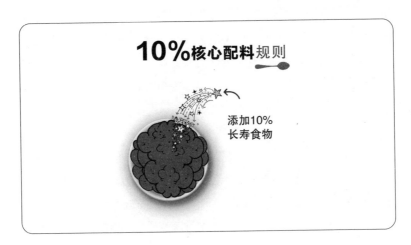

可少，完全可以灵活掌握。我们可以用这个份额来发挥长寿食物的魔力。提醒一下，如果你的狗有点胖，可能需要瘦上几磅，那么你可以用CLTs**替换掉**它10%的高能量食物；如果你的狗很瘦，或者体重正常，你可以把CLTs添加到狗狗的食物里。无论你给狗狗准备的是什么样的食物和食谱，你都可以将最多10%的长寿食物作为核心长寿食物伴侣加入到狗狗的饮食之中。

第二步：评估狗狗的基本食谱，让碗中的食物变得新鲜

狗狗每天吃什么来补充营养？ 我们希望你通过以下三个练习来彻底搞清楚你目前使用的狗粮，以及未来可能考虑使用的任何品牌和类型的狗粮。

1. **宠物食品评估。**这些简单评估的结果将产生评分，为你选择"永生狗食物计划"的品牌和食谱提供标准，或增强你的信心，让你确信自己正在喂给狗狗的食物是你真的想要喂给它的。

2. **选择你的新鲜食品类别。**即使是在轻加工狗粮领域中，也有很多选择。在这里，你将查看所有的选择，并决定哪一个最适合狗狗的需求和你的生活方式。（你不必只选择一个！）

3. **设定新鲜食物百分比。**通过选择新鲜食物百分比来设定一个更新鲜的食谱目标——未加工的或新鲜的、轻加工的狗粮在狗狗的每顿饭中占多大比例。换句话说，过度加工的宠物食品将减少多大比例，直到它们彻底从你的狗狗的生活中消失。

要改善狗狗食谱的整体健康状况，首先要根据你设定的营养和健康目标，确定狗狗每天的营养来源。你很有可能会对书中讲到的这一点非常感兴趣，因为你终于可以把自己在第一部分和第二部分学到的一切付诸实践了。你可以先问问自己：我的狗粮到底有多少营养和健康促进作用？我用什么标准来得出我的结论？你可能不需要改善狗狗的饮食，但你仍然需要完成这份宠物食品评估，以确定

你的狗狗吃的是你能负担得起的最好的食物。我们的数千位客户和关注我们的朋友在完成评估后，都认识到他们**以为**自己在喂的东西和他们**实际**喂的东西之间有多大的差别。在这方面我们会有很大的改进空间。

宠物食品的配比计算很好地揭示了你可能想要解决的问题——最大限度提高狗狗的营养摄入量，并尽量减少垃圾食品的摄入。无论如何，我们建议你以缓慢而自信的速度去做你能做的事情，并对你**能做**的事情感到由衷的满意。你做出的每一个积极的改变，无论多么小，都会带来更好的健康结果，所以不要和别人比较，也不要让自己陷入内疚和沮丧。你当然不可能一下子做完所有的事情，所以放轻松，以愉悦的心情掌握一项对你有好处的技能：学习如何评估狗粮品牌。

练习1：
如何区分好的、更好的、最好的宠物食品
────

宠物食品评估就是评估你正在使用的狗粮或任何你正在考虑购买的新品牌狗粮。如果你不打算改变狗狗的食谱，我们仍然建议你继续阅读下面的内容，并将这些评估工具应用到你目前正在使用的狗粮上，否则你绝不可能搞清楚每天都有些什么东西进入了你的狗狗的身体。在这个练习结束时，你就能应用客观标准来为宠物食品品牌排名，知道它们哪些是好的，哪些是更好的，哪些是最好的。我们网络社区中的许多人已经完成了这个练习，并意识到他们所钟爱的品牌没有达到标准——他们的品牌是不及格的，而且情况相当严重。我们的回应是什么？现在你就能知道了！（谢天谢地！）现在你有更多信息来做出更好的选择。（不要因为你以前不知道的事情而自责。）另外，即使你的品牌只是在"好"的范围内（远远没达到"更好"和"最好"的水平），它仍然可以是你给狗狗的选择，因为它符合你的个人饮食哲学。

这个评估的目的是全面理解一个食物品牌的**生物适宜性**、加工

程度以及**营养来源**。你自己的个人价值观最终将决定这些问题的重要性。一个领域的较低分数对你来说可能是完全可以接受的，这才是最重要的。

不幸的是，为狗粮品牌建立一个公正的消费者报告网站需要切实的数据，而这些数据往往无法公开获取。狗粮公司很少公布他们的内部研究或披露他们的原材料来源，也没有一个国家宠物健康研究所负责这项工作。"宠物食品真相"（Truth About Pet Food）组织发表的第三方年度评测是北美地区最好的宠物食品榜单。然而，正如你可以想象的那样，与市场上成百上千的品牌相比，这只是一个非常短的列表，因为它依赖于愿意提供第三方文件和坚持采购透明度的公司。这就是你个人的饮食哲学发挥作用的地方。根据你的宠物食品评估的评分，你将获得足够的信息，让你可以做自己的品牌评估。大多数人会说"告诉我该喂什么品牌的狗粮"，或者问"～品牌好吗"，但最终还是要由你自己来决定，对吧？

讽刺的是，在我们成长的过程中，我们的父亲都曾对我们说过同样的格言："授人以鱼，不如授人以渔。"虽然再次听到这句话，你会觉得很有道理（很烦人），但在选择宠物食品品牌时，这句话也确实适用。我们会教你如何评估所有类型的宠物食品，所以不要问"这个品牌好吗"。你可以说："我为我的狗选择这个牌子的食物，我很有信心。"要做到这一点，你需要足够的知识来做出明智的决定，我们之后将会分享这些知识。

我们不建议你不加批判就全盘接受别人的个人饮食哲学。做一些自我思考，确定你自己的核心食物信念。买食物时什么对你最重要？当你购买狗粮时，什么对你最重要？下面的一些思考帮助世界各地成千上万注重宠物健康的守护者塑造了自己的个人饮食哲学。用这个列表中的问题作为一个起点，来明确你对每一个主题的核心理念。把你对这些话题的看法结合在一起，就构成了你对狗粮的个人饮食哲学。

公司透明度： 我能得到关于食材来源、原料质量和犬类品种适宜性的诚实回答吗？

成本： 我能负担得起吗？

味道/适口性： 我的狗会吃吗？

冰箱的空间和准备时间： 我能储存所需的食物量吗？我有时间按计划准备食物吗？

转基因生物（GMO）： 不让我的狗食用经过基因修饰的食材，这有多重要？

消化/吸收测试： 了解狗狗吸收食物的能力有多重要？

有机食品： 不让我的狗在食物中摄入农达（Roundup，一种除草剂）或其他杀虫剂和除草剂有多重要？

草食/散养： 避免工厂化养殖的肉类（和药物残留）以及集中饲养的动物有多重要？

污染物检测： 由第三方对食品原料进行污染物（如安乐死药剂、重金属、草甘膦残留等）检测有多重要？

人道饲养/屠宰： 成为"食物"的动物不被虐待，不被残忍地杀死，这有多重要？

可持续性： 食品的生产方式要维护健康的生态系统，对环境的影响降到最低，这有多重要？

营养测试： 这批食品（或仅仅是最初的配方）是否经过实验室分析或喂养试验，以证明营养充足——这是否重要？

不含合成物： 我的狗从食物中获得的营养物质与实验室制造的维生素和矿物质是否有关系？这有多重要？

食材采购： 食物所含的食材是否来自质量控制标准不同的国家，这是否有关系？

原料的质量（饲料级还是食品级）： 我买的狗粮是人用食品级别的吗？这重要吗？（换句话说：我采用的狗粮原料在人用食品检测中如果被评为不合格，我是否介意？）

营养水平： 我的狗粮是否能满足狗狗的最低需求，以避免我的狗狗营养不足或营养过剩，导致健康受损，这是否重要？食品公司是否会公开营养测试结果，这是否重要？

配方： 我买的狗粮是否满足营养标准（NRC、AAFCO、FEDIAF的标准），这个重要性有多高？由谁制定的食物配方是否重要？

质量控制： 食品安全和产品质量控制有多重要？

处理技术： 狗粮中不应含有美拉德反应产物（包括晚期糖基化终末产物、高级脂质过氧化终产物、杂环胺和丙烯酰胺）有多重要？

还有很多其他的"食物问题"可能会形成你的个人饮食哲学，其中许多这里没有列出。在你选择食品种类和品牌之前，请仔细考虑每一个问题。

几乎每个人的饮食哲学都能找到一家与之相符的食品公司和食物种类，而且我们还可以按照自制食谱来准备食物。（访问www.foreverdog.com获取一些食谱来启发你。）很多人告诉我们，直到他们想清楚了这些问题，他们才意识到自己**还有**自己的饮食哲学。许多人发现，他们多年来忠实支持的品牌与他们的个人饮食哲学大相径庭，这让他们感到惊讶又失望。每种狗粮都有不好、还好、更好和最好的选择。随着你的预算、生活方式和饮食哲学的更新（它们总会有变化），你会重新评估和调整你的永生狗食物计划。同一家食品公司也会有易手和重新设计产品的情况。我们建议你每年对你采用的品牌做一次评估。有一点怎么强调都不为过：**混合膳食计划，或者在一年的时间里轮换使用几个不同品牌的多种狗粮产品，是防止坠入单调饮食陷阱的最好方法之一。**

如果你选择自制食物，你可以完全控制使用的食材质量和来源；但如果你打算购买狗粮，我们有一个可靠的建议，适用于所有狗狗，无论它们的年龄、生活方式和地理位置如何：如果可以的话，尽量避免12种不健康物质。

12种有害物质：避免购买含有以下任何一种成分的狗粮（排名不分先后）。

➤ 任何类型的"粉"（meal），如：肉粉、肉骨粉（meat meal）、家禽肉粉（poultry meal）和玉米蛋白粉（corn gluten meal）

➤ 甲萘醌（维生素K的人工合成形式）

➤ 花生皮（真菌毒素的重要来源）

➤ 染料和色素（如Red #40），包括焦糖色

➤ 动物/家禽的身体组织经化学或酶分解后的物质（Animal Digest）

➤ 动物脂肪（提炼脂肪，Animal Fat）

➤ 丙二醇

➤ 大豆油、大豆粉、碾轧大豆、豆粕、大豆皮或者大豆脱皮下脚料

➤ "氧化物"和"硫酸盐"形式的矿物质（例如，氧化锌、二氧化钛和硫酸铜）

➤ 家禽或牛肉的副产品[1]

➤ 丁基羟基茴香醚（butylhydroxyanisol，简称BHA）、丁基羟基甲苯（butylhydroxytoluene，简称BHT）和乙氧基喹啉（ethoxyquin，合成防腐剂）

➤ 亚硒酸钠（硒的人工合成形式）

---

1 由屠宰后的家禽经研磨后，取其舍弃的净下水部分制造的产品。比如头颈、脚、未生出的蛋，不包含羽毛——除非是在食物处理过程中无法避免的杂物；从牛肉中提取的非丢弃的净下水，且不同于肉质的部分，不仅限于肺、脾、肾、脑、肝、血液、骨头。这些部分有的经过低温脱脂处理。胃和肠不包含在内。毛发、角、牙齿及蹄也不包含在内。——译者注

评估产品和加工过程

在评估品牌时，产品和加工过程很重要。**"喂食前先阅读产品信息"**是我们对狗狗接受的每一种产品的建议。不同的地区和国家有不同的品牌，但是你评估食物的方式是一样的，都要从你个人的饮食哲学开始。你需要的所有食品相关信息都应该公布在该公司的网站上。如果食物是有机的，用人类可食用的原料制成，或者不含转基因，网站会把这些都告诉你。如果你想要的信息在网站上找不到，很可能在产品里也找不到。宠物食品公司会利用他们的网站来突出他们最具吸引力的产品优点——你不需要仔细寻找就能看到。如果你有问题要问，就给公司发邮件或打电话。在你使用我们的清单来完善你自己的个人饮食哲学之后，你将在宠物食品评估过程中有更进一步的知识巩固。

一袋狗粮中的每一种成分都有一段历史——一个重要的故事。狗粮中原料的质量和数量，以及每种原料如何被改变或处理，最终决定了该食品在生物学上的适宜程度、营养完好程度和健康程度。是的，在网上搜索你的狗狗吃的食物里到底有什么——这样做的确会有些麻烦，但这是找出答案的唯一方法——你的狗狗的健康取决于它。

评估狗粮的三个简单计算

好消息是，所有狗粮产品都可以通过三种简单的评估方法进行评估，识别令人困惑的营销炒作，实现公平竞争。你可以做一些简单的计算——计算食物的碳水化合物、处理过程和合成营养添加量——以此来比较不同狗粮品牌。每次计算都会得出一个分数。你可以将这些分数叠加，将不同的品牌进行比较。这些分数可以让你确定不同狗粮品牌是属于好的、更好的还是最好的。当你阅读这些信息时，你可能会发现自己在根据最重要的问题和你的个人饮食哲学来考虑这些比较结果。这正是我们想要你做的：专注于当下你觉得最重要的事情。

计算碳水化合物

　　小测验：一只狗需要多少碳水化合物？ 我们希望你回答的是"零"！狗狗对碳水化合物的需求是零，但它们和我们一样，喜欢碳水化合物，而且对脂肪和碳水化合物的结合物上瘾。它们每天的食物中有30%—60%是充满能量的淀粉（这是大多数颗粒狗粮的情况），这种饮食结构产生的结果与我们在快餐店中看到的儿童多么相似。那么多的淀粉会产生大量能量（很容易导致肥胖的能量），导致大脑化学反应不良、炎症和营养缺乏（热量过高和营养不足），因为碳水化合物的热量取代了营养丰富的鲜肉中狗狗所急需的热量。

　　计算食物中的碳水化合物（淀粉）含量是确定该食物是否符合生物天性的有力工具。狗在进化过程中适应的饮食是高水分、富含蛋白质和脂肪、低糖/淀粉的——与颗粒狗粮完全相反。

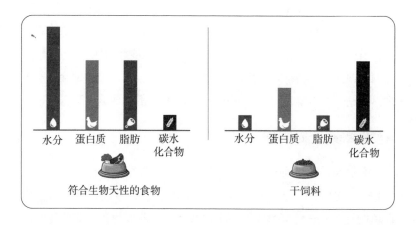

　　宠物食品中的碳水化合物（小米、藜麦、土豆、扁豆、木薯、玉米、小麦、大米、大豆、鹰嘴豆、高粱、大麦、燕麦、"古老谷物"等等）比任何质量的肉类，甚至是肉类副产品和肉骨粉都要便宜得多，它们的黏性还有助于在制造食品的过程中将材料固定在一起，所以碳水化合物的计算也会告诉你买了什么：是便宜的、不必要的淀粉，还是昂贵的肉。

记住，当我们说碳水化合物时，我们不是在谈论健康的纤维素，纤维素是无糖的。我们指的是"坏碳水化合物"——可以变成糖的淀粉，会造成狗狗代谢紊乱和产生有害的晚期糖基化终末产物。这些是我们需要尽量从狗狗食物中减少的碳水化合物。这些碳水化合物构成了许多（我们敢说是大多数）超加工宠物食品的主要成分。动物营养学家和宠物食品配方师理查德·巴顿博士告诉我们，野狗很少会吃淀粉含量超过10%的食物。要知道，狗狗不需要淀粉，所以淀粉对它们而言越少越好。

记住，如果有选择，犬类都会选择蛋白质和健康脂肪，而不是碳水化合物。这并不是说你必须把狗狗食碗里的淀粉**全部**清除掉。就像我们一样，狗狗也会吃一些代谢压力大的食物，也就是快餐，但我们的目标是优先让狗狗从食物中获取它与生俱来的代谢机制能够适应的热量——瘦肉和健康脂肪。

现在你一定知道，消费者早就不应该只是在狗粮标签上看见"肉"就感到满意。为什么这些肉没有通过人类食品的检验，最终会成为"饲料原料"？是健康的"边角料"肉还是病变的组织？肉是从哪里来的？对宠物食品行业有所了解的消费者都知道识别这个行业的诀窍：注意成分列表中的盐分分割线（本书第133页有相关说明。食品标签列表中的成分是依照含量大小逐次列出的。因为宠物食品中盐分含量极低，所以标在"盐"后面的食物成分的量只会更少，几乎可以忽略不计）。我们不太清楚的是来自廉价淀粉碳水化合物的能量，或者说是卡路里的数量，因为在这本书印刷的时候，我们仍然没有看到宠物食品标签上出现相关的营养成分说明。

对这些**狼的后裔**，少于20%的淀粉类碳水化合物的食物是最有营养、代谢压力最小的。减少淀粉的摄入量也可以减少你的狗对有毒"农药"的摄入，包括除草剂、杀虫剂、草甘膦和真菌毒素残留，它们通过农作物的食物链向上传递，而且其中许多农作物是转基因作物。现在，越来越多的宠物食品公司会在产品或网站上提供有关碳水化合物含量的信息。如果没有查到这些信息，请打电话给公司询问。

不过自己计算会更快。干性食物和湿性食物对应不同的含水量，所以计算公式会略有不同（你可以在www.foreverdog.com上找到罐头/湿性食物的计算公式）。

要计算干狗粮中的碳水化合物，可以在你的狗粮袋侧面或产品网站上找到"营养成分"列表。"营养成分"中列出了饮食中粗蛋白质、纤维、水分、脂肪和灰分的含量。灰分是对饮食中矿物质含量的估计。有时宠物食品公司不会在营养成分中列出灰分含量。如果你没有看到灰分含量，可以假设它是6%（大多数食物的灰分含量在4%—8%）。要计算淀粉的含量，只需将蛋白质、脂肪、纤维素、水分和灰分（如果没有列出的话，是6%）相加，再从100%中减去。得出的数字就是狗粮中淀粉，也就是糖的百分比。我们建议大家做一下这个计算，因为很多人都震惊地发现，他们用120美元买来的"超级优质"狗粮中含有高达35%的淀粉（糖）。

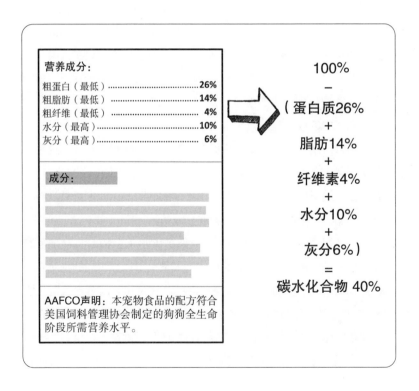

好的选择： 淀粉类碳水化合物含量低于20％的狗粮

更好的选择： 淀粉类碳水化合物含量低于15％的狗粮

最好的选择： 淀粉类碳水化合物含量低于10％的狗粮

有时，营养学家或兽医会出于医学原因增加狗粮中碳水化合物的含量（例如，在母犬怀孕期间）。但一般来说，与山羊和兔子不同，健康的狗狗不需要从碳水化合物中获取大部分热量，所以我们不建议你的狗狗摄入碳水化合物，除非医学上有必要。

食物处理的计算

宠物食品评估的第二项工作可以帮助你确定食物加工的水平和强度。食品越精制和改良，营养就越少，加工所产生的毒性也就越大。可能你很难确定某种食品是新鲜的、快速加工的、普通加工的还是超加工的。我们将为你尽可能简单地解决这一问题。回顾一下你在第二部分学到的东西。

未加工的（生的）或"新鲜的、快速加工的食品"： 新鲜的生食材，为了保存而做了轻微的改变，使营养损失最小。例如研磨、冷藏、发酵、冷冻、脱水、真空包装和巴氏杀菌。这些最低限度加工的食品只经过了一次处理。

加工食品： 前一类食品（轻加工食品）通过加热过程再一次被处理，所以有两个加工过程。

超加工食品： 经过家庭烹饪中没有的加工过程生成的工业产品；需要多个加工步骤，使用多种先前加工过的原料，并使用添加剂来增强味道、质地、颜色和风味，通过烘烤、烟熏、罐装或挤压生产。超加工食品会经历多重热处理过程。一袋干饲料中含有的成分平均经过四次高温加工。

新鲜的、轻加工的食品被处理的次数更少，而且没有被高温破坏过营养。为什么这一点如此重要？营养的敌人是时间、热量和氧气（氧气会导致氧化和酸败）。对于狗粮来说，热量是最常见的破坏者。

热量会对食物中的营养水平产生负面影响。食材每加热一次，就会损失更多的营养。目前还没有针对不同品牌超加工产品营养损耗程度的公开研究。

另外，在加工过程中，**大量**人工合成维生素和矿物质化合物被添加进食品，以弥补食物的严重营养损失，这让我们更加意识到这些最终产品是多么缺乏营养。我们从人类食品营养的相关文献中选取了一个营养流失的例子来证明一些营养物质在**一次**加热后会发生什么变化。看看最后一列的"再加热"损耗值，就能想见一袋干狗粮在多加热三次后，营养损耗的情况又会是什么样子。

特定营养最大损失量（与生食比较）

维生素	冰冻	干燥	烹饪	烹饪+脱水	再加热
维生素A	5%	50%	25%	35%	10%
维生素C	30%	80%	50%	75%	50%
维生素B_1	5%	30%	55%	70%	40%
维生素B_{12}	0%	0%	45%	50%	45%
叶酸	5%	50%	70%	75%	30%
锌	0%	0%	25%	25%	0%
铜	10%	0%	40%	45%	0%

坏消息不止于此。每加热一次食材，我们就会失去更多对抗衰老和疾病的最强大武器。对狗狗表观基因组有积极影响的强效多酚和辅助因子会被破坏，制造弹性细胞膜所必需的脆弱脂肪酸被灭活，蛋白质和氨基酸被变性。反复加热也消除了生食完整的"整体效应"——每种新鲜食物中不同的微生物群落与自然产生的维生素、矿物质和抗氧化剂的和谐共存的结构。正是这种结构为我们的狗狗提供支持健康身体所需的营养。现在这些都没了。

超加工食品会造成多种损害并行发生：反复加热会**消除**预防疾病、阻止身体衰退的营养和生物活性物质，并**产生**加速细胞衰老和死亡的生物毒素。**通过热处理产生的晚期糖基化终末产物（AGEs）使**

我们的狗迅速衰老并产生疾病——我们的狗每天都在从超加工宠物食品中摄入大量这些有毒物质。 反复加热食材会产生微小的有害物质，而宠物食品行业极力想忽视这些物质。反复的美拉德反应会在最终的食物产品中产生AGEs，对狗的健康产生各种各样的负面影响。食物被加热的温度越高、时间越长、被加热的次数越多，产生的AGEs就越多。总之，多次加热会降低食物的营养成分，增加食物中AGEs的含量。

原料的质量越好，种类越丰富，产品中来自真正食物的完整初始营养成分就越多（这在考虑原料品牌时尤为重要）。显然，原料热处理的次数越少，最终产品中保留的营养就越多。

如何计算热处理的程度：计算狗粮中的原料被加热处理的次数很简单，但确定每种食物是如何生产的可能有点困难。让我们看几个例

子，你就可以看出区别。

干狗粮： 动物尸体被碾碎，煮熟，动物脂肪从骨头和组织中被分离出来，这一过程被称为"脱脂"（第一次加热处理）。骨头和组织被挤压脱水，加热干燥（第二次热处理），并粉碎成肉粉。豌豆、玉米和其他标签上可以看到的蔬菜很可能是先被干燥（通过加热）或粉末化（如豌豆蛋白和玉米蛋白粉），然后才被运到宠物食品厂。这些干燥的、已经加热加工过的原料，与其他原料（也都经过加热和干燥）混合，在挤压机中高压加热、烘烤，或在高温下"风干"，最终成为坯料。挤出的颗粒狗粮在挤压机中被加热第四次，以减少水分含量，这是该过程的最后一步（至少是四次加热处理）。**平均每一袋干狗粮都是至少四次高温加工的产物，是真正的死食物。**

未经加工的生食则完全与之相反，其中包含的是新鲜的营养成分，这些成分从未被加热过，只是混合在一起以满足最佳营养参数，然后就被喂给了狗狗。如果将生食成分混合在一起，再进行一次快速加热，则被认为是轻加工。具体的轻加工手段包括：

冷冻生狗粮： 将生食材混合在一起冷冻。生狗粮用冷水加压（高压巴氏杀菌）消毒去除细菌，这是第二次非加热处理。

冷冻干燥狗粮： 新鲜或冷冻肉类与新鲜或冷冻蔬菜、水果和营养补充剂混合，然后冷冻干燥（一次处理，不加热）。如果原料是先冷冻的，需要两个加工步骤，但是没有经过加热，所以养分的损失和AGEs的产生可以忽略不计。

宠物鲜粮： 这是宠物食品行业增长最快的领域之一，而且它的迅速发展有充分的理由。一大批非常成功的、超级透明的公司正在生产半定制的、非常方便的人用食品级别狗粮。这些公司大多已经对客户体验有了充分了解：他们的网站允许有鉴别力的宠物家长输入狗的年龄、体重、品种、运动习惯以及各种食物敏感性和饮食偏好，然后他们将定制的食物或膳食计划（以及冷冻食物）直接送到客户家门口，并定期自动发货。只需要有机食材？没有问题。你养的狗对几种蛋白质过敏吗？没有问题。难怪这些公司对其他宠物食品公司造成了强有力的竞争压力。这些最健康的烹饪食物可以通过冷冻来延长保质期，所以在当地宠物商店的冷冻区，你会发现这些食物和生食以及巴氏杀菌生食被放在了一起。

但即使是一些非常受欢迎的烹饪—冷藏狗粮品牌，在原料来源透明度和合成营养添加剂方面也在受到质疑："你们的肉是从哪里来的？这些肉怎么能在冰箱冷冻室里放**六个月**?！它们是如何保存的？"如果你在打电话给客服时提出这样的问题，往往会出现长时间尴尬的停顿。一长串人工合成维生素和矿物质化合物的清单引起了人们对这些公司的质疑，因为这些很可能意味着食品的原材料营养密度和热处理技术有问题。对你来说，这可能没什么大不了，也可能非常重要，一切都取决于你的个人饮食哲学。不管怎样，我们鼓励宠物家长们提出这些常识性问题，无论他们给宠物喂食的是什么品牌的食物。

脱水狗粮：这方面有很多品牌都很成功。它们含有很少量的淀粉。所有生原料都在低热环境下脱水较短的时间。但一些脱水狗粮品牌**没**能达到"好"的级别。这意味着：调查产品标签才能了解更多信息。计算其中的碳水化合物含量，看看热量是来自真正的肉类和健康脂肪，还是来自淀粉。如果狗粮公司使用的是生鲜原料，就会在标签上加以注明（例如，鸡肉、青豆）。如果列出的成分是"脱水鸡肉、脱水青豆"，那么这些成分在成为狗粮之前就已经是陈旧的（不新鲜），在原料供应商那里至少就会经过一次加热步骤。最后，合成营养添加法（下一个我们将教你的公式）将帮助你确定某个脱水品牌是否能与你的个人饮食哲学产生共鸣。

看看配料标签，就能知道这些配料经过多少次加热处理。如果食物必须冷冻保存（不能简单放在货架上），这就是最明确的新鲜食物标志。如果食品可以安全地放在货架上（不需要冷冻），那就一定有一些处理手段被用来维持这些食品的安全性。冷冻干燥对营养素的危害最小，其次是低热脱水。如果你想要确定这些食材是新鲜的还是经过预处理（干燥）的，打电话给公司询问。处理步骤越少，食品越健康。

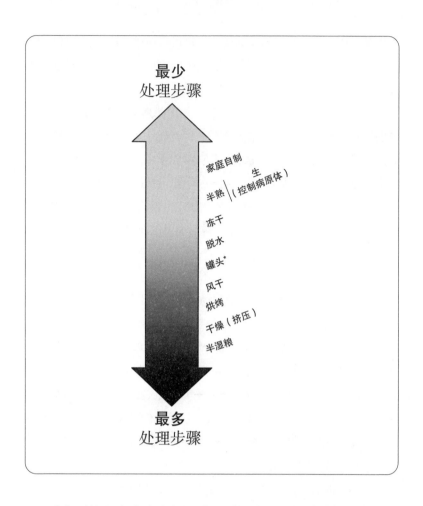

最少
处理步骤

家庭自制
半熟 | 生（控制病原体）
冻干
脱水
罐头*
风干
烘烤
干燥（挤压）
半湿粮

最多
处理步骤

　　我们采访了来自南卡罗来纳医科大学的晚期糖基化终末产物（AGEs）专家大卫·特纳博士（David Turner，PhD）。他解释说，一些最新的研究对狗粮加工技术和AGEs生成量的关系进行了调查，结果表明，罐头食品（120摄氏度烹饪）的AGEs含量最高。这可能是食品中的糖/淀粉含量、所使用成分中AGEs的累积效应以及罐头食品加热的时间较长造成的。而其他研究指出，水分较高的食物（如罐头食品）可能会减缓AGEs的产生。只能说，由于淀粉含量、温度和加热时间的不同，罐头食品的AGEs水平可能会有很大的差异，因此我们在罐头食品上加了一个星号。半湿狗粮（水分含量在25%—35%的狗粮，加工过程和干狗粮类似）在所有宠物食品评估中都得了F，在这个类别中，没有好的/更好的/最好的选择。我们根本不建议喂狗狗半湿狗粮，永远都不。

在某些情况下，我们很难知道某些食品使用了什么加工技术。现在制造商们都在竭尽全力给他们的产品起新名字，让客户们以为这些产品与传统狗粮不同。他们为此自行创造了许多词汇，如"团块"（clusters）、"大块"（chunks）和"小块"（morsels）。这些新类别的干燥食品会让人感到困惑，其中包括"冻干涂层"（raw coated）狗粮：里面是充满AGEs的颗粒狗粮，外面有一层冷冻干燥的生食品，让它看起来更健康。就像在你的巨无霸和薯条里加一小撮西蓝花芽一样，这点好处不可能平衡这些昂贵的快餐食物所带来的坏处。

"最低限度加工"（minimally processed）是一个新的行业流行语，所有宠物食品类别的制造公司都在其市场营销话术中使用这个词，无论他们实际使用了怎样的加工技术。尽管有人建议宠物食品行业对"最低限度加工"进行定义，颁布指导方针，但官方并没有发布任何明确规定，所以这个术语似乎包含了所有的加工技术，只有挤压加工除外。这就是为什么我们建议宠物主人们自己对宠物食品进行评估，而不是听信公司的市场宣传——这样才能获得最公正也可能是最接近于真相的食品评估结果。如果你不能通过浏览公司网站来了解食品是如何加工的，可以通过电子邮件或电话询问食品中的成分被加热了多少次，温度是多少，加热了多长时间。

我们发现了一件有趣的事。如果鸡是工厂化养殖的，在屠宰前食用高温加工的鸡饲料（充满草甘膦和AGEs），那么即使是生鸡肉，也可能含有低水平的AGEs。AGEs会在食物链中被传递。在宠物食品的AGEs研究中，挤压狗粮（130摄氏度熟化）是第二严重的危害，也就是说，对有害AGEs的贡献是第二大的。当然，生食的AGEs含量最少。与罐头食品类似，"风干"食品由于淀粉含量和环境温度的不同而难以确定AGEs生成水平，所以给公司打电话咨询确实是有意义的（除非你能从该公司的网站上获得你需要的所有信息）。

食物处理的评估结果

好：将**预先加工过**的食材混合在一起，**加热处理一次。**（许多脱水食品都是如此。）

更好：将**生鲜**食材混合在一起冷冻干燥或高压巴氏杀菌，以及将生鲜食材混合在一起**无热或低热加工**一次。（许多生肉脱水食品和半熟食品都是如此。）

最好：生鲜食材混合在一起食用，或冷冻（**无加热过程**），在三个月内食用。（自制食品、商业冷冻生食都是如此。）

人工合成的营养添加剂

关于宠物食品的最后一项评估会帮助你确定食物的营养**来源**。简单地说，产品中添加的维生素和矿物质数量要么是反映了原料食材中维生素和矿物质的不足，要么是为了弥补在高强度的热处理过程中原料失去的营养，或者两者兼而有之。狗粮中所需的营养一般有以下两个来源：营养密集的食材成分，以及人工合成物质（实验室制造的维生素、矿物质化合物、氨基酸和脂肪酸）。狗粮原始食材的营养密度越低，或者生产食品时使用的热量越高，加热越多，就必须添加更多的合成物质。

在这个评估中，好 / 更好 / 最好三个等级是我们提供的三项评估中最主观的。它们将取决于你的个人饮食哲学。根据我们的经验，狗主人往往对这个主题有强烈而且差异巨大的主观看法。一些对此感觉无所谓的人指出，我们都在通过许多强化食品摄入合成维生素和矿物质。宠物家长们自己也会服用大量合成维生素和矿物质补充剂。对于这些人来说，他们更容易接受他们的狗以同样的方式获取大量微量营养素。宠物食品评估的美妙之处在于，你可以根据你的个人饮食哲学来决定什么对你和你的狗狗是正确的。评估只是一个工具，能够帮助你对你的狗狗的饮食和健康做出明智的决定。

"食品添加计算"所关注的是必须向产品中添加多少合成营养素才能使其营养充足。质量较差的原料（通常取决于是人用等级食物还是饲料等级食物）和营养密度较低的原料（总是关系到成本）必然意味着更多的合成添加剂。除了计算添加的合成维生素和矿物质的数量，还可以在标签上查看添加的有害物质，也就是那12种有害物质：乙氧基喹啉、甲萘醌、染料和色素（包括焦糖色）、动物/家禽身体组织经化学或酶分解后的物质、动物脂肪（提炼脂肪）、丙二醇、大豆油、家禽或牛肉的副产品、玉米蛋白粉、丁基羟基茴香醚（BHA）/丁基羟基甲苯（BHT）、肉粉/肉骨粉和亚硒酸钠（具体请见第266页）。

　　如何鉴别：在食品标签上计算合成营养素的数量（你可以在公司网站或狗粮包装袋背面找到营养成分表）。当你浏览该公司的网站时，把你最重要的饮食哲学牢记在心。添加的维生素和矿物质可以在食品主料后面的配料列表中找到（如下示意图）。每一种营养成分都用顿号隔开。所以，即使你不知道它们的发音，你也可以数出它们的数量。

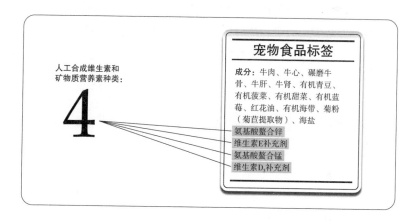

　　好：标签中没有"12种有害物质"和合成营养素**少于12种**的狗粮。

　　更好：标签中没有"12种有害物质"，合成营养素**少于8种**的狗粮，还多了一些健康成分——有一些不含转基因成分的有机食材，等等。

　　最好：标签中没有"12种有害物质"，而且合成营养素**少于4种**，同时有很多额外的健康成分：

人用级别食材、有机、不含转基因、野生/散养/放牧肉类等等，这是每个食品类别中最昂贵的材料，因为营养来自昂贵的、真正的食物成分，而不是维生素—矿物质饲料添加剂。

这个计算旨在为你提供重要的自由裁量权，以确定什么食物才适合你和你的狗。这需要基于你的价值观、信仰、优先选项和预算，另外还有很多变量需要考虑——比如生食没有经过加热处理（所以不会因加热而损失营养物质，也不会产生AGEs）。如果你看到一堆合成营养素出现在营养完备和平衡的生食标签上，那就意味着制作这款食品的公司正在利用合成添加剂来为你的狗狗提供所需的最低限度营养（于是你会看到一个不那么多样化的主要材料列表，可能只是肉和内脏，再加上种类繁多的合成添加剂）。这种食物会更便宜，因为公司不需要购买昂贵的甚至是进口的新鲜食材来满足缺失的特定营养。有些生食产品标签中只含有两种合成营养素（通常是维生素E和维生素D），同时包含了一长串昂贵的食物材料列表，因为这些食材才是营养的来源。

如果你决定继续采用颗粒狗粮（加上10%的核心长寿食物伴侣），你该如何评估狗粮品牌？

我们应该用评估新鲜食品品牌的方式来评估颗粒狗粮。利用宠物食品评估（1.计算碳水化合物；2.食物配比计算；3.计算合成营养素的量），根据好/更好/最好等级系统排序，我们可以评估任何类型的狗粮。特别重要的是要小心"12种有害物质"。颗粒狗粮领域的加工技术有着差异巨大的诸多类型："冷挤压"、"温和烘烤"和"风干"是更新型的热处理过程，相应的烤箱温度已经和传统工艺完全不同了。这些产品的淀粉含量也有很大差异。你的个人饮食哲学在你为狗狗购买的每一种产品中都能发挥作用。所以，请以同样的方式查看颗粒狗粮袋，就像评估其他食物一样。在涉及成本时，明智地比较类别，特别是对于更昂贵的干狗粮品牌。如果成本对你来说是一个问题，请记住，有机的"超级优质"颗粒狗粮可能比速冻新鲜食品更贵，更何况后者还会送货上门。所以，仔细做一番研究是值得的。

特别提示： 颗粒狗粮比其他类型的狗粮更容易变质，所以必须将它们储存在阴凉干燥的地方（最好是冰箱），最好购买小袋的颗粒狗粮，确保可以在3个月内吃完，最好是在30天内吃完。

生食越来越受欢迎

2.0宠物家长都在踊跃购买生宠物食品。在生食品牌的宠物食品评估中，确保淀粉、晚期糖基化终末产物和合成营养素的含量降至最低是非常重要的。脆弱的热敏食物酶、必要的脂肪酸和植物营养素都应该保持完整，让它们时刻准备通过食物链进入狗狗的身体。在美国，大约40%的商业生食狗粮都经过了非高温的高压巴氏杀菌，这是美国食品药品监督管理局认可的几种灭除宠物食品中沙门氏菌的食物加工方法之一——针对宠物食品中的沙门氏菌实行的是零容忍政策。要确保你选择的生食明确地标示出其中含有充足的营养，因为这是这类食物最大的问题。

你的宠物食品评估为你评估食品品牌提供了一个参考框架。最重要的是，它们是评估工具，可以帮助你更好地了解你想要采用（或避免）的品牌。在这件事上没有正确或错误的答案。你需要利用知识的力量，帮助你做出明智的决定——为了你自己、你的生活方式和信仰，还有你的狗狗的需求。在你的永生狗食物计划中，区分什么是理想、什么是现实也非常重要。很少有人能一直把每件事都做对。关键是要开始着手做，积极促进我们的狗狗的健康，为每一点良好的转变而感到欣慰。有些时候，获得知识反而会导致负罪感，我们学得越多，就越感觉到不足。所以，我们要迈出的第一步是将我们的心态从不知所措转变为充满力量。

当然，好／更好／最好评级系统还要考虑到各种各样需要警惕的情况，所以一些常识和认知会对你很有帮助。宠物食品评估最好用在那些自称营养完备的品牌上。例如，如果你决定尝试一种标记为"用作补充或间歇性喂养"（这意味着它本身营养并不完备，你需要自己对其进行平衡）的狗粮，你会发现这种营养不足的品牌可以归为"最好"的类别，因为它没有添加合成维生素和矿物质。这当然不能让它真的变成"最好"（除非你自己补足它的缺陷）。我们最近在当地农贸市场看到一种宠物食品的成分标签是这样的："散养鸭肉、鸭心、鸭肝、有机菠菜、有机蓝莓、有机姜黄。"这是一个不错的开始。可以把它作为一种很好的基础性狗粮，但它还缺乏一大堆维生素和矿物质，并且没有任何碘含量能促进健康的甲状腺功能。你可能没有足够的营养知识，让你能看一眼标签就知道这种食物是缺碘的，但是你可以学会问一些好的问题。

蓬勃发展的狗粮行业最大的好处是让我们有如此多的选择，几乎每周都有更多的品牌进入市场。我们建议你找几家喜欢的公司，在不同的品牌和蛋白质之间轮换。在使用商业狗粮时，轮流采用不同品牌是实现营养多样性的最佳方式之一。一开始，这可能会让你有些顾此失彼，但随着时间的推移，你会喜欢上这种丰富的食物和喂养类型的选择，这会让每个人（和每只狗）都有可能得到让自己满意的食谱——这取决于你的饮食哲学、时间和预算。你可以将不同得分（好／更好／最好）的食物混合搭配，轮换食品的品牌、蛋白质和类别，提供几乎无穷无尽的食谱和喂养方式，为你的狗定制完美的长寿饮食。你买的下一包狗粮或者你做的一批新食物可能和以前完全不同。但是在你购买之前，一定要做足功课，知道你要买些什么。

练习 2：
选择一种更新鲜的轻加工食品

　　没有任何硬性规定可以适用于所有狗粮，因为要考虑的变量太多了。只有你自己才能评估这些变量如何影响你的生活方式和你的狗狗的独特需求。如果你刚刚加入新鲜食物喂养社区，开启喂养工作的新篇章，决定采用什么类型的新鲜食物可能是最令你困惑和畏缩的事情。

　　新鲜宠物食品可以被分为许多不同类型，包括自制饮食和你可以在当地购买的生食、熟食、冻干狗粮和脱水狗粮（独立宠物食品零售商店对刚刚进入新鲜狗粮领域的狗主人来说是一个不错的开始）。你还可以在网上订购所有类型的新鲜食物，即使发货地点远得惊人，你也能准时收货。这些非常多样化的新鲜饮食让你需要做更多决定。有很多方面需要考虑。它们都与你的生活环境和个人饮食哲学有关。我们强调了每种饮食的一些优点和缺点，并就你在搜索过程中可能遇到的令人困惑的问题提供了清晰的说明。我们的目标是帮助你对所有新鲜食品的选择有大概的了解。这样你就可以决定什么样的配方或公司

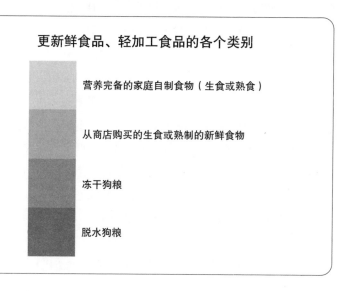

更新鲜食品、轻加工食品的各个类别

营养完备的家庭自制食物（生食或熟食）

从商店购买的生食或熟制的新鲜食物

冻干狗粮

脱水狗粮

最能满足你的需求。接下来，我们将为你提供所有类型的新鲜食品选择。当你评估每种宠物食品类型时，想想哪些类型最适合你的生活方式、你的预算和你的狗。

家庭自制、商店购买或混合膳食计划

家庭自制

自制食物时你可以自主控制狗粮的成分，但是为狗狗自制食物的确既昂贵又费时。你还需要冷藏空间，除非你打算每天准备食物——这样做当然很好，但很难坚持下去。我们大多数人每周、每月甚至每三个月做一次自制狗粮，将食物小批量冷冻起来，以便于解冻使用。兽医们经常警告人们不要在家做饭，因为人们会做错——他们需要**猜测**如何给自己的宠物提供最低限度的营养需求。以下是关于"均衡饮食"的简短背景介绍（这个术语其实没有任何意义，因为每个人对它的定义都不一样）。

正如我们已经解释过的，美国国家科学研究委员会（NRC）制定了最低营养需求，即幼犬和小猫、怀孕和哺乳期的母犬以及成年犬所需的维生素和矿物质的基本量，以避免营养缺乏。这些实验是多年前进行的，道德因素在实验过程中并不完备：研究人员会逐一禁止实验动物摄取每一种营养，并记录实验中发生了什么（或没有发生什么），然后处死动物，以观察其体内发生或没有发生的事情。我们确切地知道预防与营养有关的疾病所需的微量营养素的**最低**水平（这一点**完全没有**争议）。我们还知道，在某些情况下，营养过剩或营养比例错误会造成什么后果。在 NRC 公布了这一系列最低营养需求之后，美国饲料管理协会（AAFCO）和欧洲宠物食品工业联合会（FEDIAF）将 NRC 的信息作为基础，建立了他们自己的标准。许多批评者认为所有的营养标准都是有缺陷的，我们同意这一点。但我们也认为，没有人想在自己的厨房里用自己的宠物进行营养缺乏的实验，哪怕是无意中的。科学研究明确说明了狗为了维持生命，每消耗 1 000 卡路里热量对应所需的每种维生素、矿物质和脂肪酸的毫克数。问题是双重的：仅仅维持生命不是我们的目标，我们是**长寿的追求者**！其次，猜测该如何提供这些基本营养（以及该提供多少）是困难的，而且大多数人的猜测都是错误的（因此兽医们会对自制饮食提出警告）。我们写这本书是为了帮助爱狗的朋友们理解，为什么喂食营养丰富的食物很重要，以及如何正确地做到这一点。

一些生狗粮的支持者认为，NRC的实验对象是被喂食超加工食品的动物，他们以此制定了相应的最低营养需求，但狗和猫进化过程中的天然食物是纯肉，与之对应的最低营养需求肯定会有所不同。对此我们表示同意。这当然会影响结果。但研究人员现在还没有从被喂食生食和轻加工食品的动物身上收集到足够的数据，所以我们只能采用现有的标准来评估狗狗的基本营养需求。不过也有好消息：研究表明，更新鲜的食物更易于消化和吸收。当我们使用当前的最低营养标准（一个非常低的标准）来评估生食和轻加工食物时，我们将具有更大的优势：新鲜食品提供了**最佳**水平的全食物营养。换句话说：如果你的生狗粮或轻加工狗粮的配方能够符合目前这个不能说是非常理想的标准，那么它们提供给狗狗的营养将**远远优于**超加工食品。

问题是：许多好心的狗主人认为，随着时间的推移，轮流食用各种各样的新鲜肉类、内脏和蔬菜，就能为狗狗提供所需要的一切营养。但最终的结果可能是毁灭性的。我们看到许多心碎的客户悲痛不已，听到兽医和兽医组织大声疾呼："不要自己做食物，这很危险！"兽医们已经在好心的宠物主人和他们的狗身上看到了足够多的痛苦和悲剧。这些都证明他们对自制食物的担忧是合理的。简单地说，我们不会因为兽医的怀疑而责怪他们：自制饮食可能是最好的，也可能是最糟的。

我们有一个解决方案，将简化你的决策，给你信心，只要你做出重要的改变，就可以改善狗狗的健康。解决方案：向你的兽医证明，你可以按照科学配方和模板，满足已知的犬类营养需求。向你的兽医解释，你正在学习更多关于宠物营养的知识，你计划遵循指导方针，防止出现营养缺乏的问题。坦白地说，这将同时缓解你和兽医的焦虑。

如果你选择在家自制，我们为你喝彩！你能暂停片刻，把握生活给你的这个机会，让你**拥有**选择的权利。许多人都做不到这一点。我们很欣赏你为提高爱犬的健康和寿命所做的努力。这是一份能带来巨大回报的努力！

同时我们也恳请你遵循各种食谱，使用营养评估工具，以确保你自制的膳食至少满足维生素、矿物质、氨基酸和必需脂肪酸的基本最低营养需求（在我们的网站上评估自制食谱时，请参阅网站给出的示例）。你可以给你的狗狗吃生的或熟的自制食物（我们建议用低温水煮的方式，因为这种方式产生的晚期糖基化终末产物最少，但具体烹饪方式完全可以按照你的意愿选择）。花费时间、精力和资源自制饮食的绝大多数人都会认识到，**营养最优**的饮食与**保证最低营养限度**的饮食是完全不同的。这些长寿实践者真正了解全食物营养的力量，并希望为他们的狗狗充分发挥这个强大工具的效能。

什么是合成营养素？实验室制造的维生素和矿物质化合物就是合成营养素——它们是人造的，被加入到人类和动物食品中，以强化饮食营养。合成营养素种类繁多，形式和类型各不相同（这决定了它们的可消化性、可吸收性和安全性），质量和纯度也各不相同。你和你的狗狗吃真正食物获得的维生素和矿物质越多，你们所需的合成营养素就越少。

自制狗粮分为两类：（1）全食物配方（不含合成营养素）和（2）含合成营养素的配方。

不含合成营养素的自制狗粮

在自制的全食物配方（不含合成营养素）类别中，所有的营养都是由食物提供的，不需要购买额外的维生素或矿物质补充剂来满足狗狗的营养需求。有时需要一些难以获得的、更昂贵的食材，比如用巴西坚果来获取硒，用罐装牡蛎或蛤蜊来获取锌。当食物为狗狗的身体提供维生素和矿物质时，它的身体会确切地知道如何处理它们，因为**它们来自真正的食物**。但是你需要严格遵照全食物配方——我们的意思是一丝不苟的严格——以满足最低的营养需求。在野外，犬类会吃掉不同种类的猎物及其各种各样的身体部位（包括眼睛、大脑和腺体），以获得所需的所有维生素和矿物质。以锌为例：我们不知道有多少人会给他们的狗喂食睾丸、牙齿和啮齿动物的毛发（锌的优秀食物来源），所以锌是一种稀缺的营养物质，只是从杂货店买普通的肉块和各种蔬菜，并不能满足狗狗的最低锌需求。缺锌会导致皮肤健康状况不佳，伤口愈合不良，以及肠胃、心脏和视力问题。那些其他难以获得的营养物质也是如此，包括维生素D和维生素E、碘、锰和硒以及其他更多的矿物质。

不幸的是，"全能型"犬用复合维生素并不足以完全平衡自制食物的营养缺陷。当我们开始更换食材，食谱失去平衡时，"饮食漂移"（dietary drift）也会发生。这种漂移为营养问题埋下了隐患，就算是轮换使用各种营养不全的食谱也难以避免此类问题。这也理所当然会激怒你的兽医。

家庭自制的食物可以生吃，也可以煮熟（低温水煮、临近沸点煮、炖煮）。在喂食生肉时，你必须遵循安全食品处理技术，对食材进行准备和储存，就像为自己准备食物一样。同样的食源性风险适用于所有肉类，无论是你的烧烤宴会、你的肠胃，还是你的狗狗的食碗。健康的狗狗在进化过程中已经适应了处理更重的细菌负荷，它们的胃酸有更强的酸性，能够更加有效地管理进入体内的微生物。大肠杆菌、沙门氏菌和梭状芽孢杆菌都存在于健康狗的胃肠道中。即使是对于那些吃颗粒狗粮的狗，它们也是其体内的"普通居民"。

如何煮食

在保存营养和水分的同时用低温水煮让食物熟化。食品在水煮时不会变成棕褐色，因此产生的美拉德反应产物更少。将肉放入锅中，加入过滤好的水（或自制长寿骨汤，参见第226—227页；或自制药用蘑菇汤，参见第211页），让液体覆盖食物。烹饪专家说，可以加一点生苹果醋来"凝固"蛋白质。我们没有任何科学证据来证明这一步骤——我们这么做是因为专业人士说这是一个好主意。加热到160华氏度（70摄氏度），可以杀死细菌，但不会产生大量的晚期糖基化终末产物。烹饪时间视情况而定，取决于你要烹饪的肉的数量（小批量通常需要5—8分钟）。保留富含营养的煮食汤汁，在喂食前倒在食物中。你也可以加入香草和香料（参见第221页），创造更多含有丰富多酚的美味汤汁。

自制的全食物食谱是你能为狗狗提供的最昂贵的食谱（特别是如果你选择的是有机的、自由散养的食材），也是你能提供的最有营养和最新鲜的食物。传统农产品和工厂化养殖肉类可以降低成本。但野生捕获的、放牧的、散养的肉类营养密度更高，化学负荷更低。我们建议支持当地农民的劳作。在城市里，去当地的农贸市场、菜市场，看看哪里可以找到当地种植的农产品和养殖的肉类。独立的健康食品商店通常可以帮助你找到当地来源的肉类和农产品。如果你的狗狗过敏，你可以定制稀有肉类。你还可以为你的狗狗添加神奇的超级食物，以满足狗狗的医疗或营养需求。最重要的是，你确切地知道你的狗在吃什么，因为是你自己亲手挑选了所有食材。在www.freshfoodconsultants.org 目录中列了许多专业人士提供的营养完备、方便下载的自制狗粮食谱。

如果你的狗狗由于身体原因需要特定的"治疗性"饮食，世界各地都有认证兽医营养师，他们可以专门为你的狗狗定制一个自制食谱。在www.acvn.org 就能找到这样的营养师。www.petdiets.com 上的兽医营养学家将为有医疗问题或特定健康目标的狗定制专门的生食或熟食食谱。

当你在网上查找"自制狗粮食谱"时，你会找到无数网站链接，这些网站的特色食谱往往看上去都相当精美，很像是在网上找到的那些人类食谱。但我们要再说一遍：你必须非常谨慎。自制食谱（无论你是在网上还是在书上找到的）应该清楚地标明营养充足性："该食谱是根据____标准（空格横线上应该是AAFCO、NRC或FEDIAF）制定的，可以满足最低营养需求。"食谱还应按狗狗的重量或身材列出配料清单，具体说明所需肉类的肥瘦程度，列出所含热量，并提供食谱中维生素、矿物质、氨基酸和脂肪的含量（见第279页的示例）。不要使用没有提供这些信息的食谱，除非是作为零食或食物伴侣（最多只能达到狗狗热量需求的10%）或偶尔的一餐。依据不完备的食谱为狗狗制作基本饮食，可能会导致营养不足，对狗狗的健康长寿产生负面影响。我们在www.foreverdog.com上提供了更多营养完备的食谱示例。下面就是这样一个例子。大多数刚开始了解这一领域的人们都发现，使用市场上可买到的、配方良好的冷冻饮食成品会更容易和方便，这些冷冻饮食都是由值得信任的公司遵循AAFCO、NRC或FEDIAF的营养指南提供的。然而，如果你喜欢自己烹饪或准备食物，你的狗狗会非常开心！

这是一个**完全使用天然食物**为成年犬提供营养完备膳食的例子（幼犬需要比本食谱更多的矿物质。它们的食谱要复杂得多）。注意，你必须使用超瘦（90%以上）的绞碎牛肉，并添加关键食物以满足特定的营养。例如，未加工的葵花籽提供了维生素E；工业大麻（汉麻）籽提供了狗狗所需的的α-亚麻酸（ALA）和镁；鳕鱼肝油提供了维生素A和1 300国际单位（IU）的维生素D；你的香料抽屉里的生姜提供了锰；富含碘的海带提供了甲状腺功能所需的足够矿物质。如果这些配料中的任何一种没有达到规定的数量，食谱就会变得不平衡，那样做出来的食物就只能作为零食或一次性餐食，不适合作为狗狗的主粮。最重要的是，全食物配方必须经过营养分析验证，以确保长期喂食也完全能满足狗狗日常营养的大致需求。

自制牛肉餐
成年犬版本

5磅	（2 270克）	特瘦绞牛肉，低温水煮或生的
2磅	（900克）	牛肝，低温水煮或生的
1磅	（454克）	芦笋，切细
4盎司	（114克）	菠菜，切碎
2盎司	（57克）	生葵花籽，磨碎
2盎司	（57克）	生大麻籽，剥壳
	（25克）	碳酸钙（从当地的健康食品店购买）
	（15克）	鳕鱼肝油
	（5克）	姜粉
	（5克）	海带粉

如果把这个食谱改成按营养成分分类的形式（见附录第364页），你会发现它一下子变得大不相同——繁复的数字和格式可能令人生畏。但如果你要用自制食物作为狗狗的主要食物来源，那么遵循喂食指南以保证最低限度的营养充足是很重要的。

自制食物中的合成营养素

在自制食物中使用实验室制造的维生素、矿物质化合物和其他营养补充剂，的确可以满足狗狗的一些营养需求。例如，你可以从你的人类健康食品商店购买硒粉，而不是从巴西坚果中获取硒。就像所有补充剂一样，你可以购买各种质量和不同形式的营养素，你可能会认为这是行之有效的办法，或者认为这样不合适，这取决于你的知识和个人的饮食哲学。

合成营养素可以进一步细分为两种不同的类别：自行选择维生素和矿物质，混合进狗粮中；以及专门为使自制食谱营养完备而设计的商业全能产品（它们与一般的复合维生素不同）。

DIY：许多自制狗粮食谱要求你购买单独的维生素和矿物质（如锌、钙、维生素E和维生素D、硒、锰等），并按特定数量添加到食物中。补充剂的种类和添加量取决于食谱中提供营养的天然食物——食物中**没有**的东西必须用合成物质填补。DIY混合维生素的缺点：购买多达十几种单一的维生素和矿物质是相当纷乱复杂的事情。将药片磨成粉末或破开胶囊以获得正确的量是具有挑战性的工作。通常每种营养素只需要极少的一点，不仅要精确配比，还必须在食物中充分混合。人为错误是一个实实在在的潜在风险。本书中有一个使用DIY补充剂自制饮食的例子（参见附录中的营养信息）。注意，加入牛肝可以避免在食谱中补充铜和铁。

DIY混合的好处：你可以选择使用你喜欢的补充剂形式。假设你的狗狗尿液中容易产生草酸盐晶体，你在研究中了解到，针对狗狗的这个问题，柠檬酸钙是最佳膳食钙形式。你就可以使用自制的食谱，让其中包含最佳形式的营养，以满足狗狗的特定需求。螯合形式的矿物质是一个好选择，也许你很看重这一点。这种自己拥有主导权的方式会让一些人感兴趣，却会让另一些人畏惧。如果你想自己制作营养完善的食谱，所有的补充剂计算都已经有了相应的结果，并被记录在电子表格上——请订阅www.animaldietformulator.com。它可以帮助你制定符合美国（AAFCO）或欧洲（FEDIAF）营养标准的自制食谱。

宣称可以平衡家庭自制饮食的全能狗维生素/矿物质粉末也有各种各样的优缺点。最大的缺点：大多数都没有正确的配比，不可能真正平衡自制饮食的营养。大多数复合维生素和矿物质产品没有经过营养分析，无法配合各种不同的食谱，真的做到营养完备。随着时间的推移，这可能会导致营养缺乏或过度补充。不符合最低营养要求或超过最高安全限度的全能产品会导致严重的营养问题（例如，膀胱结石，心脏、肝脏或肾脏疾病，甲状腺功能减退，以及身体的成长发育问题）。

"在狗狗的家庭餐中加入一茶匙这个产品，以确保它得到所需要的一切。"——这么诱人的补充剂推销口号会立刻让我们产生怀疑。

自制火鸡餐
成年犬版本，添加DIY营养补充剂

5磅	（2 270克）	85%的瘦肉火鸡，生的或熟的
2磅	（908克）	生的或水煮的牛肝
1磅	（454克）	球芽甘蓝，切碎
1磅	（454克）	青豆，切碎
8盎司	（227克）	莴苣，切碎

可从健康食品店购买的补充剂：

1.8盎司	（50克）	鲑鱼油
	（25克）	碳酸钙
	（1 200IU）	维生素D补充剂
	（200IU）	维生素E补充剂
	（2 500毫克）	钾补充剂
	（600毫克）	柠檬酸镁补充剂
	（10毫克）	锰补充剂
	（120毫克）	锌补充剂
	（2 520微克）	碘补充剂

医生和兽医不会总是把在检查室看到的健康问题与营养缺乏或营养过剩联系起来，但其中的确可能有直接的联系。添加一份**精心定制**的全能产品，做出营养完备的自制餐，只需要一个步骤，不需要任何计算！只需加入产品说明中标明的剂量，就能完成你的自制食物。搅拌均匀，就可以喂食了。一应俱全的维生素/矿物质产品比你自己进行营养配比更容易，并降低了操作错误的风险。

一般来说，**含有适量合成维生素和矿物质化合物的自制饮食是最便宜的新鲜自制饮食方式，也最不容易引起兽医的反对。**不需要从各种各样的天然食材中获取微量营养素，用维生素和矿物质粉末来满足狗狗的营养需求，这可能是好事，也可能不是好事——一切都取决于你的饮食哲学。如果你使用的是全能营养粉，我们建议你经常更换自

己的食谱，以最大限度地增加新鲜食物的营养多样性。有两个经过充分研究的选择受到了许多自制食物家庭的欢迎：www.mealmixfordogs.com 提供了完整的全能营养粉，可以加入成年犬类生或熟的自制食物中；www.balanceit.com 有完整的全能营养粉，为所有生命阶段（包括幼犬）的狗狗设计，还有专门为患有肾病的狗狗设计的维生素/矿物质混合营养剂。

DIY 自制饮食支持网站

选择下载营养完备的食谱：

➤ www.foreverdog.com（免费！）

➤ www.planetpaws.ca

➤ www.animaldietformulator.com（其应用程序可以帮助你轻松构建自制餐）

➤ www.freshfoodconsultants.org（链接到许多专业机构和网站，提供营养完备的食谱）

用一种全能的补充粉来设计你的自制餐（选择你的食材）：

➤ www.balanceit.com

➤ www.mealmixfordogs.com

与兽医营养师合作，针对狗狗的特定医疗问题或健康问题定制专门的熟食食谱：

➤ www.acvn.org

➤ www.petdiets.com

与一位新鲜食品顾问一起为你的宠物定制营养完备的生食或熟食食谱：

➤ www.freshfoodconsultants.org

购买狗粮配方软件，自己完成整个过程：

➤ www.animaldietformulator.com（AAFCO 和 FEDIAF 营养指导）

➤ www.petdietdesiger.com（NRC 营养指导）

商店购买的（商业）新鲜食品

如果你没有时间或没有兴趣自己做狗粮，可以考虑在当地的独立宠物商店购买商业的新鲜狗粮（或选择送货上门）。这方面有很多选择，各有优点和缺点。值得再次强调的是，你购买的所有生食都应该清楚地标明其营养充足性。这对商业生食产品尤其重要，因为在其他国家销售的许多生宠物食品都不能满足最低营养要求。在美国，所有商业宠物食品都必须说明其营养是否完备。营养不足的饮食应该被标记为"只供间歇性或补充性喂养"，这意味着你可以把它们当作零食、食物伴侣、偶尔（一周一次）的一餐。或者，如果你是3.0的宠物家长（你愿意投入时间和精力在进阶方案中），你可以自己进行计算，把缺失的营养物质添加到饮食中，使其成为完备和平衡的饮食。这些产品比营养完备的商业狗粮要便宜得多，所以我们网络社区中的很多人都选择这样做，而且还有网站专门致力于帮助人们在家里平衡肉、骨头、内脏混合物以及碎绞肉的配比。如果你打算朝这个方向发展，那么你将需要进行大量的数学计算（或查阅电子表格的工作）。一些销售有缺陷的"仿猎物饮食"的商业生食公司巧妙地使用了一些误导性的营养术语，比如"满足狗对所有维生素和矿物质的进化需求"。但如果包装上没有说明产品是否符合NRC、AAFCO 或 FEDIAF 的营养标准，那就只能将这些食品作为零食或食物伴侣，而不能把这些食物作为狗的主要食物来源（除非你自己能纠正其中的不足）。

有很多配方良好的生食可供选择，只要仔细阅读标签就可以了。

营养完备的生狗粮或微熟狗粮
（含或不含人工合成营养素）

这些营养完备的熟食或生冷冻餐很容易使用，你要做的就是解冻和喂食。冰箱的空间可能是个问题，而且你必须记得将食物解冻以备第二天使用。重要的是，你必须做好调查，充分了解这家公司。许多新兴的生食食品公司生产的食品并不符合最低的营养要求，其中一些使用的甚至是劣质原料。喂养生食的流行趋势本来很美好，但其中最大的问题之一是，越来越多的人选择的是**营养不完备**的饮食（甚至生产公司根本不遵循任何营养规定）。请参阅附录第377页，关于没有营养完备声明的饮食或标有"仅供间歇性或补充喂养"的食物讨论，以获得更多信息。

提醒一下，美国食品药品监督管理局对所有商业销售的宠物食品中的潜在致病菌实行零容忍政策。任何产品公司的网站都应当提供有关其产品如何处理食品安全问题的信息。

微熟狗粮的质量也有巨大的差异，既有好得令人惊叹的，也有恶劣得令人发指的。简单来说，根据营养充足程度、原料质量和公司质量控制的不同，从商店购买的生食或微熟食物可能是你能买到的最好的或最差的食物。在当地超市或大卖场可以买到一些冰箱冷藏的饲料级产品。它们的标签上写明有**六个月**的冰箱冷藏保质期，这在我们看来是完全不可行的。常识告诉我们，冰箱冷藏肉类最多一个星期就要吃完。我们找到的处理工序最少、质量较好的产品一般在冷冻区。宠物食品计算是一个重要的工具，可以帮助你辨别这一领域的质量差异。

冻干狗粮

这可能是市场上最昂贵的食品，是以盎司计价的。因为冷冻干燥食品的技术和加工成本都相当高昂。但它是一个很好的选择，如果你想要一种最低限度加工，并可以长期稳定保存的食品，基本上就只能选这种在真空中快速冷冻的生食。冷冻干燥的过程包括产品被冷冻，压力降低，通过升华过程除去几乎所有的水分（在升华过程中，水从固体冰的状态直接变为气体，完全跳过液体状态）。

正如我们所提到的，冷冻干燥的狗粮应该在喂食前用水、汤汁或凉茶（相关建议请见第224页）重新补水（这不麻烦，只需要将狗粮从袋子里拿出来，然后再多加一步）。冷冻干燥的食物以一般形式存放在常温环境里也非常稳定，这使得它对忙碌的人（和狗）非常友好。不需要占用冰箱的空间，也不需要你记得前一天把食物从冰箱里拿出来。一些冻干产品被标记为"食物伴侣"，表明它们的营养不完备：如果你需要经常使用这些产品作为狗狗的主餐，就要注意标签上有没有营养完备声明。

脱水狗粮

我们建议，在决定采用任何品牌之前，先做好宠物食品评估。这一点对于脱水狗粮尤其重要——这类食品需要多做研究（这就是为什么我们把它放在了清单的最后）。有两种方法可以制作脱水狗粮。第一种方法——生产宠物生食的公司只是将新鲜的生食产品脱水。这些产品非常棒，因为它们一开始都是生鲜原料，不含谷物和大量淀粉。在我们看来，这些食物棒极了，和冻干一样好。

令人迷惑的是制作脱水狗粮的第二种方法：公司购买已经脱水的原料，包括大量淀粉类碳水化合物，然后再加工成配方狗粮。市场上许多脱水食品都含有大量的淀粉，由原料供应商在不同的温度下对原料进行脱水（这会影响原料的营养和晚期糖基化终末产物含量），因此市场上的一些脱水食品并不是最好的（轻加工类别）食品。好消息是，质量优秀的品牌也有很多，但你真的需要认真调查一下这些产品的标签。

在脱水饮食中，食物中的水分会通过低热慢慢被去除。一些生产"风干"狗粮的公司坚称脱水和风干是相同的处理技术，虽然这在原则上是正确的（两种技术都使用空气去除水分），但风干一直在使用更高的环境温度，这会导致美拉德反应产物的产生。给产品公司发一封简短的电子邮件，询问食品加工温度，这可以解决你的相关困惑。

选择那些宠物食品评估得分可以接受的品牌，它们给食物脱水的环境温度应该是最低的。这些食物在喂食时也要补充水分……没有任何哺乳动物可以一生都吃缺乏水分的食物。

练习 3：
选择你的新鲜百分比：25%、50%或100%升级餐

是时候开始计划你的第一个喂食目标了：你希望每顿饭喂食多少新鲜的轻加工狗粮？还是至少每周有几次，将一顿饭中的一部分替换成新鲜的轻加工狗粮？如果你在这一点上还不清楚，那就考虑一下：你想从狗狗的饮食中减少或去掉多少超加工宠物食物？为了让事情变得简单，我们预先选择了一些基本的升级台阶：1/4、1/2和全部食物替换为新鲜食物。为了让健康再上一层台阶，你可以把狗狗的超加工食物中的25%、50%或100%替换成更新鲜的轻加工食物。不管你选择什么样的基础饮食，10%的核心长寿食物伴侣（CLTs）是不变的。最后一点同样重要：如果你暂时决定不改变狗狗的食物，没关系，请继续读下去。

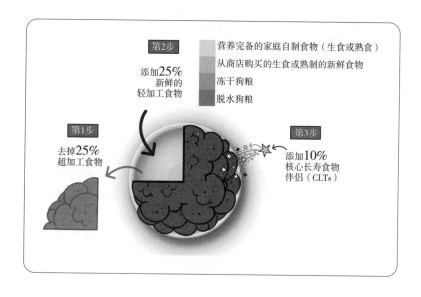

超加工转变起步——切实加入25%更新鲜的食物： 将狗狗每天摄入的25%热量换成更新鲜的轻加工品牌或自制食物，对健康有很大好处。仔细想想看，在增加10%核心长寿食物伴侣的基础上，再增加25%的新鲜食物，会使狗狗每天的新鲜食物比例增加到三分之一。这意味着你用三分之一的新鲜食品替代了来自超加工食品的热量。这足以产生明显的不同！

50%升级餐： 让狗狗每天50%的热量来自更新鲜的轻加工的狗粮，而不是超加工食品，再加上高达10%的CLTs，这意味着狗狗**几乎三分之二的热量摄入会非常新鲜**！在50%计划中，狗狗每天的热量摄入（大约三分之二的热量）将来自更新鲜的食物。

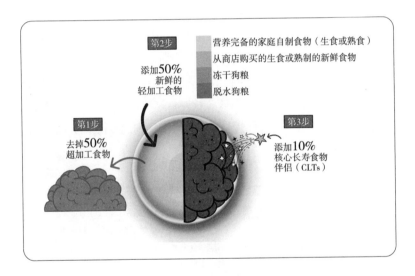

100%更新鲜的升级餐： 如果你选择了这个一等选项——长寿实践者们的黄金标准——你就是决定要从狗狗的碗中去掉**所有**超加工狗粮——太棒了！你的狗狗将从最健康的宠物食品类别中获得100%的热量：更新鲜的、轻加工的食物类别。你的狗同时还将享受高达10%的CLTs，让它每天的营养摄入更加完美。你应该能看出来，我们的目标是在你的预算和生活方式允许的范围内，让狗狗吃到最新鲜、最营养的食物。你不可能做得比100%更好了！

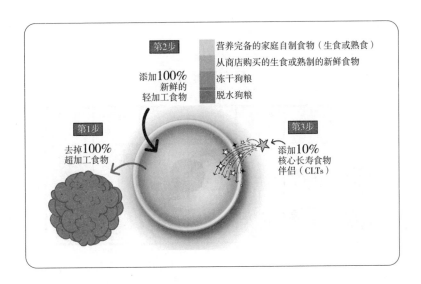

第2步
添加100%
新鲜的
轻加工食物

营养完备的家庭自制食物（生食或熟食）
从商店购买的生食或熟制的新鲜食物
冻干狗粮
脱水狗粮

第1步
去掉100%
超加工食物

第3步
添加10%
核心长寿食物
伴侣（CLTs）

　　当然，这些百分比只是建议。记住，你不必只选择一个更新鲜的食物类别。许多人发现混合搭配的新鲜食物最适合他们的生活方式——力所能及的时候自己做，周末露营时吃冻干食物，工作日提供商业生食或熟食。如果你已经开始给狗狗吃新鲜食物，你可能只需要努力在食谱、品牌和蛋白质来源上做出一些变化，这将使狗狗的微生物群落和营养谱系更加丰富。如果你的狗不习惯吃多种不同的食物，就慢慢引入新的食物和品牌，让它的身体和微生物群落有足够的时间来适应。一旦它习惯了吃各种各样的新食物，你就可以根据你的时间表、预算和冰箱空间来混合搭配不同类型的食物。

　　"永生狗食物计划"的第一个示例是每周三次100%的新鲜食物（用对钩来标识）——也许是在最清闲的工作日里自制一顿饭。剩下的食物中也含有最高可达10%的核心长寿食物伴侣，以提供超级食物燃料。

　　第二个示例是每周14顿饭中的6顿采用50%的新鲜食物。这6顿混合餐中可能是50%的生食和50%的颗粒狗粮，或者50%的冻干食品和50%的微熟食品。可以想象，类似的混合搭配有无穷无尽的可能性。另外，每顿饭都应配有10%的核心长寿食物伴侣。

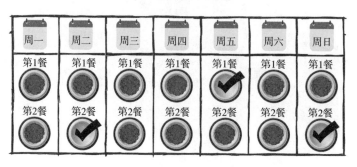

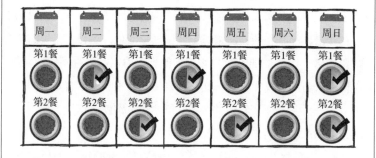

改善狗狗的食物并非只存在"全是"和"全非"两个选项。从每周改进几顿饭开始，从小事做起。我们是否可以从提高食品质量开始呢？当然。冷冻干燥或脱水的全肉食品远比杂货店里超加工的、富含碳水的垃圾食品要好。如果你有一个脱水器，你可以对任何新鲜的长寿食物进行脱水，自己制作便宜、稳定的零食。花三个月的时间来实现狗狗食碗中25%的成分是新鲜食物，这样做合适吗？当然。第一步是否可以从质量更好的干狗粮开始？当然可以。开始行动是最重要的。你完全可以找一个让你感到得心应手的起点。

引入新食物

在狗狗的饮食中加入任何新食物都要**循序渐进**。在引入核心长寿食物伴侣（CLTs）时，保持狗狗的基本饮食不变，让狗狗的微生物群落有一段时间来适应全新的这10%"额外"的健康食物。如果它目前的饮食主要是超加工食品，并且/或者它患有消化系统疾病，这一点就尤其重要。很可能它的微生物群落不是多样化的。过于剧烈的食谱变化会导致严重的肠胃问题。**慢而稳的前进才能赢得食物多样性竞赛。**如果你的狗狗很敏感，我们建议把CLTs作为奖励（零食）或少量的主食点缀。对你的幼犬要更有耐心：如果它今天拒绝了一角钱硬币大小的豆薯，不要放弃，明天再试一次。这是一场健康马拉松，不是短跑。

特别提示： 在食物中加入一块100%罐头纯南瓜（或者新鲜的蒸南瓜），可以帮助许多狗的软便变得结实，并缓解饮食转变所带来的困扰（狗狗每10磅体重对应大约一茶匙南瓜）。或者，如果你发现饮食转变速度太快，或者狗狗的零食导致它拉肚子，可以从当地的健康食品店购买榆树皮粉。它对软便有神奇的效果。我们称之为"天然Pepto-Bismol"（美国的一种肠胃药）。如果狗狗有腹泻，活性炭（也可以从健康食品商店购得）可以救狗狗！狗狗每25磅体重服用一粒胶囊通常就能达到治疗目的。等到大便完全正常后再引入新的食物。

对敏感肠胃的额外支持

在狗狗当前的食物中添加益生菌和消化酶（在你让它的食物多样化之前），有助于胃肠道更顺畅地接受新的食物和营养物质。这些补充剂可以减少狗狗的消化压力，让它们的肠胃不那么容易产生气体和感到不适。益生菌（如第8章所述）是一种有益的细菌，它能保持胃肠道的平衡；消化酶能够帮助狗狗消化和吸收食物。在当地的独立宠物零售商店（或网上）有很多品牌的犬类消化酶，可以为狗狗提供额外的淀粉酶（消化碳水化合物）、脂肪酶（消化脂肪）和蛋白酶（消化蛋白质）。如果要长时间提供这些营养素，你需要选择不同的品牌和产品来实现最佳的多样化支持效果。

变化是生活的调味品

———

狗狗饮食的多样化意味着从根本上促进狗狗营养谱系和微生物群落的多样化，这对狗狗的整体免疫系统有很大好处。无论是添加新鲜的药草和香料，探索新的蛋白质来源作为零食，还是尝试一种全新类型的狗粮，你的狗狗的味蕾和身体已经准备好迎接新的冒险。你多久改变一次狗狗的饮食、蛋白质来源和食谱，取决于你的狗狗和你的生活方式。有些人每天都会给狗狗喂不同的食物，就像他们也总会尝试新食物。有些人每用光一袋或一盒狗粮，或者是每个月、每个季度会改变一下蛋白质来源和狗粮品牌。没有哪个时间表是正确或错误的。只要适合狗狗的生理需求，还有能够配合你的时间表就好。

如果你的狗狗很挑食或者肠道敏感，你就需要花更多的时间引入新的食物和品牌。如果狗狗有特定的健康问题，比如食物过敏或肠易激综合征，你可能需要找到一些零食、食物伴侣、蛋白质、食物品牌和食谱，来很好地解决狗狗的问题。轮流使用你确认有效的东西。在你的生活日志中记下狗狗喜欢的食物和那些它一开始可能不喜欢的食物——当你第一次引入新食物时，最好多次尝试或改变食物状态（试着用温和的蒸煮代替生食）。以充满乐趣的心态试验食物、喂食时间表和不同的永生狗食物计划。为你的狗狗量身定制喂养方案。请不要把你自己和你的狗狗与他人比较——你们都是独一无二的，你的喂养哲学和方案也是独一无二的。

给狗狗提供多样化的选择

你的狗狗不会喜欢这里建议的所有食物，但这就是乐趣所在——我们保证，在发现它喜欢哪些食物的过程中，你们都会得到许多乐趣。你和你的狗狗的食物之旅将是令人愉快的探索。你们会一起尝试，发现它独特的口味偏好。你递给狗狗一小口新鲜食物，就是在刺激它的感官，激活它的大脑。即使它觉得这不是它的最爱，你也要继续从冰箱里拿出对它安全的食物。你们俩一起进行的味觉探索之旅将会伴随你的狗狗一生！

重视粪便

粪便是显示胃肠道对新食物反应的一个理想晴雨表（同时还能显示出狗狗的肠道健康程度）。我们建议每天监测狗狗的粪便，以此来评估和校准狗狗的食谱变化，优化新的核心长寿食物伴侣的引入节奏，调整转换饮食结构的速度。如果粪便变软，就放慢脚步，减少新食物的数量。每只狗狗都是不同的，理解和尊重狗狗的生理机能是很重要的。如果你的狗狗从来没有在饮食中尝试过任何陌生的新鲜食物，那么许多核心长寿食物伴侣第一次被摆到它眼前的时候，它甚至可能根本不会表现出任何兴趣。不要沮丧，你可以尝试其他新鲜食物，直到你找到一两样它喜欢的食物，然后慢慢提供多样化的食物，以它的大脑和身体能够处理的速度为宜。随着狗狗的味觉逐渐扩展，你就会了解到它的喜好，甚至会看到它的喜好随着时间的推移而发生变化。

如果狗狗的粪便状态稳定，你就可以开始准备改变它的饮食，为它的食谱进行升级。检查粪便质量有助于确定增加新食物和减少旧食物的速度。对于健康的狗狗，一般的指导原则是，在过渡到一种全新的饮食时，一次只能用10%的新食物取代目前食物的10%。如果第二天大便没问题，就每天逐渐增加5%—10%的新食物，用新的食物替换掉越来越多的旧食物，直到旧食物完全被取代。如果你发现狗狗排出软便，就不要增加新的食物的量，直到大便变硬，然后继续过渡。如果你已经完成了宠物食品评估，决定用更健康的选择来取代现在的狗粮品牌，那么在你的旧食物用完之前就请购买或制作新的食物，这样才不会因为过渡太过匆忙而造成消化不良。先彻底用完旧的食物，然后才开始一种全新的饮食，这肯定不是一个好主意。身体需要一个过渡期，可以让肠道微生物群落进行调整。

　　一旦你的狗开始吃新食物，并且大便状态良好，你就可以开启一段饶有趣味的历程，寻找下一个品牌、食谱或新的蛋白质来源。随着时间推移，狗狗的微生物群落逐渐多样化，变得更有承受力，大多数人会发现他们的狗狗能够顺利地从一种蛋白质转到另一种蛋白质，不断更新食物的品牌和类型，吃下更新鲜的饮食，同时肠胃并不会受到任何影响。这很像肠胃健康的人类，每天可以吃下各种各样的食物，肠胃却安然无事。多样性是生活的调味品，不仅对我们，对整个动物王国的微生物组和营养摄入都会有很大好处。

　　最重要的是，制订一个适合你的生活方式的永生狗食物计划。很多长寿实践者都会一周数次给他们的狗狗喂食各种各样的丰富食物——包括自制食物和从商店购买的新鲜食物——这让他们得到了极大的乐趣和满足感。一些人没有足够的精力、时间或财务预算来做更多的事情，在现有的食物储备吃到一半后，他们会随意买一个不同的品牌（不同类型的蛋白质）。当家中的狗粮袋空掉一半的时候，他们会回到当地宠物商店，买一个用不同类型的肉制成的不同品牌的狗粮，把现有的狗粮和新狗粮对半混合，直到现有的狗粮吃光，并在新狗粮袋空掉一半的时候重复这个过程。从本质上讲，他们通过改变每一袋狗粮的品牌和口味，再加上核心长寿食物伴侣和冰箱里一切合适的食物来让他们狗狗的微生物群落尽量丰富。对于狗狗营养摄入的多样化，这是一个完全可以接受的方式。做最适合自己的事就好。

如果你的前任周末负责带狗，只喂了狗狗颗粒狗粮，那么当狗狗和你在一起的时候，不要犹豫，给它们喂更新鲜的食物。这件事无论怎样强调也不为过：食物可以治愈，也可以伤害，你有切实的工具来做出更明智的选择，但不要让这些知识给你带来压力。我们的目标是用你的能力来滋养你的狗，根据足够的知识来提供丰富健康的食物，并消除任何不必要的忧虑。就像人类一样，狗狗吃一些"快餐"也不会有事。关键是不要养成以超加工食品为主要营养来源的习惯。

食物的成分控制和用量

如果你暂时不打算改变狗狗的基本饮食，而且你的狗狗体重处在最佳状态，那么你不需要改变喂给狗狗的卡路里数。但你需要关注并记录一下狗狗的进食时间[1]（理想情况下是每天8个小时之内）。如果你选择升级狗狗的食谱，将25%、50%或100%（或任何比例）的食

---

1 间歇性禁食对进食时间有要求，分为进食时间（eating window）和禁食时间（fasting）。最常见的形式就是将一天的"进食时间"限制在8个小时之内，剩余的16个小时完全禁食。

　　　　　　　　　　　　　　　　　　　　　　　　——编者注

物热量更换成新鲜的轻加工食品，你就需要计算狗狗应该吃多少新食物。更换的基础是食物的热量，而不是食物的体积或分量。

你怎么知道要喂多少新食物？你可能已经知道你每天需要喂**多少食物**（比如每天一杯，分两次），但你可能不知道你的狗目前每天吃掉了多少**卡路里**的热量。你可以在狗粮袋上找到热量的相关信息。因为每一种食物的热量密度都是不同的，所以不可能简单地用一种品牌替换另一种——它们的热量都不一样，有时还相差**很多**。你知道你的狗现在每天吃掉多少卡路里的热量，就可以计算出维持它现在体重所需的新食物的体积。简单地说，你的狗需要与它现在所吃食物相同的卡路里来维持现有的体重，但食物的卡路里密度并不相同，所以你的计算很重要。

换狗粮时如何计算热量

你可以在食物袋上找到卡路里的相关信息。举个例子，如果你的狗现在的食物是每杯300卡路里，它每天吃两杯，那就是每天吃掉600卡路里热量。如果你决定给它喂50%的新鲜食物，那就意味着它的50%卡路里将来自新食物。300卡路里来自旧食物+300卡路里来自新食物＝600卡路里一天。如果它的新食物每杯含有200卡路里，它将每天吃1.5杯新食物（300卡路里）+1杯旧食物（300卡路里）。你可以通过将狗狗的体重（公斤）乘以30，再加上70来计算它每天所需的基本卡路里。对于一只50磅（约22.7公斤）的狗，每天需要22.7×30+70＝751卡路里。这个公式没有考虑到剧烈运动所需的热量，所以应根据狗狗的运动水平增加或减少热量摄入。

混合以及食物配比的神话

———

关于哺乳动物（包括狗和人）不能在一餐中同时消化熟食和生食

的都市传说比比皆是。在过去十年里，我们听到了太多这种疯狂的谣言，以至于我们有必要在这里用一整个段落来打破这些毫无根据的传闻。引用认证兽医莉·斯托格戴尔（Dr. Lea Stogdal）的话："狗在生理上适应**任何种类**的食物——无论是生的还是熟的，是肉、谷物还是蔬菜……有时一样东西吃多了，狗也就适应了。"研究最终证明，在一顿饭中同时摄入生的和熟的蛋白质、脂肪和碳水化合物不会对消化系统产生负面影响（对人类和狗都是如此）。一个健康的人可以吃沙拉（生的蔬菜）、面包丁（熟的碳水化合物）和鸡胸肉（熟蛋白质），或者寿司卷（生的蛋白质和熟的碳水化合物）和海藻沙拉（生的蔬菜）。这些并不会造成消化紊乱，也就是不会让人呕吐和腹泻。同样，健康的狗也可以在同一餐中食用生的和熟的食物（这一做法已经有几千年的历史了）。消化研究证实，它们可以有效地吸收脂肪、蛋白质和碳水化合物（糖），就像我们一样，哪怕这些在一顿饭中被混合在一起也没有问题。如果你将自己的饭菜分成不同种类，分别食用（按一定的顺序吃熟的和生的碳水化合物、脂肪和蛋白质），并且觉得有必要为你的狗也这样做，这没有问题，但没有必要。狗能吃粪便，会闻别的狗的屁股，它们的胃肠道比我们的更具灵活性和韧性。如果你的狗有胰腺炎或"敏感肠胃"的病史，可以添加消化酶和益生菌来帮助它消化新引入的食物。

尊重时间的力量

记住：科学表明，**什么时候吃和吃什么**一样重要。**这是决定寿命和健康的两个最重要的因素。**如果你觉得现在改变狗狗的食物是一项太过艰难的任务，那就从调整进食时间开始吧。在我们与萨特旦安达·潘达教授和大卫·辛克莱博士的对话中，他们都认真地肯定了规律性热量限制（每天摄入定量的热量）和定时进餐的作用。让进食时间匹配狗狗身体固有的昼夜节律，这样才能最大化狗狗的新陈代谢机能。

"每一种激素、每一种消化液、每一种大脑化学物质、每一种基因（甚至包括我们自己的基因组）都会在一天中的不同时间有上下波动。"潘达教授提醒我们。他还强调，肠道微生物群落同样遵循身体的昼夜节律。例如，当我们几个小时不进食时，肠道内就会产生不同的环境。一系列平时比较沉寂的细菌会大量繁殖，有助于清理肠道。保持一贯而且严格的进食和禁食节奏会培养一组不同的肠道细菌。我们体内微生物群落的组成每天都在发生变化，可能更好，也可能更糟，这取决于我们吃了什么、什么时候吃，以及光照的增减和激素的变化等其他因素。

潘达教授是限时进食的强烈支持者，他用一个常见的类比来解释这件事：除了夜行动物，其他动物不会在黑暗中进食——狗不会在晚上捕猎，这意味着当太阳下山时就应该停止进食。问题是，有些狗生活在整天关着百叶窗的家里，它们不太可能轻易分辨出太阳何时升起，又在何时落下。所以潘达建议固定喂食的时间（创造一个进食时间），而不是断断续续地禁食，这样会导致生物节律更加混乱——想象一下，早上禁食，让午餐变成第一顿饭，然后在晚上睡觉前狼吞虎咽。这种睡前吃东西的行为非常不符合生理节律。

如果你能理解并尊重狗狗的昼夜节律，你会发现这种理解和尊重的益处是深远的。它能够增强狗狗的复原力，改善生殖健康、消化能力、心脏功能、激素平衡、血糖状况、肌肉力量，消解抑郁和焦虑，提高能量水平和警觉性，降低患癌症、高血压和痴呆症的风险，减少炎症和体脂，增进运动协调能力，消除肠道不适，延长寿命，缓和感染的严重程度，有益于大脑健康，促进睡眠。这些好处不胜枚举，你一定已经了解了其中的要点！

曾就职于美国国家衰老研究所的马特森教授的实验室已经证实了这些发现：每天只有8—12小时的限定进食时间的老鼠比不受进食时间限制的老鼠活得更长，**尽管它们吃进肚里的热量是一样的**。记住这些事实的基本方法是：如果我们的生物钟说"身体准备好进食了"，那么食物是健康的；如果生物钟说"不"，同样的食物就会对身体造成伤害。尊重狗狗的昼夜节律对保持它们的健康和防止它们年老时生病有很大帮助。

辛克莱博士认可了这些建议。我们直截了当地问他："在你学到的所有东西中，你把什么经验应用到了自己的狗身上？"他简单而有力地回答：尽可能瘦，不要过度进食，多运动。"饿了没关系。"他不止一次这样说。想想看：无论是远古人类还是宠物狗的祖先，都没有一天多餐多零食的奢华享受，他们当然不会在每天早上禁食结束的时候就能准时吃到充足的食物。狗也只能吃掉它们捕获的猎物，然后一直禁食到下一次成功捕猎。

我们的现代饮食方式在很大程度上是富足社会文化和习惯的产物。**如果你尊重狗狗的自然昼夜节律，你就优化了它的健康。**就这么简单。

你可以在多种限时进食策略中进行选择。首先创建一个"进食时间"。如果你一直会给狗狗留出一碗食物（这样的人并不多见），你的第一步就是把那只碗收起来。"随便吃自助餐"的日子一去不返了。我们认为这是天堂才会有的事情。所以在我们还活在地球上的时候，就必须遵守世俗的规则和生理原则，包括尊重狗狗的生理规律。它是狗，不是山羊！反刍动物和其他素食动物（牛和马等）必须整天吃东西。它们体型庞大，靠吃草来获取能量和营养，所以需要吃**很多**草来维持 1 000 磅（约 454 公斤）的体重。它们的生理机能，从宽而平的臼齿（用来咀嚼、咀嚼、再咀嚼）到用于发酵草中的纤维素以获取能量的超长胃肠道，都是为了让它们持续不断地啃食，好为它们庞大的代谢机制提供能量。狗则恰恰相反。

兽医经常建议让某些患病的犬类禁食，这样可以减少毒副作用，改善化疗效果，缓解急性呕吐和腹泻等问题。但只有具备健康理念的兽医了解限时进食对狗狗健康的好处，才会付诸实践。如果要制订禁食方案，我们建议你和兽医进行探讨，但限时进食不是完全禁食。它让你的狗狗**摄入的卡路里数和平时一样，只是这些卡路里必须在一天中固定的一段时间内摄入。**

在固定的进食时间内**实行我们所说的"目标卡路里摄入"**，对大多数正常体重的狗狗来说，理想情况是 **8 小时**，并在睡前至少两小时停止摄入所有卡路里。8 小时内目标卡路里摄入就是我们说的限时进食，不过它听起来更温和，你不是在真正地"限制"狗狗。你只是具有喂食的策略和卡路里意识。

我们向数百名长寿迷朋友推荐限时喂食，得到的反馈令人难以置信：是的，家里的每一名成员都睡得更好了；狗狗在白天不那么焦虑了；消化更好，晚上也睡得更香了。最重要的是，限时喂食产生了全方位的健康益处，这些益处在限时喂食开始被执行的时候就会有所体现，甚至狗狗的食谱都不需要做任何改变。**你可以积极地影响你的狗狗的新陈代谢和整体健康，只要在规定的时间内喂它吃完一天所需的全部卡路里！**

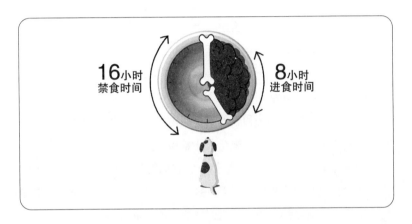

我们知道，晚饭后有意识地不吃零食不是一件容易的事情，如果你的狗已经习惯在晚饭后吃零食的话，那么改变这一习惯可能更加是一个挑战。不过这也是一个把饭后零食换成饭后散步的好时机。如果你的狗狗习惯于在晚饭后必须吃一些食物，那就把它平时吃的零食换成骨头汤（食谱在第226—227页）冰块。如果你回家太晚，已经错过了晚饭时间，就让狗狗少吃一顿。实际上，如果你的健康的狗狗发出不想吃饭的信号，就听它的吧。**不吃一顿饭没有什么问题。这是一种具有治疗性质的迷你禁食。**罗德尼的狗狗舒比经常自己决定禁食24小时以上，36小时甚至48小时后才让罗德尼知道它饿了，准备吃下一顿饭。如果你的狗狗自己不想吃早餐，就允许它不吃，直到它告诉你它饿了。在狗狗告诉你它饿了的时候喂它第一顿饭：这个时间点是狗狗进食时间的开始。

如果你健康的狗狗不关心或不太注意自己一天吃几顿饭，那么每天喂它一次，在你最方便的时候喂（但**最好不要拖到睡觉前两小时**）。如果你每天喂三顿饭，那就把中间的一餐分到第一餐和最后一餐里面，然后开始每天喂两餐；如果你的狗执意要吃"午餐"，那就在它平常吃午餐的时候玩一个寻回东西或拔河的游戏。它可能会很高兴和你一起玩，连午餐都忘了。你也可以使用长寿食物和核心长寿食物伴侣作为奖励零食，在你的狗狗通常希望被喂食的时间里，把它们藏进嗅闻毯中，和你的狗狗玩一场嗅闻游戏。你的狗狗可能会恳求你给它东西吃，或者向你表达它对这种新生活方式的意见。不要屈服于压力，不管它变得多么委屈（或易怒），都不要放任它的欲望：狗狗的进化让它们适应了禁食，你的"严厉的爱"会让它们更健康。记住两件事：它们不是牛，它们**会**适应的。一天两顿低升糖指数餐可以让狗狗在两次消化中间有一个短暂的（**但非常有益的**）消化休息时间。

关于进食时间，我们采访的大多数专家还建议：在建立起规律性进食时间的基础上，可以不断改变狗狗的**具体进食时间**。改变进食时间可以增强新陈代谢的灵活性。如果你对用餐时间的要求很严格，可以第一次提前半小时喂狗，然后每天逐步推迟15分钟。这种策略对狗狗很有效。有一些狗狗会在固定的时间产生胃酸，就像时钟一样，如果没有在适当的时间喂食，它们就会呕吐胆汁。灵活时间进食能够改善它们的这一状况。通过逐渐改变进餐时间，在它们整个的进食时间内使用核心长寿食物伴侣作为训练零食，忽略它们的讨食行为，你就是在调节你的狗，使其代谢更灵活，激活一切限时进食的长寿益处。同时所有这些都不应改变你的狗的热量摄入总量。

根据身体测试得分设定狗狗的进食时间

体重过轻的狗：确定狗狗的**理想体重**和维持体重所需的热量（如果你愿意，可以与你的兽医一同讨论）。在10小时内分三餐摄入这些热量。一旦达到最佳体重，每天将需要摄入的全部卡路里分成一到两餐来维持体重。

瘦的和平均体重的狗（理想体重）： 每天确保一到两餐摄入所有卡路里，进食时间为8小时，以保持最佳体重。

健康（无糖尿病）超重/肥胖的狗： 如果你的狗狗需要减肥，请让你的兽医帮助你制定渐进和安全的减肥目标。以每周减重1%为目标。例如，一只50磅重的狗需要减掉10磅，那么它应该每周减掉大约半磅（约200克），或者每个月减掉2磅（约1公斤）。每周给你的狗称重，确认它体重变化正常。在前两周，在10小时进食时间内摄入所有卡路里（这是最佳的进食时间，针对患有代谢综合征的人类的实验已经取得了成功，在动物样本中也成功体现了其效果）。然后将狗的进食时间缩短至8小时。你可以根据你的喜好把狗狗的卡路里分成几顿（大多数宠物家长都会选择三顿，增加进食频次，减少每次的进食量）。一旦你的狗达到理想体重，继续在8小时进食时间内喂给它所有卡路里，分成一到两餐。

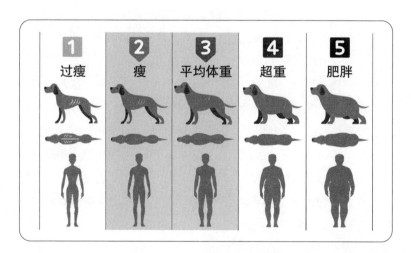

如果你有一只肥胖的狗狗，当你把狗粮更换成新鲜食物，并为此而计算成本时，记得只计算保持狗狗**理想体重**所需的食物量，而不是你为了保持狗狗的肥胖要花多少钱。我们已经看到许多人能够显著地

改善他们狗狗的饮食质量，实际上的支出并没有提高很多，因为他们决定喂食更少的优质食物。这是聪明的选择。

令人信服的一天一次喂食

我们采访的科学家和研究人员一致认为，对于健康的狗来说，每天一顿饭是理想喂食方式，可以最大限度地增加细胞自噬和减少代谢压力。潘达教授强调，在8小时的进食时间内摄入所有卡路里，无论是一顿大餐还是六顿小餐，都是使长寿益处最大化的最重要规则。冯医生强调，我们的狗每吃一顿饭，它们的身体就会从恢复模式进入到消化模式，所以**少吃几顿饭会增强狗狗的身体恢复程度和细胞自噬的数量**。一些健康效益只有在恢复模式下（当它们不吃东西时）才能实现。而我们每天给狗狗喂食一次，就是在最大限度地发挥这些健康效益。潘达教授提供了最重要的建议：**将狗的进食时间限制在每天10小时以内（理想情况下为8小时）是最重要的策略，无论你选择喂多少顿饭。**

零食的时间概念

把零食想象成人类的零食：你选择吃什么，吃多少，多久吃一次，这些都对你的整体健康和幸福有很大影响。如果你从不吃零食，你的狗也从不吃零食，你可以跳过这段（但我们怀疑这一段对大多数人都有用）。

理想情况下，我们应该有目的地使用零食，作为一种奖励——有策略地与你的狗狗交流，比如告诉它："做得好！"如果你给它零食是因为它很可爱，你爱它，我们理解（它们**的确**很可爱，我们也**爱**它们），但我们鼓励你减少零食的分量和喂食频率，用拥抱、亲吻、玩耍和散步来代替卡路里。如果你喂得太频繁，狗狗就会吃得太多；或者你在错误的时间喂给狗狗，零食就会关闭它们的细胞自噬。我们对零食的建议之一是用配额内狗粮的一小块作为奖励：我们知道这要做烦琐的计算和分割，但这很实用。

> **用丰富的情感代替食物：** 有时我们会用食物来代替情感的投入。但是陪伴和关注对狗狗的健康和幸福同样至关重要——在这件事上，狗狗和人类是一样的。当你开始用更小块的、更少的健康食物代替垃圾狗粮时，也同时用专注体贴的互动取代那些无益甚至有害的热量吧。把手机收起来。看着你的狗。和狗狗说话。活在当下。花几分钟在你的狗身上——你们**两个**都能获得大量催产素（催产素是一种负责爱情和亲密关系的激素，能够让双方拥有幸福感）。付出关心对你和你的狗来说都是一种强大的灵丹妙药。

　　训犬师和行为学家都知道，用小块食物奖励狗狗有很多重要和实际的原因，最直接的目的就是实现训练目的，强化我们希望狗狗遵循的行为准则（比如在外面大小便或掌握一个新技巧）。我们的奖励零食应该是小块食物，最好是豌豆大小（或更小），以避免胰岛素激增。要想让狗狗吃最健康的零食，可以把第 7 章列出的长寿食物切碎作为奖励。你也可以把10%的核心长寿食物伴侣作为训练的奖励（而不是直接把好东西放在碗里）。蓝莓是大型犬的完美零食。一根切成薄片的有机迷你胡萝卜能做成4—6个训练奖励。当你在训练狗狗时，如果你想告诉狗狗"干得好"，那么两根迷你胡萝卜切成的薄圆片可以提供一整天的奖励。将前文列出的长寿食物当作狗狗一整天的训练奖励，它们都不会扰乱狗狗的血糖。我们用血糖仪证实了这一点。

　　想想你的狗狗嘴里除了狗粮以外还会有些什么。你是否会习惯性地把三明治的一角或最后一口比萨皮给你的狗狗？住手。和狗狗分享一些人类食物是没问题的，但前提是它们适合狗狗的生理机能，这意味着不要让它们摄入碳水化合物。你可以和狗狗分享干净的肉类、新鲜农产品、种子和坚果。扔掉橱柜里的超加工食品吧。值得庆幸的是，宠物行业有很多符合犬类生物特性的冻干和脱水全肉狗粮。如果你打算在长寿食物以外使用从商店购买的食品，一定要阅读标签。我们推荐成分单一的全肉和素食，因为它们升糖指数低，没有其他填充物和防腐剂。你可以找到人用级别、有机、自由散养的食物。成分说明标签应该简单易懂，如"脱水散养兔"、"冻干羊肺"或"牛肝、蓝莓和姜黄"。用最少种类的食材制作的新鲜轻加工零食是明智的选择。你应该把这些零食掰成豌豆大小的小块。记住，狗狗在正餐之外吃的任何东西都是"额外的"，用这些作为灵活卡路里（10%）应该算是好的选择！食用少量健康、新鲜的食物也不会打乱昼夜节律和产生代谢压力。

一旦你找到狗狗喜欢的新鲜食物，要坚持喂给它，同时还要继续尝试新的食物——了解狗狗不断拓展的味觉对你们俩来说都是有趣和令人兴奋的。如果你的狗狗以前从未得到过任何新鲜食物，并对它们表现出冷漠或困惑，不要惊慌。许多从未有机会吃到新鲜食物的狗起初也许不明白这些是什么，但随着它们的味蕾对不同于以往的新食物产生反应，它们就会有更大的可能性尝试曾经拒绝过的新食物，所以不要放弃。

不知道从哪里开始？ 如果你的预算比较紧张，或者你很谨慎，可以继续让狗狗吃它已经习惯的食物，但要注意调整到更好的用餐时间。创造一个进食时间，确保你的狗狗摄入理想数量的卡路里，能够维持健康的瘦体型即可。修正喂零食的方式。添加核心长寿食物伴侣。开始你们的日常锻炼，或者将已有的锻炼形式多样化。做好每天的嗅闻和其他丰容计划（又名"狗狗快乐时光"）。优化你的家庭环境。净化居室空气。丢掉化学清洁剂。通过锻炼和丰富的社交生活来减轻压力。

如果你准备好开始行动，但还没准备好一次性彻底做到位，你可以通过加入更优质的食物来逐步改善狗狗的饮食：从"好"到"更好"的品牌，加工步骤更少的食物和新鲜的食物（如果你现在是喂25%的新鲜食物，可以增加到50%）。注意更好的进食时间，并加入尽可能多的长寿食物。

对于准备进入永生狗探索领域的长寿实践者，从现在开始要停止喂食加工食品，只喂真正的食物，寻找更好的喂食时间，并添加尽可能多的长寿食物，同时优化家庭环境，通过身体锻炼和享受丰富的社交生活来减轻压力。

🐾 长寿小提示 🐾

▶ 入门（第1步）：引入核心长寿食物伴侣（CLTs）

    ▶ 除了CLTs，还要决定尝试用哪些食物作为零食。以下是我们最喜欢的一些块状或一口大小的食物：蓝莓、豌豆、胡萝卜、欧洲防风草、樱桃番茄、芹菜、西葫芦、抱子甘蓝、苹果、冬笋、芦笋、西蓝花、黄瓜、蘑菇、青香蕉、浆果、椰子、小块的内脏肉，以及生的向日葵籽和南瓜子。

▶ 开始（第2步）：评估狗狗的基本饮食，加强新鲜食物

    ▶ 完成你的好/更好/最好宠物食品评估：计算碳水化合物，计算食物处理程度，计算合成营养添加量。

    ▶ 选择你喜欢的新鲜食物：家庭自制生食或熟食；商业生食、熟食、冷冻干燥的和脱水的食物；或者这些食物的组合。

    ▶ 确定新鲜食物的比例：20%、50%或100%的新鲜食物。

▶ 在你的生活日志中记录下成功、失败和新想法。

▶ 开始给你的狗狗喂食新鲜的食物和CLTs，每次一口，慢慢让它适应新的饮食，但要以不会引起腹泻为准。

▶ 做身体评分测试，确保你让狗狗摄入了正确数量的卡路里，让狗狗可以达到理想体重，或者保持现在的理想体重。

▶ 选择狗狗的进食时间（8小时目标）和进食次数——注意，如果你的狗狗很健康，少吃一顿饭也没有什么问题。睡前至少两小时内不要吃东西。

⑩ 让狗狗真正做狗狗

改变遗传和环境的影响

那些说钻石是女人最好的朋友的人肯定没有养过狗。

——佚名

达西（Darcy）是一只21岁的混血犬（我们有幸通过视频祝福它生日快乐），它每天会吃一餐营养均衡的食物。就像潘达教授说的一样——只吃一餐。达西的主人还为它做了许多明智的生活选择，这也促成了它的健康长寿。它的主人把它的长寿归功于它从7岁起就吃家里做的饭菜；在它生命三分之二的时间里，它吃的是符合人类标准的、低碳水化合物的、新鲜烹制的食物，还加入了新鲜的鲑鱼、少许青口贝、姜黄和苹果醋。有些日子它选择禁食，它的主人让它想禁食多久就禁食多久，有时甚至不止一顿。

达西还小的时候，它大部分时间都和它的混血西班牙猎犬弟弟在院子里一起度过。它们可以接触到很多健康的泥土、新鲜的空气、无化学物质的草地，以及各种各样丰富的环境刺激和资源。它的主人告诉我们，它没有接触过常规的兽医用药和家庭化学品。它在幼犬时期就接种了疫苗，但在以后的生活中没有每年接种疫苗（你将学习使用疫苗抗体滴度测试来确定你的狗成年后是否真的需要更多的疫苗）。当它开始变得僵硬和迟钝时，它接受了水疗法（水锻炼[1]）。这可以帮助它的关节和肌肉在不施加高强度运动的情况下保持良好的运动机能。达西的主人遵循了"永生狗"原则，达西因此过上了幸福长寿的生活。

现在，我们已经给你讲了很多饮食规则和建议，是时候完成我们的"永生狗公式"了，我们要向你介绍最后三方面知识，帮助你养育

---

1 水锻炼，water exercise，是指利用水的温度、机械作用和化学作用而进行的锻炼。

生命力最持久的狗狗。

> ➤ 适量运动（**O**ptimal movement）
> ➤ 遗传因素（**G**enetic considerations）
> ➤ 管理压力和环境影响（**S**tress and environmental impacts
> to manage）

让我们开始吧。

适量运动

就在我们写这本书的时候，德国正在起草一项法律，规定狗狗每天必须有两小时的外出时间（遛狗）。我们遇到的所有"永生狗"都有一个共同点，那就是**每天都会进行大量**运动。狗狗是天生的运动员（除去不能正常呼吸或运动的品种）。大多数康复兽医和理疗师认为，在有氧运动（锻炼）**之外**，狗狗每天至少奔跑或冲刺（摆脱牵绳）一次，会对它们的身体产生最好的效果。更棒的运动是游泳——那可以让狗狗以一种自然的方式流畅地活动它们的身体，让它们所有的关节进行更舒展的运动，而这在它们被拴上牵绳的时候是不可能发生的。

伊尼科·库宾伊博士是玛士撒拉犬（长寿犬）研究的顶尖研究者，她告诉我们，27岁的雌性犬布克丝（Buksi）和22岁的凯德维丝（Kedves）过着"自由的生活"：它们可以根据自己的喜好做出选择，行动不会经常受到限制，而且两只狗都有很长的户外活动时间。她还告诉我们，澳大利亚最长寿的狗——布鲁伊和麦琪（本书前面有介绍），有着相似的生活方式，都是每天花大量的时间在户外。它们还有其他一些有趣的相似之处：都吃一些生的、未加工的食物；偶尔会吃一些自己生活环境中的草和植物；接受疫苗和兽医杀虫剂的时间表也得到了改善，不同于传统做法。

城市中的狗狗可能以为它们在和主人一起过着奢华精致的生活，

但研究表明，它们更有可能久坐不动，承受更多压力，皮质醇水平上升，行为问题更严重，社交技能更差，更没有机会接触泥土和增强免疫力的微生物，等等。让我们面对现实吧：生活在城市（通常是城市郊区），这往往只意味着人们（咳咳：养狗的人）生活节奏更快，压力更大。他们长时间工作，更有可能在室内的人造光下度过一天的大部分时间。他们的宠物无法选择自己能嗅闻的环境，甚至无法选择能自由活动多长时间，因为它们（在比较好的情况下）只能在人行道上进行时间有限、空间也有限的散步。

城市生活意味着创造性的锻炼方案

正如英格丽·费泰尔·李[1]所写的：很多个世代以来，大自然都不是我们要去的地方，而是我们（与动物）生活的地方。从农业革命产生永久人类聚落到现在，只过去了600代人。从现代城市诞生到现在，只过去了12代人。狗在城市生活的时间还不到6代，所以我们需要帮它们一把。无论你是训练你的狗狗在跑步机上跑步，还是把它送到狗狗寄养中心，雇一个遛狗的人，报名参加有氧运动，还是在工作之余找一个空草场和它玩飞盘，都有很多创造性的方法可以满足狗狗的日常运动需求，即使是在水泥丛林中，也不要让狗狗因为你缺乏想象力而被剥夺每天的运动机会，它们需要靠运动来取得身体和心灵的平衡！

实际上，大多数狗狗没有得到足够的锻炼，也没有机会自由自在地活动。这会造成能量被压抑，从而导致多动症、焦虑和破坏性行为加剧——这些都是狗狗们最终被送进收容所的主要原因。累成狗才是好狗，这一概念背后有坚实的科学依据（就像父母知道用尽全力的孩子才是好孩子）。有时，我们的客户会问，他们每天应该让狗狗锻炼多少时间。对此，我们的回答很简单："只要让它们在睡觉前感到疲惫就行。"虽然和人类一样，狗狗也有一些基本的锻炼指南，但一

---

1 Ingrid Fetell Lee，知名设计师，"快乐美学"（the Aesthetics of Joy）博客创始人。

——译者注

般来说，狗狗每天需要**大量**有氧运动来保持身心健康，比我们要多得多——这就是问题的一部分。

我们采访了一些世界上最长寿的狗狗的监护人。奥吉的父亲说它每天游泳一小时，甚至在它15岁的时候依然如此，这个习惯一直延续到了它生命中的第二个十年，直到2021年春天它去世之前，它才变成了以走路锻炼为主。据布莱恩·麦克拉伦回忆，30岁的麦琪会跟着他的拖拉机跑上3英里（将近5 000米），从农场的一头跑到另一头，每天跑两次，一周7天，跑了20年。这意味着它**每天平均奔跑了12.5英里**。世界上所有长寿的狗都有一个不变的特点：每天大剂量的运动，无论下雨、下雪还是晴天。安·赫里蒂奇（Ann Heritage）写过，她25岁的狗——树莓每天都要走上几个小时。在蒙古，蒙古獒犬与游牧的人类一起生活，即使到了18岁，也要在荒野中进行保护牲畜的辛苦工作。这些独特的狗体型庞大、健壮，充满保护欲，相对于它们的体型而言，它们所需的食物却比较少（这是吃瘦肉对身体有益的另一个线索）。

我们都知道锻炼对我们有好处，甚至没有必要在这里引述锻炼对人类价值的相关研究。事实就是，研究表明，宠物主人在遛狗时感觉也会更好、更快乐。大量的研究和证据证明，锻炼可以显著改善狗狗的健康和生活状况（以及态度和行为）。我们在本书第一部分谈到很多积极生活方式的好处，在这里我们列出一些关于狗狗的有科学依据的结论。

> ➤ 减少恐惧和焦虑
> ➤ 降低应激反应程度，增加良好行为（例如，减少或消除常见的因无聊而产生的行为问题）
> ➤ 提高对噪声污染和分离感到焦虑的阈值（加强狗狗的忍耐力）
> ➤ 提供一种淋巴排毒的手段（淋巴系统是免疫功能的重要组成部分，保持其清洁和健康是狗狗长寿的关键）
> ➤ 降低各种疾病的风险，从超重和肥胖（并帮助控制这些疾病）到关节疾病、心脏病和神经退行性疾病

- ➤ 保持强壮的肌肉骨骼系统，这对狗狗顺利进入老年至关重要
- ➤ 帮助维护消化系统的正常和调节能力
- ➤ 促进抗氧化剂谷胱甘肽的产生，同时增加抗衰老分子AMPK的血液含量
- ➤ 帮助控制血糖，降低胰岛素抵抗和糖尿病的风险（提示：即使是饭后10分钟的快速散步也可以降低血糖峰值）
- ➤ 建立信心和信任，同时提高狗狗保持冷静的能力

你的狗越活跃、越兴奋，它就越需要活动。借助强化心血管的强效运动，有焦虑和压力的狗狗能够将它们的压力激素恢复到更健康的水平。无论什么运动能力、体型、年龄和品种，所有犬类都需要运动。但大多数狗狗没有得到足够的锻炼，这就是为什么现在有那么多超重、关节疼痛、无聊到心烦意乱的狗狗。许多年龄较大的狗狗受到了冷落，而老年犬需要更多的时间来进行嗅闻，因为它们的身体和其他感官都不像过去那样灵敏了。让老年犬每天有足够的时间在户外嗅嗅气味，这不仅对锻炼身体至关重要，而且对它们充实自己、融入这个世界也很有帮助。

我们大多数人每天都应该进行更多的运动。**狗狗每天至少要有20分钟能够让心跳加速的运动，每周最少三次，以防止身体组织萎缩。大多数狗狗都能从时间更长、更频繁的锻炼中受益。30分钟或1小时比20分钟好，一周6天或7天比3天好。**狗狗的祖先和野生表亲每天都在猎食、保卫自己的地盘、玩耍、交配、照顾一窝幼崽。它们日常都在户外度过，有极其活跃的社交生活，身体和精神上都会不断受到挑战。有其他狗狗陪伴的狗休息的时间更少——约占一天中的60%。和我们一样，我们的狗也需要理由去锻炼身体。如果没有你的参与，即使有面积最大、草地最多的后院，家里有另外一位（或者另外两位）最好的犬类朋友陪伴，也无法激励你的狗狗进行真正充分的锻炼，确保它能够保持良好的身体和心理（行为）状态。你必须帮助你的伙伴，为它提供陪伴和动力，让它保持活跃。如果它没有规律性

地跑步、玩耍和有氧运动的机会，即使没有超重，它也可能会患上关节炎和其他影响骨骼、关节、肌肉以及体内器官的衰弱性疾病。如果没有规律性的身心刺激，它的行为和认知同样会受到影响。缺乏锻炼和刺激的狗经常会出现各种不良行为，包括乱咬东西、性情暴躁、扑人、拆家、带有攻击性的不当玩耍、翻垃圾箱（垃圾桶）、大声吠叫、高敏感性、过度活跃和不顾一切地吸引注意力。

让狗狗每天坚持"运动疗法"，它就会茁壮成长。结合各种各样的活动和锻炼，强化它的所有关节的自然活动能力，加强肌肉张力，强健肌腱和韧带。持续的日常锻炼有深远的长期的健康益处，这是实现最长健康寿命的先决条件。随着狗狗年龄的增长，我们看到的最大问题之一是肌肉张力的丧失，这导致了虚弱、渐进式退行性关节疾病和活动范围的减少（更不用说受伤和疼痛的增加，这是无故攻击和行为改变的一个未得到确认的原因）。

提醒：周末勇士是不会赢的。一些狗狗家长觉得周末多和狗狗一起活动，可以弥补平日锻炼的不足。这种方法的问题是，只是在周末进行过量运动很可能会导致受伤。当狗狗的身体已经不适应日常活动时，突然加剧的活动可能会造成长期的关节损伤。（对我们人类也是如此！）

你的狗很可能一整天都躺在地上等你下班回家。它的肌腱、肌肉和韧带也一直瘫在地上。如果你下班回家以后就立刻连续掷20次棒球让狗狗去捡，很可能会导致狗狗十字韧带撕裂（这是兽医最常见的膝盖损伤）。而且，几分钟的疯狂运动所带来的健康益处比不上30分钟有控制的、能够强化肌肉的有氧运动。狗狗可以在一秒钟内"开启"开关——它们只是在等待我们参与，但它们常常没有"关闭"开关。在狗狗进行大运动量的玩耍之前，我们需要先让它们热热身，并知道它们什么时候需要停止（通过读懂它们的肢体语言）。最重要的是，如果每天都有机会以它们喜欢的方式活动身体和调节肌肉骨骼系统，狗狗会表现得更好。**所有**狗狗都有户外活动的本能（即使是很小的幼犬）。它们的身体天生就被设计成可以进行大剂量的活动。

要防止狗狗的肌肉骨骼随着年龄增长而萎缩，唯一的方法就是让狗狗每天活动。肌肉张力不来自药片。随着年龄的增长，狗狗需要更多肌肉张力。这在狗狗的中年时期尤其重要，那时你可以专注于帮助它增强耐力，加强肌肉质量和张力，让它健康地步入老年。帮助中年犬建立充满活力的肌肉骨骼系统，保证狗狗在今后许多年中都有一副坚实的骨架。这种策略特别适合大型犬。我们的目标是打造具有实实在在的韧性和恢复力的身体。

许多宠物家长面临的一大挑战是必须挤出时间才能和他们的狗狗在一起，所以你和你的狗狗一起进行日常锻炼可能是最终的解决方案。我们也许不是一直都能适应立刻开始锻炼，但大多数狗狗总是时刻都能准备好开始运动。值得注意的是，仅仅带着狗狗散步并不是一种充分的锻炼。如果你喜欢散步，你的狗需要更强有力的行走——以每小时4—4.5英里的速度移动（大约15分钟走1.6公里），以达到良好的心血管强度和燃烧卡路里的效果。

这种高强度的散步不仅可以为你的狗狗提供重要的健康益处，也可以保障你的健康，包括降低你患肥胖症、糖尿病、心脏病和关节疾病的风险。但如果你的毛茸茸的散步伙伴习惯于磨磨蹭蹭的散步，总是一边嗅闻一边撒尿，你就必须重新安排它的锻炼程序。我们喜欢将这种类型的散步，也就是嗅闻作为精神体操，但它不能算作有氧运动。不要指望只用一天就能从悠闲的散步过渡到快走。狗狗需要几次训练才能适应，还需要几周时间来提高耐力。使用不同的胸背和项圈可以让狗狗更容易知道将会有什么类型的活动。我们可以使用胸背和短牵绳进行严格的有氧运动，用长牵绳和普通项圈进行悠闲的嗅闻。

如果你不能以更快的速度行走，可以考虑让你的狗狗参加其他类型的运动，好锻炼它的心血管，比如游泳。我（贝克尔医生）几年前开设动物康复/物理治疗中心的主要原因是为了在冬天给狗狗一个安全的锻炼场所。水中跑步机是一种非常棒的锻炼方式，对于年龄较大的狗狗、体型走样的狗狗和残疾狗狗来说更为理想。在指导下，小狗们可以在家里的浴缸中游泳。许多狗狗寄养中心现在为大型犬提供跑步机服务，全球各地都有经过训练的动物康复专家，随时准备帮助你的狗狗量身定制一个锻炼方案，满足你的狗狗的特定需求（康复专业人士的资源见附录第376页）。还有许多有趣的狗狗"运动"，都可以让你们乐在其中。Dogplay.com 是一个很好的资源，可以为你的狗狗提供有组织的锻炼和系统性的玩耍方案。**多样性很重要，但享受也很重要。从狗狗的角度选择活动方式**，确保你的选择与狗狗的个性和能力相适应。随着狗狗年龄的增长，它们的锻炼方式也会发生变化。年长的狗狗可以从有意识的肌肉强化训练中获益，比如从坐到站的训练课程（许多康复专业人员会提供视频课程，教你哪些运动最适合你的狗狗的需要）。定期的按摩和轻柔的拉伸也是一种极好的方式，可以让你的狗狗感觉良好，也能帮助你完成对狗狗定期的身体检查，发现肿块、异常凸起以及狗狗身体上的任何其他变化。www.foreverdog.com 网站上有更多关于对狗狗进行居家检查的信息，以及提示你应该主动在狗狗身上寻找一些什么问题。

益智游戏：狗狗需要在锻炼身体的**同时**也锻炼思维技能。身体锻炼至关重要，但心理锻炼能让狗狗在进入老年后保持敏锐（并防止情绪烦闷）。经常嗅闻、进行敏捷性锻炼（或其他运动）或玩益智游戏的狗狗，随着年龄增长，它们的认知能力下降的可能性较小。Nina Ottosson 和 My Intelligent Pets（两个犬类益智游戏品牌）制作了很棒的狗狗智力游戏，你也可以自己制作；我们在 www.foreverdog.com 上分享了一些这方面的创意。

重要的是，你在选择运动和锻炼方式的时候要考虑到你的狗狗的身体类型和能力（例如，短吻鼻犬有特殊的呼吸问题），以及性情（好斗的狗需要有特殊的考虑）和年龄（年长或有永久性身体残疾的动物需要有特殊的考虑）。你为你的狗选择的运动类型、持续时间和强度需要随着时间的推移而调整，但永远不要让你的狗停止运动。

一些品种的狗容易患上神经退行性疾病，一些狗已经因为事故或受伤而有了肌肉或骨骼伤残。特别重要的是，有身体缺陷的狗狗应该有定制的运动计划，以满足它们的个体需求，有时还需要借助专门的胸背和辅助设备。

尽情嗅闻

早上离开家之前一定要打开百叶窗和窗帘。不要把狗狗留在黑暗中！潘达教授说，让动物白天生活在光线昏暗、百叶窗或窗帘紧闭的室内会造成它们的抑郁，甚至会让它们完全分不清白天和黑夜。他建议每天早上和傍晚带狗狗散步10分钟，让狗狗的身体产生适当的神经化学物质，帮助它们真正清醒或放松精神。这一明智的建议与霍洛维茨博士的建议完全吻合，霍洛维茨博士建议让狗狗们每天至少一次去尽情地嗅一嗅周围……就像吸鼻涕那样。如前所述，我们建议**每天早晚进行两次昼夜节律性嗅闻**。在嗅闻过程中，你的狗狗可以选择它想嗅的东西和嗅多长时间：这是一种**脑力锻炼**，所以不要拉紧狗绳！让狗狗有更多的机会去嗅闻。这对它的精神和情感健康非常重要。（此外，有研究表明，饭后悠闲散步15分钟的人可以抑制一整天的血糖高峰。）

除了在生活中为你和你的狗狗安排更多的运动，为它提供更多动力，我们还希望你能承诺成为你的狗狗的健康盟友。你可以通过遵循本书中的DOGS永生狗公式来做到这一点。

但首先，请做出这个承诺。

立下誓言

作为监护人，我们有责任在身体上和情感上默默守护我们的毛孩子。你是它最强有力的支撑。下面是我（贝克尔医生）的朋友贝丝和我在几个月之前创建的一个誓言，用来提醒宠物家长们，他们有着神圣的责任——同时会获得令人难以置信的回报。我们鼓励你成为你的爱犬的健康盟友。

我对自己和我照顾的狗狗的健康和幸福负责。为了我自己和我的狗狗，我要成为在生活的各个方面都相信科学的倡导者。我知道，生活、医疗和健康总是在变化，需要我不断学习和进化。只有这样，我才能成为一名有专业性的倡导者。我不会把这个责任交给他人或医生。我的爱犬的身心健康都掌握在我的手中。

用你的永生狗生活日志记录毛孩子的健康状况。每隔一两个月记录一次狗狗的体重，以及居家检查时发现的任何肿块、凸起和疣的大小以及位置。保留体检结果、血液检查和实验室检查的复印件，这样你就可以持续监测狗狗器官功能的变化。出现任何新的症状，一定要马上记录下来。注意记录下每只宠物的行为变化以及它们的食物和营养补充剂。在你试图回忆自己什么时候改变了宠物食谱，哪一天进行了心丝虫的驱虫，或者在哪个月份开始增加水的摄入量时，这本持续记录的健康日志就会变得极有价值。把这本狗狗日志放在一个方便拿取的地方，这样你就可以快速写下各种笔记。我们可以使用手机上的Day One日志应用程序，因为这里还可以轻松地拍照和添加语音备忘录。

一个好问题：你该如何知道狗狗体内的健康状况？实验室检查可以为你提供很好的指标。现在有针对年轻和年长狗狗的血液检测。渴望了解更多信息的长寿实践者们能找到相应的门诊服务。狗狗看起来很健康，吃得很好，一切表现很正常，但这并不意味着没有必要进行血液检查和其他检查。实际上，几乎所有影响狗狗代谢和器官的问题都始于生化变化——这些问题在症状出现前**几个月到几年**的血液检查中就可以检测到。当肾脏、肝脏或心脏病变被确诊时，我们听到过无数次"真希望我能早点知道"。多亏了现代技术，我们**有能力**更快地察觉这些问题。你绝对应该利用简单的、非侵入性的诊断方法，在症状显现**之前**就识别出生化异常——那让我们有机会及时采取干预措施。

如果等到狗狗显示出疾病的迹象，再想要扭转疾病或恢复狗狗的最佳健康状态可能就太晚了。具有预防意识的宠物主人和兽医会致力于在常规体检中识别早期变化，这些变化往往会凸显出疾病开始前的细胞功能障碍。

每年的血液检查可以让你安心，知道你的狗狗的器官功能是否处于最佳状态。在狗狗衰老过程中的某个时刻，身体的一些正常数值会不可避免地发生变化。你需要重视那些不正常的体检结果，向你的兽医进行咨询。狗狗的主人在这个时候通常都需要专业的支持和意见。在狗狗的健康食谱中增加针对性的营养补充剂，或者向相应的服务机构征询指导通常也是明智的做法。我们不可能指望家庭医生（无论是人还是动物的）能够充分照顾到年迈的家庭成员的需求。为你老去的狗狗寻求各种各样的兽医建议和服务同样是有必要的。（请参阅附录第362页我们的年度体检建议和最新的诊断模式发布，网址：www.foreverdog.com。）

遗传基因与环境压力

我们已经讨论了很多生活方式对健康寿命造成的影响。我们同样不能忽视基因的力量。遗传在犬类繁殖中起着特别重要的作用。为了保护和促进健康的基因组，我们所能做的就是重新考虑该如何繁育我们的狗。改进我们的育种实践是**确保**健康基因组的唯一途径。我们之前提到过，为了了解我们的遗传易感性和某些疾病的潜在风险，DNA筛查正变得越来越普遍、有效和容易采用。犬类DNA测试也在增加，并将在未来几年变得更加全面。但事实上，许多犬类育种仍然只是为了满足人类的欲望，而不是从犬类的角度考虑这样做在健康方面要付出的代价。

也有很多优秀的犬类饲养者不从虚荣心出发，而是优先考虑狗狗的健康，可是人们对幼犬的需求的确助长了一个很容易被无良人士腐蚀的行业，这些人对犬种健康缺乏了解（也完全没有兴趣），他们只打算满足那些误入歧途的消费者的需求。舍弃平衡的大脑和身体，只为换取某些方面的美感，而这对许多狗来说是毁灭性的。保育型繁育者败给了后院繁育者和幼犬加工厂，后面这二者在过去几十年里生产了数以万计的幼犬，以填补需求巨大的宠物市场。细心选择的基因和性情在大量生产的不健康的幼犬身上根本无法体现。

新冠肺炎疫情导致的需求增加，也加剧了剥削性的繁殖状况。我们看到网络上有无数的幼犬骗局——只因为长期处于孤独状态的人们渴望有一只狗狗陪伴。许多人不会进行调查，不去寻找负责任的繁育者，而是直接去了宠物店。大多数（如果不是全部的话）宠物店从不优先考虑通过基因健康的来源获得幼犬。同样的情况也发生在成千上万的网站上，它们提供可爱、昂贵、育种不良的幼犬，直接送到你的家门口。唯一不让自己被骗的方法就是用知识武装自己，否则难免会因为一只繁育不佳的幼犬而承受不可避免的心碎。

幼犬加工厂、在美国农业部注册的大规模育种设施（工厂化养殖的狗狗）以及不专注于培育基因健康犬类的后院繁育者——他们正在大量繁殖出不健康的狗狗。供需的基本原则决定了，只有购买者停止支持这些机构，这种不健康的繁殖潮流才会发生转变。这意味着**绝对不要**心血来潮买一只幼犬；要把这个过程看作和收养孩子一样，是一件需要时间、计划和研究的大事。请参阅附录第372—374页的问题列表。负责任的育种者应该能够回答那些问题。他们才是你可以与之合作的人。这份问题列表非常有价值，因为它能让你深入了解表观遗传因素，这些因素会对狗狗的健康产生强大的影响。例如，新的研究表明，如果给怀孕的狗妈妈喂生食，也让幼犬很早就接触到生的食物，肠道疾病和过敏的可能性会降低。我们自己可以控制许多环境风险因素，但在遗传学问题上，我们能够做的就是与值得信赖的育种专家和致力于改善犬类基因组库的组织合作。保育型繁育者采用"修复性构形"（reparative conformation）的育种理念，这意味着他们已经主动完成了所有相关的DNA测试和健康筛查（他们一定很愿意向你展示所有这些检查的结果），并主动排除了幼犬身上的各种基因缺陷。功能型育种专家还会致力于使基因库多样化，关注狗狗的健康、性情和功能。这些繁育者明白，除了筛查已知的遗传疾病，避免繁育出具有已知遗传问题的狗，还有更多的工作要做。

犬类生理研究所（Institute of Canine Biology）的卡罗尔·博查特博士（Dr. Carol Beuchat）向我们热情地解释了为什么单靠基因测试和选择性繁殖无法解决纯种犬的遗传问题。简单地说，当一个封闭的犬类基因库（纯种狗都来自同一个祖先家族）在没有策略性基因监督的情况下产下一窝纯种幼犬（可能是无意的近亲繁殖，但有时也可能是有意的），有几件不好的事情就更容易发生：遗传相似性增加，隐性突变的表达增加，遗传多样性减少，最终基因库的规模减小。

随着越来越多的纯种狗交配繁殖，更多的基因缺损会产生更严重的后果——包括更短的寿命。遗传学家称之为"近交衰退"。但更令人沮丧的是：多种基因疾病的风险，如癌症、癫痫、免疫系统疾病以及心脏、肝脏和肾脏疾病，也会随着这一问题而激增。那么，如果只用"精英中的精英"育种，即只采用狗展上获胜的前25%冠军的基因，又会怎么样？博查特博士解释说，如果只培育一小部分纯种狗，我们可能会失去大量（75%）独特和多样化的遗传素材，最终导致我们最喜爱的一些品种失去被拯救的机会。我们还无法对这些基因进行清晰的识别，却已经扼杀了这些"小宝贝"的潜力。从长远来看，一旦需要支付昂贵的看兽医的费用，大多数购买纯种幼犬的人最终都不会太关心它的父亲是多么受欢迎的名犬，而是会更多地关注它的父亲有多**健康**（或有多么不健康）。博查特博士得出了一个令人沮丧的结论："除非采取适当的干预措施，否则犬类会随着代际延续而整体健康状况持续恶化。"

她说的干预措施是指通过"异交"（通过杂交某些品种以避免某

些遗传结果），将一个犬类种群丢失的基因找回来，或者通过杂交引入新的遗传素材，扩大纯种犬的基因库。这种方法遭到许多品种纯粹主义者的反对。但是与我们交谈过的每一位遗传学家都重申了这一点：要改善所有犬类的健康状况，无论是纯种还是非纯种的，从长期而言都必须依靠正确的基因管理。**请记住，遗传性疾病是由于身体失去所需基因，无法实现正常功能而导致的。**你可以把每件事都做得很好，但如果你的狗缺少健康心脏的DNA，它就会患上心脏病。抑制肿瘤的基因发生突变，癌症就出现了。去除健康视网膜的基因，结果就是视网膜发育不良。去除免疫系统的多样性基因，免疫紊乱将是不可避免的。如果动物拥有遗传多态性，我们有可能通过表观遗传学方式调节基因的表达，但如果遗传素材丢失，就必须扩大基因库（引入新的DNA），替代缺损的遗传素材，而扩大基因库的方法就是异交。

如果没有一个战略性的、具有世界视野的计划来主动减少从封闭基因库中进行选择性繁殖的行为，单靠DNA测试将无法在未来的数年中创造出更健康的犬类种群。这样的计划只能通过细致周详的基因管理来实现，这正是国际犬类合作组织正在进行的尝试。不过，对于具体的你和你的狗狗，虽然DNA测试不可能缓解纯种狗的困境，但这种测试对你来说可能非常有价值，在这一过程中，你会自然而然地成为一名犬类健康倡导者。基因测试是一个重要的步骤，因为它涉及识别基因易感因素，这会影响到你家狗狗的长期健康状况。无论我们如何选择日常生活方式，我们的努力只会在我们现有的基因基础上产生深远的影响，只是对我们现有基因的一种赋能。不过，最令人印象深刻的现实就是：**我们可以影响许多与我们的健康和寿命直接相关的基因的表达。**同样的道理也适用于我们的犬类伙伴，但有一点需要注意：我们要代替它们做出明智的决定，我们要为它们负责。

不幸的是，很多犬类品种的DNA已经被破坏了。例如，某些焦虑症会集中发生在特定的犬类品种身上。在2020年挪威的一项研究中，研究人员研究了基因和行为之间的联系，他们发现，噪声敏感在拉戈托罗马阁挪露（Lagotto Romagnolos，一种产于意大利的大型长毛寻回犬）、麦色猲和它们的杂交犬中最为明显。最容易感到害怕的品种是西班牙水犬、喜乐蒂牧羊犬和它们的杂交品种。近十分之一的迷你雪纳瑞对陌生人具有攻击性和恐惧心理，但这种特征在拉布拉多犬中几乎是闻所未闻的。在2019年芬兰的一项研究中，还发现与社交相关的基因和与对噪声更敏感的基因处于同一基因段，这表明人类在选择更爱社交的狗狗的同时，可能无意中也选择了对噪声更敏感的狗狗。这种权衡发生的频率比我们想象的要高得多。但随着DNA研究的加速，我们希望能限制不好的结果，推动更好的基因管理，这样我们就不会制造更多的问题。是我们的预先谋划让某些犬类品种患上各种疾病，而这些疾病本可以通过适当的基因管理加以预防，这件事非常不公平。我们有计划地彻底杀死了一些犬类品种。例如，英国斗牛犬在基因上可能已经走到了尽头。英国斗牛犬是一种以短鼻子和小而皱的身体著称的品种，如今它们之间的基因如此相似，以至于专家们表示，饲养者已经不可能让它们更健康了。

在这个世界上，领养一只狗只有两个负责任的选择。

选择1： 如果你要与一名犬类繁育者合作，你的责任就是只支持那些积极努力改善品种基因的繁育者。你可以参考本书第372页的提问繁育者的问卷，与一位你看中的繁育者对话。网站www.gooddog.com提供了一些鉴别育种质量的好资源。

选择2： 从可靠的寄养机构或救助组织领养一只狗。（现在，有一些不怀好意的骗子会伪装成救助或寄养机构，所以要多加注意。Pupquest.org上有关于这个新骗局的更多信息。）当你决定领养一只来自救助机构的狗狗或无家可归的流浪狗时，你对你的狗狗携带的DNA一无所知，也不会对此过度关注（如果你和我们想的一样，那么这个问题的确没有拯救你面前的这个生命更重要）。许多人不会从哪怕是声誉良好的繁育者那里买狗，因为他们当地的寄养机构或特定品种的救助机构里挤满了无家可归的狗。越来越多的寄养机构和救助组织会对救助的混血幼犬进行

DNA测试。他们认识到，对这些幼犬了解得越多，帮它们成功找到合适领养人的概率就越大。例如，一只混合了放牧犬品种的幼犬意味着它很有可能表现出强烈的放牧倾向——这一点最好让想要领养它的人提前知道！拯救生命的行动不适合心志不够坚定的人：许多人都曾不止一次因为被拯救的宠物出现严重问题而承受锥心的痛楚。例如，许多收容所的狗在8周大的时候就被做了绝育。青春期前一些关键激素的缺失会让许多狗狗更容易遭遇健康和训练方面的挑战，以及终生的激素失衡，这会在未来许多年对它们的免疫系统产生负面影响。选择拯救流浪狗，还是从繁育专家那里购买经过充分的遗传基因研究的幼犬，是一个非常私人的决定。最重要的是负责任地领养**或**购买，事先进行广泛的研究。当我们把毛孩子带回家时，我们必须理解这是一份多么重大的终身责任，而之前的一切学习和研究对于我们理解这一点都至关重要。

要列出每一个犬类品种潜在的遗传缺陷或变异，已经超出了这本书的范畴。你可以通过www.caninehealthinfo.org 和 www.dogwellnet.com了解专家推荐的基因筛选测试。作为宠物的家长，你能做的最好的事情就是为狗狗搞清楚它的基因组成，如果可能的话，通过理性选择的生活方式来帮助它应对自己的基因缺陷。技术（比如DNA测试）让我们有可能通过对环境和生活采取积极行动来影响狗狗的基因表达。如果你想知道你的狗狗的秘密，就测试它的DNA，然后使用这本书和 www.foreverdog.com 上的信息来创建一个支持它独特基因组的终身健康计划。如果你不想知道你的狗的具体基因特征，这本书中的科学建议也将会帮助你延长狗狗的健康寿命。

总结一下，我们不能改变狗的DNA（或添加丢失的基因），但我们**可以**通过生活选择影响它的表观基因组，改变它的DNA表达自己的方式（提醒一下，请见第94—95页的一系列表观基因组触发因素，每个因素都在你的控制范围内）。在我们采访的许多研究人员中，一个反复出现的主题是围绕犬类情绪健康的新兴科学：我们（人类）长期以来低估了狗的社会化塑造和影响身体健康的力量。狗是社会动物，需要社会环境，在社会环境中，它们可以发展社交能力，表达个性，充分享受自己的生活。

通过社会化和刺激来减少慢性情绪压力

你的狗狗有几个好朋友？长寿地区（蓝色地带）百岁老人的三大支柱之一是强大的社会纽带，这不是什么令人惊讶的事。所以为你的狗狗培育强大的社交网络绝对有益身心。同样不要低估拥抱和亲吻的力量（如果你的狗喜欢亲密接触），你的情感陪伴对你的狗非常重要——你可能是它唯一的社会化渠道。

为此，我们鼓励你经常评估一下，看看自己为狗狗树立了一个怎样的榜样——首先处理好你自己的压力，尽可能精神饱满、兴味十足、充满共情地与狗狗交流。与你的狗狗建立关系是一个持续终生的过程。这里有一个小建议：一旦你确定了狗狗喜欢哪些新鲜食物，可以在白天上班前或下班后用它们对狗狗进行短时间的训练。

即使你的狗狗现在年纪大了，或者本身已经训练有素，每天花几分钟和你的狗狗练习沟通技巧也是很重要的。狗狗需要多做练习，或者进行一些有趣的活动，让它们的大脑运转起来。如果你不想每天花几分钟时间训练狗狗的各种技巧，就给你的狗狗一个益智玩具或漏食玩具——让它专注于其中。但别忘了抽出时间来和狗狗玩，每天至少陪它玩一次。斯坦福大学的研究员艾玛·塞帕拉（Emma Seppälä）在她的《休息时就要远离工作》（*The Happiness Track*）一书中指出，人类是**唯一**认为成年期不应该把时间用于玩耍的哺乳动物。如果我们参与游戏，我们的狗狗会比我们更**高兴**——它会认真地站在那里，等待我们和它互动。多陪它玩一会儿吧……这对我们也有好处。

特别提示：如果能和狗狗共度几分钟美好时光，请把手机调成静音模式，专注地与狗狗交流，这样效果会更好。

可以肯定的是，早期的遭遇和经历为狗狗的一生定下了基调。研究表明，幼犬时期（4周—4个月大）的社会化程度会直接影响狗狗以后生活中（对其他狗和陌生人）的恐惧程度。

狗狗的性情很大程度上取决于基因，**再加上狗狗**在出生后63天内的互动经历（或缺乏互动的经历）。出于这个原因，专业训犬师和育种家苏珊娜·克洛西尔（Suzanne Clothier）创建了她的幼犬丰容计划（Enriched Puppy Protocol），该计划已被应用于超过15 000只幼犬，对它们产生了积极影响。这些幼犬中有许多长大后都将成为工作犬。认证兽医行为学家丽莎·拉多斯塔医生（Dr. Lisa Radosta）补充说，母犬在怀孕期间的经历和压力水平也会影响幼犬一生中焦虑、恐惧、攻击性和特异性恐惧症的阈值。拉多斯塔医生说："随着大脑和性格的发育，这些外部环境因素决定了幼犬以后会有怎样的表现。"这是我们在购买幼犬之前需要和繁育者进行深入交流的另一个重要原因。

来自avidog.com的盖尔·沃特金斯医生（Dr. Gayle Watkins）指出，在幼犬繁殖厂里的那些繁殖犬处于持续的环境、情感压力之下，同时由于几十只幼犬共同生活，也带来了很大的营养压力。它们还要承受母亲的压力和创伤经历所造成的表观遗传影响，从而引发各种潜在的不良行为的可能性。

发展研究确定了幼犬的三个关键的社会化阶段，第一阶段发生在4周大的时候，那时它们大多还在救助机构或者繁育者那里。幼犬应该在4周时开始早期社会化活动，在那个非常短暂的窗口期获得关键的感官体验，这对于培养狗狗的适应能力以及随和的性情是**无比重要**的（请见附录第376页我们推荐的幼犬早期计划列表）。

假设你将幼犬在9周大的时候接回家，它会在你身边度过后面两个决定性的敏感期。幼犬生命中接下来的几个月是至关重要的，将为幼犬今后多年的关键行为、性格特征、反应和应对环境变化的能力奠定基础。适当和安全的社会化训练能够帮助你的狗学会应对生活的技能。社会化良好的幼犬长大后适应能力也会更强，皮质醇、焦虑、恐惧、特异性恐惧症表现和攻击性更少。出于同样的原因，幼犬时期没有进行适当社会化训练的狗狗，一生中都容易产生更高的压力反应（和皮质醇）。

要防止狗狗对陌生环境产生恐惧，就要从它只有4周大的时候，也就是它还在繁育者或者救助机构那里时开始。从4周到4个月的时间里，幼犬每天都需要在安全的环境中，在精心安排下接触世界上的各种景象和声音（吸尘器声、枪声或其他巨大的噪声，烟花声、风暴声、轮椅声、孩子的尖叫声、门铃声，等等）。这样可以让它们知道，不需要对这些景象和声音感到恐慌和反应过度。早期的生活经历能够让狗狗充满自信，愿意冒险去探索丰富的世界；也有可能让狗狗充满防御心理，在一个它认为非常可怕的世界中努力回避或防御陌生的不可测因素。沃特金斯医生强调，社会化最重要的作用不是把狗狗推向一个可怕的世界，而是通过新的体验来建立和维护信任，帮助我们的狗狗做好迎接丰富生活的准备（能够做好这种准备的时间窗口期非常短暂）。

家庭早期发展计划（In-home early development programs）和幼犬课程可以帮助狗狗往正确的方向发展。这不仅仅是我们的强烈建议，如果你想培养一只性格坚定的狗狗，这些是**必不可少**的。简单地说，**遭遇和经历（无论好坏），特别是出生后4个月的遭遇和经历，会深刻地影响狗狗一生的行为和性格。**它们会影响狗狗的压力激素水平，进而影响它的健康寿命。在你把你的小狗带回家之前，就要花点时间为它策划一个目的性强、丰富多样、有吸引力、安全适宜的社会化计划。

沃特金斯医生强调，在狗狗出生后的第一年，应该以关系训练为核心，让狗狗参加不会让它感到恐惧的训练班。从6个月到12—16个月的少年期和青少年期也非常具有挑战性，帮助狗狗顺利地度过这段磨人的时期，不要对狗狗进行体罚，这对它的长期心理健康至关重要。正如沃特金斯医生所说："我们需要记住，尽管它们的身体已经长大，看起来像成年犬，但它们的认知能力很大程度上仍然处在发展阶段。"不幸的是，社会化程度更低的"疫情期幼犬"（指2020年新冠肺炎疫情暴发后出生的幼犬）正在世界各地出现，它们是服从性差又容易反应过度的青少年，给宠物家长们带来了很大压力。最重要的是，现在就应该制订一个计划来纠正这种情况（在训练有素的专业人员帮助下，以科学为本，用人性化的培训方法）。"如果你培养了一只很棒的幼犬，你将拥有一只很棒的狗。"

> ### "教我如何成为你想要的狗狗"
>
> 我们和动物行为学家的观点一致：持续的、终身的、以关系为核心的训练不是一种选择，而是一种义务。我们不能在幼犬和被救助的狗狗出现不良行为时才开始采取行动，我们要做的是提前**防止**行为问题的发生。

让狗狗有新的体验永远都不晚，只要你把握好节奏，不要让你的狗狗产生焦虑和恐惧。拉多斯塔医生说："学习如何解读狗狗的肢体语言是你能做的最重要的事情。"准确解读狗狗的非语言沟通，在很多方面都是至关重要的，包括当负面体验给狗狗带来过度压力时，我们需要实行早期干预［请参阅《狗狗的语言：爱狗之人如何理解你最好的朋友》(*Doggie Language: A Dog Lover's Guide to Understanding Your Best Friend*)，作者：莉莉·金（Lili Chin），这是一本很好的犬类肢体语言入门书］。据Pupquest.org报道，多达50%的幼犬在它们的第一个家庭待不到一整年，只有十分之一的狗狗一生都能生活在同一个家庭里。被重新安置的宠物可能会表现出创伤后应激障碍的迹象，并且还伴有其他众多问题行为。这时往往需要专业干预才能有好的效果。如果幼犬时期没有得到充分的社会化训练，你可以在它的任何年龄段采取措施（进行行为矫正），把伤害降到最低，帮助它提升安全感和幸福感。根据你的狗狗的反应和自我封闭的程度，你可能还需要专业帮助。我们建议尽早获取可靠的帮助，来处理那些反复出现的行为问题。你越早着手解决问题，情况就会越早得到改善。谨慎选择你的训犬师，就像为你的孩子选择保姆一样。请参阅第376页附录中的建议列表。

要帮助你的狗狗培养社会情感能力，让它在家庭和社区中变得更快乐，性情稳定，拥有亲密的伙伴（以及能够有意识地控制住那些难以控制的状况和情绪），同时还要能够识别和解决给狗狗持续造成压力的源头，这样能够帮助狗狗消除潜在的持久焦虑。另外，去宠物医院修剪指甲、清洗耳道、洗澡和其他一些常见的经历，都有可能会让你的狗狗感觉不舒服。**学习如何恰当地管理狗狗的压力反应——这是你的关系工具箱中最有用的工具，也是送给狗狗的珍贵礼物。**

我们的朋友苏珊·加勒特（Susan Garret）的专长是训练世界级的犬类运动员。她训练的狗狗曾经获得过十次犬类敏捷性竞赛的世界冠军。她也特别擅长解决我们在试图与其他物种进行日常交流时遇到的挑战。她提醒我们，如果你有一只狗，那么你就要把自己当成一名训犬师，而好的训犬方式无非是培养两个关键要素：你的狗的自信和它对你的信任。每一次与狗互动时，你都要相信在你的教育下，它能做到最好——这样就能够同时实现以上两个目标。狗狗从来不想让我们失望。不幸的是，它们经常因为表现得像"狗"而被责骂。而它们对自己主人的信任也经常因此被破坏。正如我们所提到的，你和你的狗的关系建立在信任和良好的双向交流的基础之上。无论你拥有的是一只搜救犬还是一只刚出生的小狗，你都需要对它进行日常教育（训练），这样才能不断发展和提高狗狗的理解能力。

当狗狗感受到压力或恐惧（放烟花、门口的陌生人、哔哔作响的烟雾探测器、新的胸背、乘车、吸尘器的声音等等）时，它们会本能地做出反应，而不是有意识地做出决策。它们的身体有自我保护的能力。苏珊指出，作为狗狗的守护者，我们必须记住，**压力和恐惧是狗狗学习的障碍。**当恐惧反应被触发时，无论人还是动物都不可能"学习"。应激激素会瞬间释放，并引发战斗、逃跑或僵直反应，以本能的方式为狗狗提供一种保护，让它们免受威胁。身体会立即调动所有资源，进入"生存模式"。对狗狗来说，恐惧反应的巅峰是咆哮、撕咬、吠叫、猛扑、畏缩、恐慌和/或逃跑。

在压力过大的情况下，我们的狗不太可能像平常那样对我们的命令做出反应，除非我们训练它们，让它们有能力产生另一种更健康的反应——一种在高压情况下的应对机制。它们听不到我们说话，因为它们处于恐慌状态。不要因为你的狗惊慌而惩罚它，相反，如果需要的话，可以在专业人士的帮助下，在狗狗表现出压力或恐惧的迹象时，训练一种积极的"条件反射性情绪反应"，并以此为目标。虽然我们无法"训练"狗狗在压力情况下的状态，但我们可以开始训练狗狗以不同的方式体验压力。**我们有能力帮助狗狗成功地应对压力，并克服潜在的恐惧，以此来加深它们对我们的信任，而不是削弱信任。**

通过这样的训练，我们可以改变狗狗做出反应的触发点。如果你的狗狗将来再遇到之前的触发点，它就可以用一种更恰当的方式做出反应，可以向我们寻求安慰和奖励，而不是被恐惧触发，做出不良行为。

如果你正在寻找兽医和训犬师，Fearfreepets.com 是一个很好的渠道。他们的使命是指引和教育照顾宠物的人，以此来预防和减轻宠物的恐惧、焦虑以及压力。他们的口号是：让宠物远离恐惧。重点是，尽你所能帮助你的狗狗克服情绪障碍，以避免长期频繁的应激激素分泌破坏它的身体健康，并尽你所能让狗狗处于情绪稳定的状态——这也会让你的情绪保持稳定。

当然，你无法减轻狗狗生活中的所有压力。这是一个疯狂的世界，充满了不可预测的、可怕的事件。但是，管理已知的、日常的或不断重复的压力源是我们力所能及的，为了我们的狗狗，我们要开始对它进行艰苦但非常有益的脱敏和对抗性条件作用[1]训练（训练师会使用的一种行为矫正技术）。这样，狗狗明年的压力就会比今年小一些。

---

1 对抗性条件作用（counterconditioning），一般用于治疗恐惧，属于系统脱敏（systematic desensitization），利用这种方法诱导求治者缓慢暴露出导致神经焦虑症的情景，并通过心理放松状态来对抗这种焦虑情绪，从而达到消除神经焦虑习惯的目的。

——编者注

如果你什么都不做（除了对它们的情绪反应表现出你的情绪反应），那么你不想见到的行为可能会变得更糟——你们的关系也是一样。

我们的目标是对周围的人做出平和的、稳定的、可靠的反应。要避免在无意中造成狗狗发疯，这一点至关重要。我（贝克尔医生）领养荷马后不久就知道，它不允许别人摸它的爪子（这样做的人可能有被它咬的风险）；洗澡对它来说似乎是一种濒死体验（可能导致一个老年人惊恐发作）。领养6个月后（这真的只是很短一段时间），我可以很自豪地说，荷马能站在足浴盆里吃零食，完全不会感觉到约束。如果狗狗有什么行为是你不喜欢的，实施以科学为基础的"损害控制疗法"（采取措施，将损害降到最低），才能解决问题。一定要行动起来，因为放任不管对你们俩都不好，会影响你们的健康。

狗狗的一天（由狗狗决定）

如果我们让我们的狗狗决定一天中要做什么，它们会选择什么？我们应该经常从狗狗的角度看待生活。什么活动让它们兴奋？什么食物最令它们愉悦？它们想闻到什么气味？它们想和谁互动？了解狗狗的喜好会让我们成为更好的守护者，增进我们和狗狗的感情，并且会提高它们的生活质量。我们越是经常花时间去了解狗狗的喜好，就越有条件和能力去满足它们的社交、身体和情感需求。

除非你知道你的狗狗会有什么反应，否则不要随意带它去狗公园——那样只会加剧你的狗狗（和你）的压力。苏珊娜·克洛西尔和我们交谈时明确表示：**狗公园对于不善社交和害羞的狗狗是最糟糕的选择。**如果你想为你敏感胆怯的狗狗创造积极的户外体验，你就必须花时间重新塑造它的行为——采用不会让它感到压力的速度和训练技术（研究表明，基于惩罚的训练会加剧焦虑，并进一步增加应激激素的分泌）。我们中的许多人都救助过社会化程度低、受过情感创伤的狗狗，并错误地认为一个充满爱的、稳定的环境就能够解决它们的精神和情感问题。拉多斯塔医生说："并非你们想的那样，当你领养或救助一只表现出行为问题（包括恐惧和焦虑）的狗时，你给它所有的爱都无法解决它的问题。而你要立即解决这些问题，最好是和一个专业团队合作：组建你的行为矫正团队，就像计划你的婚礼一样。"在www.dacvb.org 上有一个美国兽医行为学家学院（American College of Veterinary Behaviorists）的专家列表。你可以向他们求助。

我们能为我们的幼犬做的最重要的事情是，根据它们的个性和身体能力，找到并提供**它们**真正喜欢的安全体验、活动和锻炼方式。狗狗也有自己的喜好，就像我们一样，发现狗狗在生活中的乐趣，会让我们的心灵更加充实。如果你不知道你的狗狗喜欢做什么，那就多做一些尝试。有些事，即使你的狗狗在年幼时没有反应，等它们到了中年或老年时可能就会产生兴趣。所以，尽情去探索吧！

我们也不要忘记，持续的、积极的精神刺激对大脑会有怎样的影响。早些时候，我们详细研究了抗炎饮食与社交体验和适当的锻炼相结合，可以促进大脑中一种非常重要的生长因子——BDNF水平的提高。这是你的大脑滋养神经细胞和培育新神经脑细胞诞生的方式——这在任何年龄都是一件好事！

兽医行为学家伊恩·邓巴医生（Dr. Ian Dunbar）认为，我们能为狗狗的情感健康做的最好的事情之一就是**为它们安排丰富的社交活动**：为你的狗狗找到它真正喜欢的狗狗小伙伴，多带它和它们一起游戏、聚会。狗需要**真正**成为一只狗：全速奔跑、挖土、在地上打滚、闻烟蒂、玩耍、拉扯、啃咬、吠叫和追逐。这些机会需要**你**来提供。对于我们的狗狗，我们还有一个职业头衔，就是"无聊终结者"。许多备受宠爱的狗狗却过着乏味的生活，这不是它们自己的选择。实际上，它们完全无法掌控自己的生活。

朱莉·莫里斯告诉我们，她会定期为她22岁的母比特斗牛犬"跳跳虎"（Tiger）安排游戏聚会，尤其是在它上了年纪以后。这样它就可以和它的老狗友们进行社交互动。虽然这听起来微不足道，但库宾伊博士的研究证实，这对狗狗情感的重要性可能就像对人类一样——社交环境对于长寿的影响在"蓝色地带"研究中已经得到了证实。我们都是社会动物，一生都需要持续积极地参与社会活动。

如果你的狗狗没有和其他狗狗成为朋友的社交技能，那就找一些它真正喜欢用大脑和/或身体做的事情，并且每天规律性地做这些事。嗅闻游戏是我们非常喜欢的活动（它是狗狗的爱好，也是"工作"——对于工作犬而言），对于有攻击性、容易产生过激反应和害羞的狗狗以及有创伤后应激障碍的狗狗，嗅闻游戏尤其适合。拉多斯塔医生说，作为守护者，我们有责任为狗狗提供"五种自由"：

> ➤ 享有生活中没有悲伤、恐惧、焦虑的自由
> ➤ 享有免受痛苦、伤害和疾病的自由
> ➤ 享有生活舒适、没有压力的自由
> ➤ 享有不忍饥挨渴的自由
> ➤ 享有表达天性的自由

新西兰梅西大学动物健康科学教授大卫·梅勒（David Mellor）更进一步，制定了一套他称之为"五大领域"的指导方针。他的样本强调，不仅要将消极体验最小化，还要将积极体验最大化，这样才能延长寿命。

> ➤ 良好的营养：提供能保持健康和活力并能带来愉快体验的饮食。
> ➤ 良好的环境：尽量减少接触有害健康的化学品。
> ➤ 良好的健康：预防和及时诊断/治疗损伤、疾病。保持良好的肌肉张力和身体机能。
> ➤ 适当的行为：拥有志趣相投的同伴和多样性环境，减少威胁和不愉快的限制，增加有参与感、有奖励的活动。
> ➤ 积极的心理体验：提供安全、愉快的体验。能够感到舒适、快乐、有兴趣、自信，还有对环境的掌控感。

提供优质的营养和低压力、无毒的生活环境，保持身体健康，从事有益的活动，创造积极的精神体验——研究蓝色地带长寿人群的研究人员也认为这些是获得健康寿命的方法。

最后一点同样重要：观察和倾听你的狗狗。密切关注它的一切——身体、肢体语言和行为。了解你的狗，就像了解你的其他孩子或你在这个世界上最亲近的人一样。学会察觉你的狗什么时候不舒服，学会了解它的喜好——它最喜欢玩的时间和方式，它喜欢被触摸的部位和方式，它喜欢做什么，它**真正**喜欢的食物。当你把你的狗狗当作你最好的朋友，或者是你最珍视的家庭成员时，你就会成为一个更好的守护者（并显著地改善狗狗的生活质量和你们的关系）。

你会有更多的发现，你会以不同的方式参与它的生活，你会更敏锐，与它的关系更密切。你会问自己一些更好的问题：为什么它连续两个晚上舔右爪子尖？你的思维过程将从"我的狗舔完地毯后会在地毯上呕吐"扩展到"为什么它这么想要舔地毯"。你将致力于挖掘它痛苦的根本原因。你会开始观察狗狗的行为和选择，据此描画出它的日常路线图，作为它的守护者，你需要按照这张路线图来安排它的生活，采取行动解决它的问题。我们开始试图理解狗狗的行为，而不是只针对它的行为做出反应。通过这种方式，我们尽自己的一份力量来履行我们的承诺，尽我们所能，为依赖我们的动物提供最好的帮助。我们不能让它们失望。但要做到这一点，我们需要非常了解我们的狗。为了让它们在我们的家中生活得健康舒适，我们需要更深入地观察狗狗周围的环境。

减少环境压力，减少化学品负荷

第6章可能会让你有一种想要逃进山里去的冲动——我们的现代生活，我们周围的一切和日常所处的环境竟然充满了这么多毒素。从我们起床的那一刻起，我们就会遭遇无数环境毒素——光是我们睡觉的这张床就有可能充满了释放各种化学气体的物质：有些是相对无害的，有些是不可避免的，比如兽医为杀死跳蚤和蜱虫开的杀虫剂和驱除心丝虫的药剂。一些有治疗作用的化学物质对预防疾病很重要，但仍然需要狗狗的身体将它们代谢掉，最终排出体外。我（贝克尔医生）发现，许多狗的转氨酶（氨基转移酶）在夏天会升高，到了冬天会恢复正常，因为常规的化学农药使用和摄入在冬天减少了。兽医处方中的化学物质也会增加化学物质的总体负荷，也就是身体的负担，并增加疾病的风险因素。你在第174页的化学测验中得了多少分？

如果你觉得"到处都有毒"，不要惊慌！我们强调环境问题，是为了让你能够将生活变得更好，控制以后的化学物质接触。这将对保护你和你的狗狗有很大帮助。我们的目标是防止化学物质破坏身体的基本功能，影响DNA、细胞膜和蛋白质。以下是我们的13项检查清单，你可以照此清洁自己所处的环境。有些策略已经在前面的章节中提到过了，但是将这些策略集中列出会对你的行动有帮助，所以，请**以此作为行动的起点**。

1. **从食物开始：**尽量减少代谢压力食物。它们会促使皮质醇和胰岛素激增。（把淀粉去掉！）如果你已经实施了前几章的策略，那么你就走在了正确的道路上。更新鲜的食物还可以最大限度地减少狗狗摄入有害真菌毒素、食品化学物质和残留物以及高温加工副产品（晚期糖基化终末产物）。

2. **拿走塑料水碗：**因为它们充满了破坏内分泌系统的邻苯二甲酸酯类物质。使用优质不锈钢、瓷器或玻璃。如果是金属类器皿，请选择18号不锈钢，最好选择一家接受第三方纯度测试的公司，因为即使是不锈钢也被证明会受到污染。（还记得几年前Petco的金属碗被召回吗？）在瓷器方面，要注意一些瓷器可能含有铅，还有一些不能用于盛放食品，所以要确保从你信任的公司购买高质量的、食品级别的瓷器。Pyrex或Duralex玻璃碗是我们的最爱，因为它们耐用且无毒，不像其他廉价制造的玻璃产品可能含有铅或镉。还要注意的是，许多宠物家长倾向于给他们的狗买超大的食碗。由于正确的食物量放在一只巨大的碗里看起来会显得太少，人们经常倾向于添加更多的食物来改善这顿饭的"视觉效果"。如果你为你的宠物买了一个太大的食碗，可以考虑用它来盛饮用水。有趣的是，在许多有宠物的家庭中，尽管水是狗狗饮食里最重要的营养物质之一，但水碗却比食碗要小得多。

3. **过滤狗狗的饮用水：** 不管你有多喜欢自来水的味道，不管你有多喜欢自来水供应商提供的关于水成分的光鲜亮丽的报告，至少买一个家用滤水器，用于处理你的饮用和烹饪用水。我们在工业和农业中生产和使用的化学物质最终会回到我们的饮用水里。家用水过滤器可以有效地清除狗狗从城市自来水中摄入的大量毒素。现在有各种各样的水处理技术，从简单经济的手动填充滤水罐，到有储水罐的水槽下过滤系统，再到从源头过滤所有入户水的全屋碳过滤器。后者是理想的选择，尤其是在你订购了定期更换过滤器的服务以后，因为这样你就可以放心使用厨房和浴室的水了。选择最适合你所处环境和你的预算的过滤技术：全屋碳过滤，水龙头、冰箱上安装的单体碳过滤器，厨房里的反渗透膜过滤器。你自己要做好研究，因为每种类型的过滤器都有它的优势和局限性，任何一种类型都不能完成所有的目标。

4. **清除塑料：** 尽量减少生活中使用的塑料。没有塑料是不可能的，但你肯定可以限制它们的数量，尽量避免让你（和你的狗）接触到邻苯二甲酸酯类物质和双酚A。在储存狗粮和你自己的饮料时，记住这一点。尽可能使用高质量的玻璃、陶瓷或不锈钢材料，避免将食物储存在塑料袋中。永远不要用微波炉或其他方式烹饪、烘焙任何塑料制品。给你的狗狗买玩具的时候，不要买塑料玩具，应该买那些标有"不含双酚A"的玩具，或者那些由美国制造的100%天然橡胶、有机棉、麻或其他天然纤维制成的玩具。

5. **进屋脱鞋并擦爪子**：在许多国家，进屋脱鞋是一种习惯，表示对主人家的尊重。然而，在许多西方国家，包括美国，把鞋子放在门口（或门外）是不常见的。实际上，把鞋子放在外面是避免接触有害物质最简单的方法之一，这些有害物质包括致病菌、病毒、粪便和有毒化学物质，以及我们都应该尽力避免的各种化学物质。你的鞋子携带有附近建筑工地的污染粉尘，以及最近喷洒在草坪、房屋周边、公园附近甚至你家外面人行道上的化学药剂。因为狗天生离地面更近，所以这个策略格外重要。你还可以更进一步，用湿布擦狗的爪子（如果需要，可以用橄榄油肥皂给狗狗洗脚）。对于生活在寒冷地区的人们，冬天道路上都要撒盐，清洗狗狗的爪子就尤为重要。冬天路上的盐会让很多狗生病。所以如果要在家中院子里进行化雪作业，要使用"宠物友好型"的盐或沙子。

6. **清洁空气：尽量减少挥发有机化合物和其他有害化学物质的来源**——使用配有高效空气过滤器（HEPA）的真空吸尘器。HEPA 是"高效微粒空气"（high-efficiency particulate air）的缩写。根据高效微粒空气过滤器的标准，该产品必须能够去除空气中 99.97％ 的直径大于或等于 0.3 微米的颗粒。相比较而言，人类头发的直径一般在 17—181 微米。高效微粒空气过滤器可以捕捉比头发细小几百倍的微粒，其中包括了大部分灰尘、细菌和霉菌孢子。挥发性有机化合物通常会附着在灰尘上，所以 HEPA 真空吸尘器可以帮助你将家中的阻燃剂、邻苯二甲酸酯和其他挥发有机化合物降至最低。小心含有挥发有机化合物的空气清新剂、蜡烛、香薰机和地毯清洁剂。我们建议你干脆禁止在家里使用所有的空气清新剂、喷雾剂、香薰机或有香味的蜡烛。它们含有邻苯二甲酸酯和无数其他化学物质。**如果对什么东西有怀疑，就把它清除掉！**如果你有地毯，试着尽可能彻底地吸尘（至少一周一次）。你也可以在你逗留时间最长的房间（客厅、书房、卧室等）安装有高效空气过滤功能的空气净化器。只要有排气扇的地方就使用排气扇，比如厨房（做饭时）、浴室（洗澡、淋浴或喷洒个人护理产品时）和洗衣区（洗衣服时）。用湿布擦拭窗台，定期用吸尘器吸窗帘。如果可能的话，定期用湿拖把擦拭瓷砖和乙烯基地板，用真空吸尘器或除尘拖把擦拭木地板——每周一次。把任何你认为有危险的有毒物质，如胶水、油漆、溶剂和清洁剂，放在棚子或车库里——远离你的住所。

7. **重新考虑户外草坪护理**：户外草坪使用的化学药剂，包括化肥、杀虫剂和除草剂，对狗狗来说毒性更大，因为它们没有衣服和鞋子保护身体，也不会频繁洗澡以清除积聚的化学物质。可以采用自然虫害控制和草坪护理服务。从你的花园小屋或车库中除去农达（有机磷除草剂）和其他合成杀虫剂还有除草剂。有多种毒性较小的有机除草剂，可以有效地清除杂草，而且更安全（www.avengerorganics.com 提供深受宠物爱好者欢迎的产品）。它们不会增加你家人患癌症的风险。无化学品草坪维护方案正在全球各地涌现，会有人直接上门为你服务，随时提供一应俱全并且没有化学药品的草坪维护套餐（根据你家的土壤、气候环境和草坪状况量身定制）。

寻找看起来不像化学合成的农药。一些有机除草剂会使用柠檬酸、丁香油、肉桂油、柠檬草油、d-柠檬烯（来自酸橙）和醋酸（醋）。有种天然除草剂——玉米蛋白粉，是干狗粮中的常见成分，但更适合用于治理杂草。不要忘记使用有益的线虫，你可以把它们释放到花园或院子里，它们以跳蚤幼虫、蜱虫、蚜虫、螨虫和其他昆虫为食，对人、植物和宠物无害。www.gardensalive.com 网站是一个学习这类知识的好地方。用 NSF（美国国家卫生基金会）认证的、无邻苯二甲酸酯类物质的饮用水软管代替传统的花园软管（可以去除铅、双酚 A 和邻苯二甲酸酯类物质）。如果你用的管子能做到不含聚氯乙烯，那就更好了，可以用这种水管中的水冲洗刚从游泳池出来的狗狗！查看可持续食品信托网站（www.sustainablefoodtrust.org），了解更多关于可持续有机园艺的信息和理念。

兽医驱虫剂的使用方案

关于使用跳蚤、蜱虫和心丝虫驱虫剂的频率和程度，你可以根据常识做出选择，评估风险与效益。如果你的马耳他犬很少离开后院，而且后院会定期进行防治害虫的作业，那么它被大量蜱虫感染的风险肯定会大大低于经常在树林深处露营，以及和主人一起进行森林远足的狗。如果你经常带着你的狗去森林里的高风险地区，那么你需要使用保护性的化学药剂，维护狗狗的内源性解毒系统（参见第4章的方案）。

"阻碍剂"（Deterrents），也就是天然驱虫剂（通常用植物性或毒性较小的化学物质制成），会降低狗狗对寄生虫的吸引力，但并不总是百分之百有效（说到这一点，化学杀虫剂也一样）。"预防药"（Preventives）指的是被美国食品药品监督管理局（FDA）批准用于狗的体外或体内的化学物质（驱虫剂）。每种被批准的化学品都用于杀灭特定的一种或几种寄生虫。这些兽药驱虫剂具有广泛的潜在副作用。2003年，美国农业部授予Spinosad（一种环境友好型驱虫剂）有机药剂的地位。它是一种相对较新的驱虫剂，来自一种名为刺糖多孢菌（Saccharopolyspora spinosa）的土壤细菌的发酵汁液，所以它对有害的昆虫有毒，但对哺乳动物没有毒性，可能比异噁唑啉产品（Bravecto、Simparica和NexGard）更安全。在最近的一项关于狗主人使用异噁唑啉产品的调查中，**66%的人报告说狗狗对这种成分有某种反应**。2018年9月20日，FDA发布警告称，含有异噁唑啉的产品会导致宠物出现肌肉震颤、共济失调和癫痫等不良症状。FDA与异噁唑啉产品制造商合作，在其标签上注明了适当的神经问题警告。

每种驱虫剂都有其自身的风险和好处，它们造成的影响取决于你的狗的排毒功能（这意味着狗狗清除体内化学物质的能力）、使用剂量频率、免疫状态和其他变量。

每只狗都应该根据其独特的风险情况进行**单独评估**。记住：许多狗身上的寄生虫携带的疾病也可以感染人类，比如蜱虫。所以你和你的狗一样有风险。我们建议你怎样为热爱户外的孩子和你自己做防护，就要怎样为你的狗狗做防护，为狗狗选择和人类相似的驱虫剂方案。在为你的狗狗确定合适的寄生虫控制方案时，请考虑以下几点。

➤ 我的狗狗是否有任何潜在的健康问题，使得体内驱虫剂的清除情况变得复杂（有没有肝分流、转氨酶异常或其他先天缺陷）？

➤ 我住的地方是否存在某些寄生虫的风险？风险是低、中还是高？

➤ 如果我生活在一个有中等或高寄生虫风险的地区，我们多久会有一次接触寄生虫的可能：每天，每周，每月？

➤ 我们是否全年都有可能接触寄生虫？

➤ 我是否愿意定期彻底检查自己和狗身上有无可见的外部寄生虫（如跳蚤和虱子）？（这是一个重要的问题，如果那些令人毛骨悚然的小爬虫在你们外出时落到了你们身上，彻底检查是发现它们的主要方法。）

➤ 我是否准备好了排毒方案？（如果你生活在一个高风险地区，并且长时间待在户外，你可能需要使用一些化学品，但在风险较低的月份，使用药剂的类型和频率就应该有所调整。如果你使用了化学药品，我们建议你制订一个排毒方案，因为你的狗的身体必然会承受驱虫剂的化学负担。我们采访的微生物学家建议，如果经常使用预防或杀灭蚤和蜱的化学药剂，就应使用益生菌和微生物群落支持方案。）

如果你生活在一个高风险的环境中，但环境暴露程度很低，或是在一个低风险的环境里，但有很高的暴露概率，你可能会发现混合寄生虫方案是最有效的：轮流进行自然阻碍和化学预防。在任何蜱虫流行的地区，无论你使用什么预防策略，我们建议至少每年与你的兽医进行一次蜱虫传播疾病的筛查测试。详见附录第363页。

自制防害虫喷剂

1茶匙（5毫升）苦楝油（来自健康食品店或你喜欢的高品质精油制造商）

1茶匙（5毫升）香草精（来自你的厨房橱柜，这有助于苦楝油效果更持久）

一杯（237毫升）金缕梅水（有助于苦楝油在溶液中分散）

1/4杯（60毫升）芦荟凝胶（帮助防止混合物分离）

将所有原料倒入喷瓶中，大力摇匀。立即喷在狗狗身上。（避开眼睛！）户外活动时，每4小时重复一次。每次使用前都要摇匀。出门后一定要给你的狗狗检查跳蚤，清除任何令人毛骨悚然的小爬虫（记住，没有任何杀虫剂或天然阻碍剂是百分之百有效的）。为了达到最大效力，每两周做一批新鲜的喷剂。

自制防虫项圈

10滴柠檬桉叶精油（这些精油应该由你信任的高品质精油制造商提供）

10滴天竺葵精油

5滴薰衣草精油

5滴雪松精油

将这些精油混合在一起，滴5滴在布质大手帕（或布质项圈）上；让你的狗狗在户外戴上这块大手帕。户外远足后摘下大手帕。每次外出之前，在手帕上再滴5滴。如果每天都会外出，那么每天都要滴。再次强调，如果出门，回来后一定要给你的狗梳理一下，清除任何令人毛骨悚然的小爬虫。

注意： 如果你的狗对这些成分敏感，不要使用这些产品。

实践预防原则： 预防原则认为，当一种化学物质的影响未知或有争议时，就尽量减少接触，以免遭受不良后果。当你对它有怀疑的时候，就坚决把它去掉！

8. **重新考虑一般家庭用品：** 投资购买一个由纯天然材料制成的有机狗窝。除非你有足够的经济能力给自己买一个新的有机床垫（大多数狗最后都会睡在我们的床上），否则你能采取的最优措施就是买一个由100%有机棉、麻、丝或羊毛制成的床套。如果你不准备给你的狗狗买一个新的有机狗窝，你也可以把它的床套起来——一个简单的有机棉床单或毛毯就可以了。每周用不含挥发有机化合物的洗涤剂清洗一次床套，不要使用织物柔顺剂。当你购买家用清洁剂、消毒剂、去污剂等化学制剂时，选择一些成分简单的绿色清洁产品，这些产品已经有很长的使用历史（比如白醋、硼砂、过氧化氢、柠檬汁、小苏打、橄榄油肥皂）。在我们的居室中，化学消费品的不断增加对狗来说是灾难性的，尤其是那些大部分时间都待在家里的狗狗。仔细评估你带回家的任何产品。小心那些标有"安全"、"无毒"、"绿色"或"天然"的标签，因为这些术语没有法律效力。仔细阅读标签内容，识别成分，特别注意上面的警告信息。你可以使用无害、有效、经济的原料来制作你自己的清洁产品。网上成千上万的简单配方都使用了广为人知的无毒原料。记住

"香料例外"原则：根据联邦法律，制造商不需要披露任何标有"香料"（fragrance）物质的化学成分，这是一个不太高明的漏洞，采取欺骗手段的公司利用它来掩盖有毒成分。如果你必须在家里使用标有"腐蚀性"或带有"如吞食，请呼叫中毒控制中心"警告的化学品，用纯净水进行第二遍和第三遍清洗，以清除所有微量化学元素残留。

9. **狗狗的卫生用品**：从狗狗沐浴香波到耳朵清洁剂和牙膏，都要选择有机或无化学成分的卫生产品。认真评估你给狗狗吃的和用的产品的成分。例如，许多去除泪痕的粉末是低剂量抗生素（泰乐菌素），使用时间过久会破坏狗狗的微生物群落；大多数防止食粪症的药剂都含有味精（谷氨酸钠），在实验中，这种物质可能会导致动物的行为障碍和神经内分泌问题。

自制牙膏配方：2大汤匙小苏打+2大汤匙椰子油+1滴薄荷精油（可选）。将原料混合均匀，并储存在玻璃罐中。用纱布包裹手指，浸入牙膏中，然后在狗的牙齿上摩擦，每天晚饭后进行。

10. **保持口腔健康**：我们都严重低估了口腔卫生的力量。但科学研究的结果很清楚：口腔健康与我们的一切息息相关，包括我们会承受多少系统性炎症。当我们的口腔和牙龈保持清洁、没有感染时，我们就可以减少危险的炎症和牙齿疾病的风险。据估计，高达90%的狗狗在1岁时就会患上某种形式的牙周病。许多人类牙膏都含有木糖醇，这是一种甜味剂，对狗来说是致命的。氟化物对你的狗也不安全，所以要使用专门为宠物制作的口腔卫生产品。你可以用生骨头进一步支持狗狗的口腔健康。澳大利亚的一项研究发现，只要提供生的、有肉的骨头，90%的牙齿结石就会在三天内被清除！（参见附录第374—375页的生骨头使用规则。）

11. **选择疫苗抗体滴度测试**：滴度测试是一种简单的血液测试，可以用来测试宠物接种过的疫苗是否还具有足够的免疫能力。成年人不需要每年注射儿童时期接种的核心疫苗，因为我们的免疫力可以持续几十年，在大多数情况下都能持续终生。同样，幼犬的核心疫苗基本上也可以提供持续多年（通常是一生）的免疫力。除狂犬病以外的所有病毒性疾病，如果不进行疫苗自动重新接种，那么可以用滴度测试来代替——狂犬疫苗接种是大多数国家的法律要求。这样可以帮助狗狗降低化学品（疫苗佐剂）负荷。毕竟狗狗只需要拥有足够的免疫功能，让自己的免疫系统在遭遇病毒时能够被激活就可以了——过分的免疫能力没有任何好处。抗体滴度呈阳性意味着狗狗的免疫系统能够产生有效的反应，此时不需要额外的疫苗。我们遇到的所有"永生狗"都修改了疫苗接种时间表。它们在幼犬时期接种疫苗，但成年后不是每年再接种一次。

12. **控制噪声和光污染**：让尽可能多的自然光进入你的所有房间，这样你就不必使用过多的人工照明。荧光灯和白炽灯都缺乏存在于阳光中的全光谱波长。剥夺狗狗的自然光照会造成众多已经确定的健康影响——从混乱的昼夜节律到抑郁。我们需要更好地遵守我们的生物钟。晚饭后或最迟在晚上8点前将屋内的灯光调暗，尽量减少或关闭任何蓝光屏幕（手机、电脑等）。潘达教授家在吃晚饭后会把屋里的顶灯都关掉。我们也跟着做了。他有一句很好的、令人难忘的名言："用来照明的光和提供给健康的光不一样。"你可以花不到10美元买一个便宜的桌面调光器来调节你的台灯，在接近睡觉的时间把光亮调暗，以保持褪黑素分泌功能的开启和平衡。在家里保留一个安静的房间，将刺耳的噪声挡在外面，比如音量很大的电视。晚上关掉路由器。如果你是那种喜欢玩到很晚的人，也就是说，过了狗狗该睡觉的时间之后，家里还会有很多灯光和噪声，那就给你的狗狗创造一个黑暗、舒适和平静的安全环境。

有光污染&无光带来的后果

夜晚有明亮的屏幕&
灯光:

- 激活视黑素,
  让我们清醒
- 减少褪黑素
- 破坏生理节律

白昼阴暗的室内:

- 混淆昼/夜生理节律
- 引发抑郁&焦虑
- 降低警觉性

13. **寻找一个积极预防的健康团队**:宠物领域的独立微型服务商是支持你的狗狗走在健康道路上的最佳选择。这些本地宠物店的员工通常都是狂热的爱狗人士,他们在宠物食品的选择方面也受过良好的教育,并对店里出售的品牌做过研究。他们还与动物健康领域的其他专业人士有很好的联系。所以当你在寻求康复/理疗帮助时,他们可以为你指明正确的方向,帮你找到当地宠物训练师和拥有预防理念的兽医。在很多情况下,就像维护人类健康一样,你最终会为你的狗选择一支健康护理团队,正如同你要为自己选择同样功能的团队。在我们的生活中,有全科医生、妇产科医生、脊椎按摩师或按摩治疗师、营养顾问、私人教练、牙医、皮肤科医生、心理治疗师来帮助我们维护健康、预防疾病。随着年龄的增长,这个名单还会包括肿瘤科医生、骨科医生、内科医生、外科医生等等。我们的目标是能够按照我们自己的方式,像从菜单上点菜一样安排我们的健康事务，融合许多从业人员的专业知识——他们对我们身体的某一部分或在医学的某一方面有专门的知识储备和治疗能力。如果我们的努力足够成功，那么我们随后就不需要专家给我们进行治疗，因为我们通过明智的生活方式预防了严重疾病。一位医生为我们解决所有医学和身体问题的时代已经一去不复返了。在世界许多地方，多样化的保健也已经普及了兽医学。许多宠物主人都配备有一位正规的兽医、一位综合或功能性健康医学兽医、一个提供下班后护理的急诊室、一位理疗师负责进行伤后恢复（或者防止受伤）以及一位针灸师和/或按摩师。如果你生活在农村地区，或者在其他没有机会获得各种各样健康服务的地方，不要担心：阅读这本书是一个很好的开始，互联网上有很多可信的资源，可以帮助你成为一个有知识储备的、明智的健康倡导者，无论是对你自己还是对你的狗。

最后，你**不需要花钱**就可以做很多改变，来改善健康状况。你不需要很富有，也不需要等拿到年终奖的时候才能实现这本书里讲到的很多事。

运动可以提供或替代超过二十几种营养补充剂的作用，是一种自然的排毒方式，而且是**免费的！**如果你缺钱，运动是一种有效的抗衰老工具。我们必须每天给狗狗**活动**的机会，让它们能产生足够的脑源性神经营养因子（BDNF）。BDNF不存在于任何营养补充剂中。压力和自由基会降低BDNF水平，而有氧运动和充足的维生素B_5（蘑菇中有）会提升BDNF的水平。

别忘了早上带狗狗散步——这会刺激它的身体分泌视黑素，而晚上散步会刺激身体分泌褪黑素。拉开窗帘，让狗狗最大限度地享受自然阳光，晚上关掉路由器，每天陪它玩一些益智游戏和玩具，帮它找到一个玩伴，保持狗狗的体重稳定，实践限时进食，睡前至少两小时不再给狗狗吃东西——只需要创造一个进食时间，就可以极大地改善狗狗的新陈代谢和免疫健康。

　　这只是本书中提到的一些建议，它们将帮助你的狗狗享受漫长的健康寿命。要拥有足够的资源，有时并不需要花很多钱。例如，当你购买食品杂货时，找一些有凹痕和破损的打折商品，把它们冷冻起来。把你饭桌上吃剩的蔬菜（不加酱料）放进狗狗的碗里。自己种植蔬菜。多去菜市场转转。把外卖里面的欧芹配菜当作免费赠送的核心长寿食物伴侣。从你的香料抽屉里找一些安全的烹饪香料给狗狗补充营养。把剩下的鸡骨头煮一煮做成肉汤。煮两个人喝的药草茶（加进狗粮之前要放凉）。带你的狗狗去树林里玩泥土，在湖里游泳，在户外的天空下自由活动，这些都是有创意和经济实惠的选择，能够让狗狗更健康，更长寿！

　　逐步改善狗狗的健康和幸福是一段长远的旅程，从某种程度上来说，也是我们的一种进化。狗和人类已经共同进化了几千年，相互依赖，相互学习，相互倾听，不断促进彼此的身体和情感健康。当你开始这次探索之旅，决定要创造你的"永生狗"时，请记住：狗狗活在当下，活在此刻。现在就是我们一同踏上健康之旅的最佳时机。让我们来一次最长久、最充实的"散步回家"吧。

🐾 长寿小提示 🐾

➤ 每周至少三次，狗狗应该进行至少20分钟的能加快心跳的运动，大多数狗狗都能从时间更长、更频繁的运动中受益。30分钟或1小时比20分钟好，一周6天或7天比3天好。运动时要有创意，找出你的狗狗喜欢做什么。

➤ 大脑锻炼和身体锻炼一样重要（www.foreverdog.com上有更多建议）。

➤ 除了日常锻炼外，带你的狗狗进行昼夜节律嗅闻，早晚各一次。或者至少每天一次，让它去嗅闻任何它感兴趣的东西，想闻多久就闻多久。不要用牵绳勒住它。

➤ 无论是领养狗狗还是购买幼犬，都要负责任地进行调查。如果你要购买一只幼犬，就必须与合格的繁育者合作，并且你要事先对合作者进行充分研究，确定他们致力于创造基因健康的小狗（参见附录第372—374页，购买幼犬之前你需要问的问题）。

➤ 如果你要对狗狗进行救助性领养，不知道狗狗的DNA也没关系。如果你对此感到好奇，你可以尝试进行基因测试（参见www.caninehealthinfo.org和www.dogwellnet.com）。许多遗传易感性问题可以受到你的积极影响，这需要你妥善调整日常生活方式。

➤ 通过提供持续的社会化训练、精神刺激和以狗狗为中心的日常活动，可以最小化狗狗的慢性情绪压力。当然，所有这些活动都应该是狗狗喜欢的。

➤ 通过13项检查清单最大限度减少环境压力，减少狗狗的化学物质负荷（参见第343—354页）。

让我们来看一个"永生狗"的生活实例。读这本书的大多数人都不是住在农场。在那里，你可以打开屋门，让你的狗过它最喜欢的生活，以它自己的方式体验每一天。但大多数的狗狗都只能在家中等待**我们**。所以我们有责任为它们做出选择，帮助它们运动、社交和玩耍。这些都需要我们为它们创造各种珍贵的机会，实现一个又一个"狗狗的一天"，以自由的生活体验为它们的身体和大脑提供营养。

美好的"狗狗的一天"是什么样的？在每个人看来应该都不一样，但我们很高兴地看到，我们的网络社区有成千上万人正在把"永生狗"原则付诸行动，设计了适合他们的生活方式的"永生狗的一天"。下面就是史黛西（Stacey）和查姆（Charm）的例子。

26岁的史黛西是生活在匹兹堡的专业遛狗者。8岁大的查姆是一只获得救助的母犬，是约克犬和贵宾犬的混血后代。因为史黛西每天都需要早早开始工作，查姆没有时间进行早锻炼，所以它的一天是这样的：

- ▶ 早上第一件事，所有的窗帘都会打开。

- ▶ 耐热玻璃碗中盛满过滤的新鲜饮用水。

- ▶ 早餐：少量的自制食物混合一大汤匙无合成物的颗粒狗粮，浇上温热骨头汤，食物中藏着营养补充剂（史黛西早上不会喂给查姆一顿大餐，这样她工作的时候查姆就不用排便了）。

- ▶ 10分钟的昼夜节律嗅闻（查姆有机会嗅闻、排便、排尿、再嗅闻，史黛西可以一边呼吸新鲜空气，一边喝一杯咖啡）。

- ▶ 史黛西去工作6个小时，很晚才回家吃午饭。在加热午餐的同时使用核心长寿食物伴侣作为训练零食，让查姆练习"坐"、"停"和"躺"几分钟。在一个漏食玩具里装上冻干肉，让查姆在吃午饭的时候玩。

- ▶ 带着查姆散步20分钟，然后回去工作。

- ▶ 史黛西下班回家，和查姆玩拔河游戏热身，然后在后院玩追球。狗狗的晚餐（查姆的主要热量来源）：冻干食品用药用蘑菇汤冲泡好（参见第211页），再加上营养补充剂。史黛西把自己吃的蔬菜切碎一部分，混合在查姆的食物里作为核心长寿食物伴侣。

- ▶ 在嗅闻毯里藏一大汤匙生食（这是一个很好的吸引查姆的工具），在史黛西吃饭的时候让查姆有事可做。

- ▶ 饭后10分钟的昼夜节律嗅闻，通常会和邻居家的狗狗打招呼并进行社交。

- ▶ 调暗家里的灯光，拉上窗帘。

- ▶ 睡觉时间：关掉电视和路由器，给查姆刷牙，给查姆做放松性的身体按摩（同时从头到脚检查一遍查姆的身体），关掉所有的灯。

你的美好明天会是什么样子的？

尾 声

根据最新的研究，养狗会给我们的心理带来益处，而且是非常大的益处。美国现在出现了"新冠流行狗狗"现象，狗狗的领养率飙升〔根据非营利数据库"寄养机构动物统计"（Shelter Animals Count）的数据，2020年领养数量增加了30%〕。这生动地表明了我们大家都相信一件事——狗狗能够改善我们的心理健康，减轻孤独感。一项又一项研究证明了我们千万年以来的感觉：领养宠物有助于保持对生活的乐观态度，减轻抑郁和焦虑的症状。狗对我们的心灵和健康都有好处。作家兼动物学家卡伦·韦嘉（Karen Winegar）说得很好："人与动物的联结超越理性，直击心灵，饱含情感，以其他任何事物都无法达到的方式滋养着我们。"是的，的确如此。我们的狗狗以其他任何事物都无法达到的方式滋养了我们的灵魂，丰富了我们的生活。这就是为什么失去一只心爱的宠物会和失去家庭成员或朋友一样痛苦，甚至更痛苦。

它们给了**我们**太多。现在轮到我们给予**它们**了。我们希望这本书能激励人们给狗狗提供最好的东西。一旦我们做出照顾宠物的承诺，我们就承担了用正确的方式对待它们的道德责任。我们已经在心中暗自发誓，要为了狗狗做一名优秀的家长。我们**从心底**想要用正确的方式照顾我们的狗狗。我们希望我们珍贵的毛孩子快乐、满足和健康——能够充分表达它们作为狗狗的自我。那么最好的方法就是创造一个环境，为它们提供恰当的食物，激活和滋养它们的身体、大脑和灵魂。

我们恳求你不要自责，也不要对你"旧的喂养方式"感到内疚。宠物食品行业非常成功地说服了狗狗家长，让大家以为那些高度加工的、没有营养的食物是你的狗狗健康长寿所需要的全部。**现在你才知道，事实并非如此。**

读了这本书，你就有了科学概念（为什么）以及工具和方法（如何做）来制订永生狗健康计划，它会为你效力，让你的狗狗走上一段改变生命的健康之旅。你不需要大规模改革，只是一步步地逐渐变化就能带来强大的效果。你也不必倾家荡产去采购。冰箱里的有机蓝莓就能给狗狗提供一种强大的抗氧化剂，能够让它的基因表达有所改善。我们写这本书的目的是为你和你的狗狗提供正确的选择和所需要的信息。你知道得越多，做得就越好。当你为狗狗的饮食和活动做计划时，请参照这本书的内容，并浏览网上资源，以获取更新的参考列表——别忘了把这些信息结合在一起使用。多样性是生活的调味剂，对打造一只"永生狗"同样非常重要。

现在你知道了要从哪里开始，但这可能会让你感到害怕，你可能会怀疑自己没有做好这件事的能力。不要迟疑。我们向你保证：你能做到！这真的**没有**那么难。这确实需要努力和时间，但我们知道你有这份意志，因为你马上就要看完这本书了！我们向你保证，总有一天，你的知识储备会让你充满自信。与此同时，继续为正确的事情而战吧。坚持阅读（商品标签、文章、书籍），研究（网上有很多资源），更深入地参与网上的动物健康社区互动——我们在世界各地都有很多这样的同伴。只需要和大家多交流，你就能获得很多支持，解决你的困惑。随着时间推移，通过不断实践，你的恐惧会减少，你的信心会增加。有些事情会有很好的效果，最终成为你持之以恒的习惯。其他事情你会进行尝试，然后不断改进。这就是我们应该做的。

最令人欣慰的是：总有一天，你会**知道**你做对了。你会知道你为你的狗狗做了正确的事，因为你的狗狗会告诉你——你将看到它的活力、它的光芒、它的神采飞扬、它的健康强壮。它的脚爪散发着春天的气息，眼睛里闪烁着星星般的光亮——那时你就知道了。**你**给了它不可思议的礼物——非凡的健康和长寿。你知道，你实现了自己的誓言，养育了一只永生狗。在这个世界上，没有什么事情能比它更让人满足了。干得好，守护者。

我们希望你们是最好的家长，永远都是。

致 谢

我们要感谢很多人。要对很多很多朋友送上疯狂的、热情的、谦卑的感谢。《永远的爱犬》是一部充满欢乐的合作作品，几十位朋友慷慨地拿出时间，和我们分享了他们的见解和专业知识，使这本书实现了我们撰写它的使命：为全球犬类健康发起一场革命。我们采访、联系了很多人，并向那些一开始就在支持这个项目的人学习，他们都是如此了不起，有许多人是世界一流的专家和科学家，他们对这本书的兴趣和他们分享研究的热情对我们是巨大的鼓舞。他们的最终目标都是要帮助狗狗活得更久、更健康——毋庸置疑，能见到世界上最年长的狗狗，以及它们了不起的主人，这是令人惊叹的、一生只有一次的礼物，我们永远都不会忘记。谢谢辛迪·米尔，你把我（罗德尼）介绍给了乔妮·埃文斯，她建议我和金·威瑟斯彭谈谈。是金最终指导我们完成了整个创作过程。感谢 Harper Collins 为我们做的一切：感谢布莱恩·佩兰与肯尼斯·吉列和马克·福捷的团队辛勤的工作，还有我们自己团队的蕾切尔·米勒、马克·刘易斯和比娅·亚当斯，大家一同完成了在新冠肺炎疫情防控期间协调出版一本书的挑战性任务。卡伦·里卡尔迪和哈珀·伟福巧妙地策划了整个项目，并为我们引荐了最好的合作伙伴——科普作家克里斯丁·洛贝格。谢谢你，克里斯丁，你整理了数百份参考资料和采访，并帮助我们整理了罗德尼几年来积累的科学研究。为如此广泛的受众收集如此大量的信息，简直是不可想象。你向我们保证所有这些资料会汇总出一个理想的结果，你做到了。

我们一起做成了这件事，对此我们心中充满感激。我们还要感谢邦妮·索洛，她为优化手稿内容提供了宝贵的编辑建议。乔阿姨（莎伦·肖·埃尔罗德医生）、史蒂夫·布朗、苏珊·西克斯顿、塔米·阿克曼、劳里·柯格博士、莎拉·麦凯根、简·卡明斯，以及我（贝克尔医生）的闺密苏珊·莱克医生，感谢你们的编辑建议。我们非常荣幸能够和这么多致力于宠物健康的优秀专家组成一支团队。蕾妮·莫林，你对我们2.0宠物家长在线社区 Inside Scoop 坚定不移的支持让每个人都无比感激，你的幕后帮助是无价的。在这个过程中，很多人都积极地伸出了援手，包括妮基·图奇、惠特尼·鲁普，整个 Planet Paws 团队，当然还有我们最爱的家庭成员。在创作这本书的过程中，我们的妈妈莎莉和让妮娜提供了健康美味的家常饭菜，保证了我们的良好营养，让我们能够不断努力工作！谢谢你，贝克尔妈妈，你不仅为我（贝克尔医生）的比特犬们制作了零食，还在我忙于写作的时候，为我的宠物们做了所有的食物。还有安妮（贝克尔医生的妹妹），她连续几个晚上熬夜编辑、编辑再编辑：你的建议让这本书的文字更清晰，内容更精练。

我们也对热爱动物的健康社团和世界各地成千上万的长寿实践者怀有深深的感激之情，他们都在向我们索要这本书。全世界动物健康倡导者们形成的知识网络在不断扩展。对于所有贯彻"永生狗"原则并取得惊人成果的人来说，你们坚定不移的支持和鼓舞人心的见证激励着我们完成我们的人生使命。最后，如果我们不以本书开始的方式来结束这本书，向我们生活中最有力量的老师和最亲密的朋友——狗狗们表达我们最深切的感激之情，那将是我们的最大疏忽。是我们的狗狗让我们成为更好的人。我们希望这本书能让我们成为更好的守护者。

附 录

体 检 建 议

────────

每年的体检对健康非常重要。因为狗狗的衰老速度比人类快得多，我每半年都会见一下我的许多进入中年的狗狗客户，以确保在它们衰老（或出现新症状）的过程中更新它们的健康方案。健康是一个动态的过程，需要不断修改患者的饮食和个性化的健康策略，以实现最大限度延长健康寿命的目标。除了完整的身体检查外，基本的实验室检测（包括全血细胞计数和血液化学特征）、粪便寄生虫测试和尿液分析都是狗狗年度检查的重要组成部分。有一些额外的检查，可以在确定健康状况和狗狗老化情况等方面发挥作用。它们还能帮助你在宠物生病前就有所预警。

➤ **维生素 D 测试**——狗和猫不能从阳光中获取维生素 D，所以它们必须从饮食中获取。不幸的是，许多商业宠物食品中使用的合成维生素 D 对一些宠物来说很难吸收，许多营养不平衡的家庭自制的饮食也都缺乏维生素 D。维生素 D 检测是常规血液检查的附加内容，但你可以要求你的兽医将其包含在血液检查中。维生素 D 水平低会在很多方面对狗狗产生负面影响，包括损害它们的免疫反应。

➤ **肠道生态失调测试**——超过 70% 的免疫系统位于肠道，许多宠物都患有肠道相关的疾病，从而导致吸收不良、消化不良，最终导致免疫系统衰弱和功能失调。识别和解决肠漏和肠道生理失调至关重要，只有解决了这些问题，才能恢复健康状态，特别是对于身体虚弱、患有慢性疾病和衰老的宠物。

➤ **C 反应蛋白（CRP）**——这是狗狗全身炎症最灵敏的标志之一，现在兽医可以在医院里完成这项测试。

➤ **心脏生物标志物（脑钠肽，BNP）**：这是一种简单的血液测试，可以测量器官受损或承受压力时心脏释放的物质，是一个很好的筛查心肌炎、心肌病和心力衰竭的方法。

➤ **糖化血红蛋白（A1c）**：最初被用作监测糖尿病的工具，大约十年前，人类生物黑客、代谢组学研究人员和功能性医学从业者开始使用A1c作为代谢健康的标志。A1c实际上是一种晚期糖基化终末产物，是血红蛋白（一种携带氧气的蛋白质）被糖覆盖（糖化）数量的表征。A1c量越高，炎症、糖基化和代谢压力就越大。你的狗也一样。

➤ **一种结合蜱虫传播和心丝虫疾病的测试**：在世界上许多地方，包括北美，进行简单心丝虫测试的时代已经一去不复返了。蜱虫无处不在，携带着比心丝虫更常见的潜在致命疾病。在某些地区，莱姆病和其他蜱虫传播疾病正悄悄地侵袭狗和人的身体，成为一种流行病。向你的兽医咨询SNAP 4Dx Plus（来自Idexx Labs公司）或AccuPlex4测试（来自Antech Diagnostics公司），这些测试可以筛查心丝虫、莱姆病以及**埃利克体**和**无形体**的各两种菌株。如果你的狗在这些莱姆病筛查测试中呈阳性，这意味着它已经接触了莱姆病原体。**不过这并不意味着它有莱姆病。**实际上，研究表明，大多数狗的免疫系统都在做它们应该做的事情，对细菌产生免疫反应并消灭它们。但在大约10%的病例中，狗被感染后无法清除致病螺旋体。这些狗需要在症状出现之前得到及时识别和治疗。区分莱姆病接触与莱姆病感染/患病的测试称为"定量C6"（QC6）血液测试。不要着急让你的兽医开抗生素，除非QC6证明你的狗目前是莱姆病感染阳性。如果你出于任何原因使用抗生素，请确保先看过这本书中关于微生物群落构建的方案。建议每隔6—12个月进行一项简单的血液测试来筛查蜱虫传播疾病（这取决于这些疾病在你生活地区的猖獗程度以及使用跳蚤和蜱虫驱虫剂的效力和频率）。如果你使用的是纯天然的预防药物，那么要经常检查——它们不像化学杀虫剂那样有效（不过它们也没有毒性）。如果你正在使用兽医处方的跳蚤和蜱虫药物，每年做一次AccuPlex4或SNAP 4Dx Plus，并且要给狗狗排毒！

注：www.foreverdog.com上有关于创新生物标志物、健康诊断、体检和实验室的更多信息。

牛肉餐营养分析

成分	克	磅	盎司	百分比
绞碎牛肉（93%瘦肉，7%肥肉）煮熟或用平底锅嫩煎	2 270.0	5.00	80.00	58.07%
牛肝，小火焖煮熟	908.0	2.00	32.00	23.23%
芦笋，生	454.0	1.00	16.00	11.61%
菠菜，生	113.5	0.25	4.00	2.90%
葵花籽仁，干	56.8	0.13	2.00	1.45%
工业大麻（汉麻）籽	56.8	0.13	2.00	1.45%
碳酸钙	25.0	0.06	0.88	0.64%
Carlson鳕鱼肝油，400IU/茶匙	15.0	0.03	0.53	0.38%
姜粉	5.0	0.01	0.18	0.13%
海藻粉、海草	5.0	0.01	0.18	0.13%
总计	3 909.1	8.62	137.77	100%

常量营养素分析 阿特沃特标准			
成分	配方比例	干物质比例	千卡百分比
蛋白质	25%	66%	54%
脂肪	9%	23%	42%
灰分	2%	6%	
水分	63%		
纤维素	1%	2%	
净碳水化合物	2%	4%	3%
糖（有限数据）	0%	1%	1%
淀粉（有限数据）	0%	0%	0%
总计			100%

主要营养素信息	
总热量（千卡）	7 098
千卡/盎司	52
千卡/磅	824
千卡/天	342
可喂食天数	20.7
千卡/千克	1 817
千卡/千克干物质	4 863
每天喂食量（克）	188
每天喂食量（盎司）	6.6

（上表中喂食量对应10磅体重成年犬，每天有正常活动的情况。）

体重		10	磅						40	磅			
		4.5	千克						18.2	千克			
活动水平，FEDIAF 2016年标准	k因子（标准食物量因运动量而进行调整的百分比乘数）	千卡/天	盎司/天	克/天	体重百分比	千卡热值每磅体重	千卡热值每千克体重	单位量食物/天	千卡/天	盎司/天	克/天	体重百分比	千卡热值每磅体重
成年犬													
静息能量	70	218	4.2	120	2.6%	21.8	47.9	3.8	616	12.0	339	1.9%	15.4
成年犬—室内休息	85	265	5.1	146	3.2%	26.5	58.2	4.7	748	14.5	412	2.3%	18.7
成年犬—少活动	95	296	5.7	163	3.6%	29.6	65.1	5.2	836	16.2	460	2.5%	20.9
成年犬—活跃	110	342	6.6	188	4.2%	34.2	75.3	6.0	969	18.8	533	2.9%	24.2
成年犬—很活跃	125	389	7.6	214	4.7%	38.9	85.6	6.9	1 101	21.4	606	3.3%	27.5
成年犬—非常活跃	150	467	9.1	257	5.7%	46.7	102.7	8.2	1 321	25.6	727	4.0%	33.0
成年犬—工作犬	175	545	10.6	300	6.6%	54.5	119.9	9.6	1 541	29.9	848	4.7%	38.5
成年犬—雪橇犬	860	2 677	52.0	1 473	32.5%	267.7	589.0	47.2	7 572	147.0	4 167	23.0%	189.3

AAFCO 2017 年标准—成年犬—活跃					单日份食物提供营养素
矿物质	单位	最低	最高	1 000 千卡食物中营养素含量	
钙	克	1.25	6.25/4.5	1.67	0.54
磷	克	1.00		1.66	0.57
钙∶磷	比值	1∶1	2∶1	1∶1	
钾	克	1.50		2.27	0.78
钠	克	0.20		0.41	0.14
镁	克	0.15		0.22	0.08
氯 （无美国农业部数据）	克	0.30		0.01	
铁	毫克	10.00		21.81	7.47
铜	毫克	1.83		19.02	6.51
锰	毫克	1.25		1.59	0.54
锌	毫克	20.00		30.74	10.53
碘 （无美国农业部数据）	毫克	0.25	2.75	0.475	0.16
硒	毫克	0.08	0.50	0.124	0.04

AAFCO 2017 年标准—成年犬—活跃					单日份食物提供营养素
维生素	单位	最低	最高	1 000 千卡食物中营养素含量	
维生素 A	IU	1 250 .00	62 500	42 940.13	14 704
维生素 D	IU	125.00	750	252.63	87
维生素 E	IU	12.50		12.90	4
维生素 B$_1$（硫胺素）	毫克	0.56		0.73	0.3
维生素 B$_2$（核黄素）	毫克	1.30		5.24	1.8
维生素 B$_3$（烟酸）	毫克	3.40		46.56	15.9
维生素 B$_5$（泛酸）	毫克	3.00		11.95	4.1
维生素 B$_6$（吡哆醇）	毫克	0.38		2.91	1
维生素 B$_{12}$	毫克	0.01		0.099	0.034
叶酸	毫克	0.05		0.432	0.148
胆碱	毫克	340.00		860.95	295

AAFCO 2017 年标准—成年犬—活跃				1 000 千卡食物中营养素含量	单日份食物提供营养素
脂肪	单位	最低	最高		
总脂肪	克	13.80	82.5	47.06	16.11
饱和脂肪酸	克			15.89	5.44
单不饱和脂肪酸	克			15.19	5.20
多不饱和脂肪酸	克			7.11	2.43
亚油酸（LA）	克	2.80	16.3	5.12	1.75
亚麻酸（ALA）	克			0.65	0.22
花生四烯酸（AA）	克			0.44	0.15
EPA+DHA	克			0.41	0.14
二十碳五烯酸（EPA）	克			0.18	0.06
二十二碳五烯酸（DPA）	克			0.09	0.03
二十二碳六烯酸（DHA）	克			0.23	0.08
ω-6/ω-3	比值		30∶1	5.25	

AAFCO 2017 标准—成年犬—活跃				1 000 千卡食物中营养素含量	单日份食物提供营养素
氨基酸	单位	最低	最高		
总蛋白	克	45.00		135.74	46.48
色氨酸	克	0.40		0.99	0.34
苏氨酸	克	1.20		5.26	1.80
异亮氨酸	克	0.95		5.98	2.05
亮氨酸	克	1.70		10.84	3.71
赖氨酸	克	1.58		10.69	3.66
蛋氨酸	克	0.83		3.40	1.17
蛋氨酸-胱氨酸	克	1.63		5.08	1.74
苯基丙氨酸	克	1.13		5.69	1.95
苯基丙氨酸-酪氨酸	克	1.85		10.06	3.44
缬氨酸	克	1.23		6.97	2.39
精氨酸	克	1.28		9.09	3.11

（上述表格中灰色阴影区域为不符合欧盟以及AAFCO的犬类成长标准。）

带营养补充剂的火鸡餐营养分析

成分	克	磅	盎司	百分比
火鸡肉（85%瘦肉，15%肥肉），平底锅嫩煎，弄碎	2 270 .00	5.00	80.07	51.23%
牛肝，小火焖煮熟	908.00	2.00	32.03	20.49%
抱子甘蓝，煮熟，脱水，无盐	454.00	1.00	16.01	10.25%
豆子，鲜嫩的，绿色的，冷冻的，各个种类，不需烹饪	454.00	1.00	16.01	10.25%
莴苣，生的	227.00	0.50	8.01	5.12%
三文鱼油，野生三文鱼调和油（品牌：Omega Alpha）	50.00	0.11	1.76	1.13%
碳酸钙	25.00	0.06	0.88	0.56%
维生素D₃，400IU/克	3.00	0.01	0.11	0.07%
钾（品牌：Solaray），99毫克/胶囊，1克＝1胶囊	25.00	0.06	0.88	0.56%
柠檬酸镁，200毫克/片，1克＝1片	3.00	0.01	0.11	0.07%
螯合锰—10毫克单位	1.00	0.00	0.04	0.02%
锌（品牌：Nature'S Made），30毫克片剂	4.00	0.01	0.14	0.09%
碘（品牌：Whole Foods），360微克/胶囊	7.00	0.02	0.25	0.16%
维生素E（品牌：Bluebonnet），400IU，1克＝1胶囊	0.13	0.00	0.00	0.00%
总计	4 431 .13	9.78	156.30	100.00%

常量营养素分析			
成分	配方比例	干物质比例	千卡百分比
蛋白质	19.33%	54.01%	39.78%
脂肪	11.23%	31.36%	56.10%
灰分	2.52%	7.05%	
水分	64.20%		
纤维素	0.71%	1.99%	
净碳水化合物	2.00%	5.59%	4.12%
糖 （有限数据）	0.24%	0.67%	0.49%
淀粉 （有限数据）	0.16%	0.44%	0.32%
总计			100%

（天然食物的营养成分各不相同，有时差别很大。上表中营养素含量仅取近似值。）

主要营养素信息	
总热量/千卡	7 538.38
千卡/盎司	48.23
千卡/磅	771.67
千卡/天	2 068.33
可喂食天数	3.64
千卡/千克	1 701.20
千卡/千克干物质	2 108.97
每日喂食量（克）	1 215.80
每日喂食量（盎司）	42.89
生酮比例［克脂肪/（克蛋白质+克净碳水化合物)]	0.53

矿物质	单位	最低	最高	1 000千卡食物中营养素含量	单日份食物提供营养素
钙	克	1.25		1.54	3.19
磷	克	1.00	4.00	1.45	3.00
钙：磷	比值	1：1	2：1	1.06：1	
钾	克	1.25		1.79	3.70
钠	克	0.25		0.37	0.77
镁	克	0.18		0.22	0.45
氯 （无美国农业部数据）	克	0.38			
铁	毫克	9.00		15.33	31.71
铜	毫克	1.80		17.85	36.92
锰	毫克	1.44		2.16	4.47
锌	毫克	18.00	71.00	33.62	69.53
碘 （无美国农业部数据）	毫克	0.26		0.33	0.69
硒	毫克	0.08	0.14	0.15	0.32

维生素	单位	最低	最高	1 000千卡食物中营养素含量	单日份食物提供营养素
维生素A	IU	1 515.00	100 000.00	39 965.19	82 661.27
维生素C	毫克			12.02	24.85
维生素D	IU	138.00	568.00	242.30	501.16
维生素E	IU	9.00		9.00	18.62
维生素B₁（硫胺素）	毫克	0.54		0.62	1.29
维生素B₂（核黄素）	毫克	1.50		5.03	10.41
维生素B₃（烟酸）	毫克	4.09		45.14	93.37
维生素B₅（泛酸）	毫克	3.55		13.10	27.10
维生素B₆（吡哆醇）	毫克	0.36		2.75	5.70
维生素B₁₂	毫克	0.01		0.09	0.19
叶酸	毫克	0.07		0.41	0.86
胆碱	毫克	409.00		749.15	1 549 .50
维生素K₁ （最小数据）	毫克			158.03	326.87
生物素 （最小数据）	毫克				

氨基酸	单位	最低	最高	1 000千卡食物中营养素含量	单日份食物提供营养素
总蛋白	克	45.00		113.65	235.07
色氨酸	克	0.43		1.32	2.72
苏氨酸	克	1.30		5.00	10.34
异亮氨酸	克	1.15		5.08	10.51
亮氨酸	克	2.05		9.56	19.78
赖氨酸	克	1.05		9.55	19.76
蛋氨酸	克	1.00		3.16	6.54
蛋氨酸-胱氨酸	克	1.91		4.61	9.53
苯基丙氨酸	克	1.35		4.83	9.99
苯基丙氨酸-酪氨酸	克	2.23		8.91	18.43
缬氨酸	克	1.48		5.70	11.80
精氨酸	克	1.30		7.65	15.83
组氨酸	克	0.58		3.33	6.89
嘌呤	毫克				
牛磺酸	克			0.02	0.05

脂肪	单位	最低	最高	1 000千卡食物中营养素含量	单日份食物提供营养素
总脂肪	克	13.75		66.00	136.52
饱和脂肪酸	克			15.85	32.79
单不饱和脂肪酸	克			19.03	39.35
多不饱和脂肪酸	克			15.42	31.90
亚油酸（LA）	克	3.27		12.96	26.80
亚麻酸（ALA）	克			0.76	1.56
花生四烯酸（AA）	克			0.69	1.42
EPA+DHA	克			2.12	4.38
二十碳五烯酸（EPA）	克			1.28	2.64
二十二碳五烯酸（DPA）	克			0.04	0.08
二十二碳六烯酸（DHA）	克			0.84	1.74
ω-6/ω-3	比值			4.75∶1	

购买幼犬时需要向繁育者提出的20个问题

关于基因和健康筛查

1. 目前所有针对这个品种的DNA测试都在母犬（母亲）身上做过了吗？（在www.dogwellnet.com上按犬类品种查找DNA测试列表。）

2. 目前所有针对该品种的DNA测试都在父犬（父亲）身上做过了吗？

3. 动物骨科基金会（Orthopedic Foundation for Animals，简称OFA）对父母的髋关节发育不良（PennHip）以及肘部和髌骨的筛查结果是什么？

4. 对于甲状腺可能受基因缺陷影响的品种，母犬和父犬的甲状腺检查结果最后一次登记到OFA甲状腺数据库是在什么时候？

5. 在进行繁育之前，是否有眼科医生对母犬和父犬的眼睛进行了检测，并将结果报告给伴侣动物眼睛登记处（Companion Animal Eye Registry，简称CAER）或OFA？

6. 母犬和父犬是否存在与犬类品种有关的问题，而繁育者试图通过适当的种系交配予以解决/纠正/改善？

关于表观遗传学

7. 母犬和父犬的饮食中未加工或最低限度加工食物占多大比例？

8. 母犬和父犬是否有疫苗方案？

9. 幼犬的疫苗接种方案是否有计算图表？（测试母犬的抗体水平以确定哪天接种疫苗对幼犬有效。）

10. 多长时间对父母使用一次驱虫剂（体外或体内驱除心丝虫、跳蚤和蜱虫的药物）？

关于社会化、早期发展和健康

11. 将幼犬安置在新家之前，繁育者会制订什么样的早期社会化计划（0—63天）？

12. 繁育合同是否要求幼犬在一定年龄前绝育？

13. 如果上一个问题的答案为"是"，那么绝育条款是否写明进行输精管切除术或子宫切除术（而不是阉割或卵巢切除）？

14. 领养合同是否要求你参加你的小狗的训练课程？

15. 如果这个品种有需要，幼犬是否在6—8周大的时候会接受兽医眼科医生的检查？

16. 在被送往新家之前，幼犬是否会由繁育者合作的正规兽医进行基本检查？幼犬在多大的时候被送往新家？

关于透明度

17. 繁育者是否允许你访问他们的家或设施（亲自上门或通过视频直播），并为你提供参考资料？

18. 如果你不能将幼犬留在家里，或事情有什么不顺利，繁育者能够随时把幼犬接回去吗？

19. 如果你需要，繁育者（或与他们合作的其他人）是否可以提供支持？

20. 幼犬的相关服务是否包括以下所有内容？

   ➤ 合同

   ➤ 美国养犬俱乐部（AKC）或其他必需的注册申请和证书

   ➤ 其他犬种相关注册（如有需要，比如美国澳大利亚牧羊犬俱乐部）

   ➤ 血统溯源

   ➤ 幼犬眼科检查结果的副本，如有需要

   ➤ 兽医提供的幼犬健康状况概要（首次兽医就诊的医疗记录）

   ➤ 母犬健康证明，包括DNA结果副本

➤ 父犬健康证明，包括DNA结果副本

➤ 父犬和母犬的照片

➤ 相关知识和信息（建议喂养时间表、疫苗接种方案和抗体滴度建议日期，以确保免疫接种的进行，还有训练方式方法和相关资源）

生骨头使用规则

给狗狗吃脆麦片不能清除牙齿上的牙菌斑，吃其他硬脆的零食也一样不能清除牙齿上的牙菌斑。然而，人们仍然认为狗饼干可以"清洁"狗的牙齿。这是不可能的！这只是一种无耻的营销策略。有三种方法可以清除狗狗牙齿上的菌斑：你的兽医可以专门给狗狗洗牙（这是清洁口腔最有效的方法，但通常需要麻醉）；你可以每天晚饭后给狗狗刷牙（这件事让我们乐在其中）；你可以鼓励你的狗狗通过咀嚼（又名"机械摩擦"）来清除牙菌斑。让你的狗狗啃一根生骨头，尤其是还带有软骨和软组织的肉骨头，它的牙齿就相当于用牙刷和牙线清洁了一次。只不过这是它自己在刷牙，不需要你的帮助。一项研究发现，在不到**三天**的时间里，连续给狗狗提供生骨头可以去除白齿和第一、第二前磨牙上的大部分菌斑和牙垢！我们称这种生骨头为消遣骨头，因为狗喜欢啃它们，但这些骨头不是让狗狗用来咀嚼和吞咽的。所以选择适当的骨头需要遵循一系列规则。

你应该能够在你家附近的独立宠物店冷冻区找到各种生骨头，有相关知识的工作人员会帮助你为你的狗选择正确大小的骨头。如果你们当地没有独立的宠物店，你可以在当地的肉店或超市的肉类柜台找到生的（不是蒸的、烟熏的、煮的或烤的）膝节骨（有时它们被称为汤骨，在冷藏或冷冻食品区可以找到）。你把骨头带回家后，把它们储存在冰箱里，每次解冻一根，给你的狗狗啃。一般来说，大型哺乳动物（牛、野牛、鹿）的关节骨是最安全的选择。其他建议：

➤ 骨头的大小要和狗狗的头部相匹配。多大的骨头都不算大，但对某些狗来说，会有一些骨头太小。太小的骨头可能导致狗狗窒息，还会导致严重的口腔创伤（包括牙齿断裂）。

➤ 如果你的狗狗做过牙齿修复或牙冠修复，或者你的狗狗有牙齿断裂或软牙（非常老的狗），不要提供消遣骨头。

➤ 当狗狗啃骨头的时候，一定要密切地监督它。不要让它单独把战利品带到角落里去。

➤ 在有多只狗的家庭中，在分发消遣骨头前要把狗分开，以保持和睦。这条规则适用于普通的狗朋友，也适用于狗狗死党。不应该把生骨头给太护食的狗狗。在啃咬结束时收回骨头（对于刚开始啃骨头的狗狗来说，15分钟是一个很好的时间限度）。

➤ 骨髓富含脂肪，会增加宠物每天的热量摄入。患有胰腺炎的狗不应该吃骨髓。太多的骨髓也会导致胃敏感的狗腹泻，所以要挖出骨髓，直到你的宠物的胃肠道已经适应了高脂肪的食物，或缩短咀嚼时间，比如开始的时候每天15分钟。对于偏胖的狗或需要低脂肪骨头的狗，另一种选择是提供已经挖出骨髓的生骨头。

➤ 狗狗啃生骨头的时候会把它周围弄得一团糟。许多人会在户外或者是能够很容易用热肥皂水清洗干净的地面上让狗狗嚼骨头。不要给狗狗煮过的骨头。

更多网络资源

———

登录www.foreverdog.com，那里会不断更新内容。

寻找康复专业人士的资源

▶ 犬类康复学院毕业生：www.caninerehabinstitute.com/Find_A_Therapist.html

▶ 加拿大物理治疗协会：www.physiotherapy.ca/divisions/animal-rehabilitation

▶ 美国康复兽医协会在线目录：www.rehabvets.org/directory.lasso

▶ 犬类康复认证计划毕业生：www.utvetce.com/canine-rehab-ccrp/ccrp-practitioners

训练和宠物行为资源

▶ 专业训犬师认证委员会（CCPDT）：www.ccpdt.org

▶ 国际动物行为顾问协会（IAABC）：www.iaabc.org

▶ 卡伦·普莱尔学院：www.karenpryoracademy.com

▶ 训犬师学院：www.academyfordogtrainers.com

▶ 宠物职业公会：www.petprofessionalguild.com

▶ 没有恐惧的宠物：www.fearfreepets.com

▶ 美国兽医行为学家学院：www.dacvb.org

幼犬早期计划

▶ Avidog：www.avidog.com

▶ 幼犬文化：www.shoppuppyculture.com

▶ 幼犬丰容计划：https://suzanneclothier.com/events/enriched-puppy-protocol/

> 幼犬神童：www.puppyprodigies.org

功能性兽医学的健康守护服务

> 综合兽医治疗学院：www.civtedu.org

> 美国兽医脊椎治疗协会：www.animalchiropractic.org

> 国际兽医脊椎治疗协会：www.ivca.de

> 美国兽医植物医学院：www .acvbm.org

> 兽医植物医学协会：www.vbma.org

> 兽医芳香疗法协会：www.vmaa.vet

> 美国兽医针灸学会：www.aava.org

> 国际兽医针灸学会：www.ivas.org

> 国际动物按摩与身体功能协会：www.iaamb.org

> 美国整体兽医协会：www.ahvma.org

> 生食喂养兽医协会：www.rfvs.info

"补充性"（Supplemental Feeding）狗粮
（营养不均衡，只能作为补充食品或暂时作为主食的狗粮）

———

在美国，所有宠物食品都必须在包装上注明营养成分。不幸的是，如果你生活在加拿大或其他没有标签内容规定的国家，你就需要自己做研究来评估购买的食物是否营养充足。在美国，注明"补充或间歇性喂食"的标签意味着食物营养不全——缺乏必需的维生素和矿物质，而这些必须在狗的饮食中有足够含量。无论你住在哪里，如果商业宠物食品标签上没有营养充足的声明，生产该食品的公司也不能提供完整的营养分析（符合AAFCO、NRC或FEDIAF标准），你就应该假设这些食物不能满足你的狗狗的日常营养需求。考虑到加工温度、纯度和所有食材的来源，这些食物可以是很棒的小吃、零食、配餐，或者可以作为成年犬的短期临时饮食（七餐中的一餐或十四餐中的两餐）。但这些营养不完整的饮食并不能作为唯一的食物来源持续喂养狗狗。问题是，它们往往会充当这种角色。这样会给狗狗的长寿之路造成各种各样的障碍。

如果狗狗缺乏重要的维生素和矿物质，就无法进行关键的酶反应，实现关键蛋白质的生产，身体就不能在细胞水平上发挥最佳功能。这样的情况持续过久，就会导致代谢和生理压力。最终，疾病将不可避免。问题是你看不到这些微量营养素缺乏的外在迹象，直到狗狗的身体被消耗枯竭，失去了创造吉尼斯长寿纪录的机会。应该让狗狗吃什么，人们往往会对此感到困惑，而且财力也有限，这些我们完全理解。这种情况为宠物食品公司提供了一个绝佳的机会，向市场提供及时的解决方案：更便宜、更新鲜、更不均衡的狗粮（也有许多品牌提供未经加工或加工程度最低的食物，致力于创造出配方良好、营养完整的狗粮，但它们的产品也因此更加昂贵）。对于拥有丰富知识，又不害怕计算的3.0宠物家长来说，可以选择在市场上买生食"碎绞"（肉、骨头和内脏的混合物）或其他煮熟、脱水以及冻干的肉类和蔬菜的"基本混合物"。这些组合对你的钱包也很友好。这些都可以作为狗狗的食物伴侣或零食（不到狗狗一天热量的10%）。

如果你想用营养不均衡的混合狗粮作为狗狗的日常基础膳食，你就必须填补所有的营养空白。有很多微型公司生产小批量的狗粮，如果你能平衡它们的营养成分（是的，这需要用到计算器），就可以用它们作为狗狗的优质食物。信息透明的食品公司在其网站上有可下载的文件，显示他们的实验室营养分析结果（表明有哪些营养缺失）。你可以将这些信息插入到生食表格中，与当前公认的营养标准（可以在www.foreverdog.com上找到）进行比较，以确定需要添加哪些营养物质。我们社区的很多3.0宠物家长都是这样做的。这是一种以较低的预算提供平衡的新鲜食物的绝佳方式。要给你的狗狗喂食百分之百符合人类标准、营养最优的食物，最便宜的方法就是亲自去超市购买食材，加入团购群，批量购买，然后按照营养完整的食谱自己在家做狗粮。只是对于很多人来说，这都是不可行的。

如果你试图自己平衡商业狗粮的营养，那么你的狗狗就需要依赖你来确定缺少了什么营养，以及应该添加多少才能满足它的每日最低需求。"补充性"饮食并不是不好。实际上，考虑到这些食品的加工强度和原料质量，只要对狗狗正在吃的食物有明确的评估和适当的操作，它们不会让你**花费太多**。但对于这类宠物食品，有一件事比任何事情都重要：公司的道德规范。那些公司会在多大程度上公布产品的营养分析测试？这是一个关键的问题，我们建议在选择这些食物之前，就这个问题进行详细咨询和调查（要比调查核心长寿食物伴侣和偶尔的简便狗粮更用心、更仔细）。在大多数宠物食品类别中都有"补充性"狗粮品牌（通常都是那些没有任何营养说明的产品会被归属于这一类），包括许多生食品牌和一些微型公司的微熟食品，你可以在农贸市场、宠物精品店、超市大卖场和网上买到它们。你可能已经想到这类食品的一些问题了。

大多数生产"仿猎物"肉泥［"80/10/10"（肉/骨/内脏）混合料，生食，在市场营销中也会被称为"狗狗祖先的食物"］的公司都不会告知你需要添加哪些成分或营养补充剂来平衡他们有营养缺陷的饮食。更糟糕的是，你可能很难从客户服务部门获得所需的原始数据，甚至根本不可能做到这一点。于是你就无法通过计算来解决这些食物的缺陷。**一些卖狗粮的公司不会提供狗粮中所含成分的信息。**这很可怕，因为他们要么不知道自己生产的食物里有些什么，要么不想让你知道。实际上，一些公司会吹嘘说，只要狗狗的主人轮换使用他们各种不同口味或蛋白质来源的狗粮，就能长时间满足狗狗最低的营养需求，却从没有拿出过可以证明这些宣传的证据。这让兽医们非常生气，因为这通常不是真的。**问题是，在茫然无知的情况下，你的狗狗轮换吃着各种营养不平衡的饮食，结果仍然缺乏营养。**我们看到许多动物虽然吃着低加工新鲜生食，却依然不健康，这就是最大原因之一：它们的食物很新鲜，但其中缺少了关键营养。

对于那些提供模糊营养声明的公司——比如"添加海带和ω-3平衡饮食健康"——同样要保持警惕。"按时轮换"（轮流喂几种不同的肉、骨头和内脏）是另一个让兽医们抓狂的营养概念，因为很少有人和公司能证明这样做可以满足多方面微量营养素的需求。这是一个比大多数人想象中更严重的问题，许多兽医都因此而感到沮丧——他们的客户正在尝试这种"替代性的非传统食物"，因而放弃了超加工、高度精制的"颗粒食物"（提倡新鲜喂养的兽医伊恩·比林赫斯特称之为颗粒狗粮）。如果你没办法确定某种食物是否可以保证你的狗狗得到它所需要的一切营养，那么至少在大多数时候，可以每周只喂食两次（十四顿饭中的两顿）这种可能没有完整营养成分的商业饮食，或者把它们作为食物伴侣（不超过10%的热量来源）。www.freshfoodconsultants.org列表中的专业人员可以帮助你平衡这些产品的营养，或者你可以使用www.petdietdesigner.com上的电子表格来完成这件事。

许多3.0宠物家长还掌握了自制各种生骨肉饮食（raw meaty bone diets，简称RMBDs）或骨头和生食（bones and raw food，"BARF"，你可以在网上查到配方）狗粮的方法，以此来满足狗狗的最低营养要求。这种食物包括各种肉、骨头、腺体和器官的混合物，用以模拟自然猎物，通过使用多种生食营养，依照表格实现整体的营养均衡，可以成功地避免营养缺乏问题。

关于注释

由于我们引用了卷帙浩繁的资源和科学文献，那份注释清单本身就可以编汇成为一本大书。于是我们把它们搬到了网上：www.foreverdog.com。这样我们还可以随时更新它们。对于书中的一般性陈述，我们相信只要敲几下键盘，访问一些有信誉的网站，你就可以找到大量的参考资料和证据。这些网站都会发布经过专家审查的、切实可信的信息。在涉及健康和药物问题时，这一点尤其重要。有一些最优秀的医学期刊搜索引擎，包括：pubmed.gov（由美国国立卫生研究院下属国家医学图书馆维护的医学期刊文章的在线存档）；sciencedirect.com和它的兄弟网站——SpringerLink的link.springer.com；科克伦图书馆网站cochranelibrary.com；以及scholar.google.com上的Google Scholar，这是一个很棒的二级搜索引擎，你可以在第一次搜索后就开始使用。所有这些还都不需要你花钱订阅。这些搜索引擎访问的数据库包括Embase（由Elsevier所有）、Medline和MedlinePlus，它们覆盖了来自世界各地的数百万份同行评议研究。我们已经尽了最大的努力，在书中囊括了所有特别重要的研究内容，并结合采访对话完善了更多内容。你可以使用这些网站作为进一步查询的起始平台，同时不要忘记查看我们的网站www.foreverdog.com以获取更新内容。